普通高等教育化学类专业教材

有机化学实验

杨爱华　黄中梅　主编

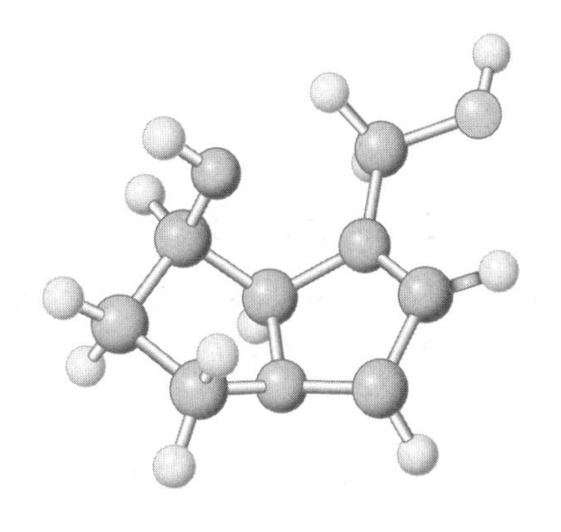

化学工业出版社

·北京·

内容简介

本书是按照教育部化学实验教学示范中心对有机化学实验课的基本要求及化学、化工、材料、环境、食品、生物、制药、园林等专业的教学内容，结合编者多年的教学实践经验，对实验内容进行精选编写而成的。全书共分六章41个实验，主要内容为：有机化学实验基础知识、有机化学基本操作实验、天然产物的提取实验、有机化合物的性质实验、有机合成实验、趣味综合性实验。本书编写既体现了有机化学实验“基、宽、严”的传统要求，又展示了“精、新、活”的新理念，实验项目设置循序渐进，并设有绿色化学实验，培养学生的环保意识和创新思维与能力；增加了实验优化设计和文献检索方面的知识；对部分合成化合物配加红外、核磁谱图，书后附有各类实验参考数据。

本书可作为高等院校化学、化工、材料、环境、食品、生物、制药、园林等专业的教材或参考书。

图书在版编目（CIP）数据

有机化学实验/杨爱华，黄中梅主编. —北京：化学工业出版社，2022.8（2024.7重印）

ISBN 978-7-122-41823-4

Ⅰ.①有… Ⅱ.①杨…②黄… Ⅲ.①有机化学-化学实验 Ⅳ.①O62-33

中国版本图书馆CIP数据核字（2022）第119566号

责任编辑：甘九林 杨 菁 徐一丹　　文字编辑：林 丹 骆倩文

责任校对：宋 夏　　装帧设计：张 辉

出版发行：化学工业出版社（北京市东城区青年湖南街13号 邮政编码100011）

印　　刷：三河市航远印刷有限公司

装　　订：三河市宇新装订厂

787mm×1092mm 1/16 印张12 字数304千字 2024年7月北京第1版第4次印刷

购书咨询：010-64518888　　售后服务：010-64518899

网　　址：http：//www.cip.com.cn

凡购买本书，如有缺损质量问题，本社销售中心负责调换。

定　　价：36.00元

编写人员名单

主　　编： 杨爱华　黄中梅

副 主 编： 涂绍勇　隆　琪　王　刚

参编人员： 刘汉兰　史竞艳　黄晓琴　毛会玉

赵秀琴　王　金　武　云

前言

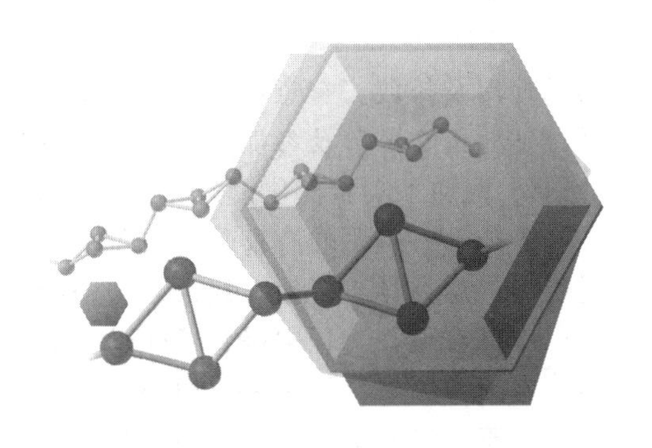

有机化学实验是为化学、化工、材料、食品、生物、医药、环境、园林等相关专业的学生开设的一门必修专业基础课，是一门实践性的学科，是有机化学的重要组成部分。随着新理论、新机制、新方法的发展，有机化学研究范围不断延伸，有机化学实验与其它学科之间的联系也日益紧密。为了培养社会所需的应用型人才，对人才培养模式和教学组织形式的根本性改变迫在眉睫。本书是根据教育部化学实验教学示范中心对有机化学实验课的基本要求及化学、化工、材料、环境、食品、生物、制药、园林等专业的教学内容，对实验内容进行精选编写的。本书包含有机化学实验基础知识、基本操作，简单有机化合物的合成和分离提纯、有机化合物性质实验，并在基础实验基础上开设相关的综合性实验及设计性实验，同时开设绿色化学及绿色有机合成方面的综合设计性实验等，共六章 41 个实验内容供教学选择。所选实验覆盖知识点全面、条件翔实、规程可靠，大多实验后附有注释和思考题，便于学生预习，掌握常用仪器设备的使用方法、实验操作基本技能的同时，培养学生的综合实验技能，锻炼学生的实验设计能力，培养学生的独立科研能力和理论实践相结合的能力。本书可作为高等院校化学、化工、材料、环境、制药、生物、园林等相关专业的教学用书，也可供相关研究人员参考。

本书在编写时主要突出以下特点。

① 实验内容涵盖专业面广，适合多个专业使用，为后续各专业实验教学奠定坚实的基础。在具体实验步骤中，更加细化了实验方法，有的实验增加了两种方法，供不同实验条件的学校选用。

② 既体现了有机化学实验“基（学科基础）、宽（知识范围宽）、严（操作严格）”的要求，又展示了“精（实验项目精选）、新（实验内容具有创新性）、活（实验方法活学活用）”的新理念。教材编写中精选实验项目，注重有机化学实验基本操作技能培养的同时，结合教师的科研采用新型通用的实验仪器、灵活的实验设计方案和更精准的操作完成有机化学实验，意在为学生打下扎实的实验基本功和标准的实验操作技能，为学生设计和创新实验打下坚实的基础。

③ 图文并茂。实验项目中配有实验装置图，并在实验后加有注释和问题，既有相关设备介绍及其应用范围，又有常见问题及注意事项或问题分析、解决方案。力求简明清晰的同时，引导学生开阔眼界，增强自主学习能力，启迪创新思维。

④ 对部分新合成化合物配加红外、核磁谱图及分析。书后附有各类实验参考数据，以便查阅。

⑤ 循序渐进性。实验项目设置由基本操作逐步进入到有机物制备的综合性操作，先易后难，符合学习的规律。趣味性综合实验部分安排在学生掌握好有机实验操作技能后面，可供学生课后兴趣小组自主完成，以培养和锻炼学生勇于实践的实事求是精神和学科兴趣。

⑥ 培养环保意识。开设绿色化学及绿色有机合成方面的内容及实验，减少有毒有害物

质的使用及排放。有意识地培养学生的环保意识，培养学生的创新思维和创新能力，为学生后续毕业论文环节及参加相关竞赛打下基础。

⑦ 增加了实验优化设计和文献检索方面的知识。

参与本书编写的有杨爱华、黄中梅、王刚、刘汉兰、隆琪、涂绍勇、史竞艳、黄晓琴、毛会玉、赵秀琴、王金、武云。全书由杨爱华负责统稿。

本书在编写过程中得到了化学工业出版社和武汉生物工程学院化环-食科学院的大力支持，在编写中参考了多种国内外教材，在此一并表示衷心的感谢！

由于编者水平有限，书中难免有疏漏和不妥之处，恳请读者提出宝贵意见。

编者

2022 年 7 月

目录

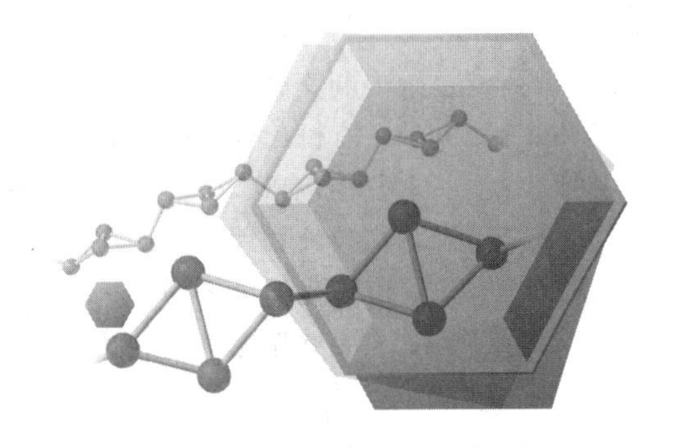

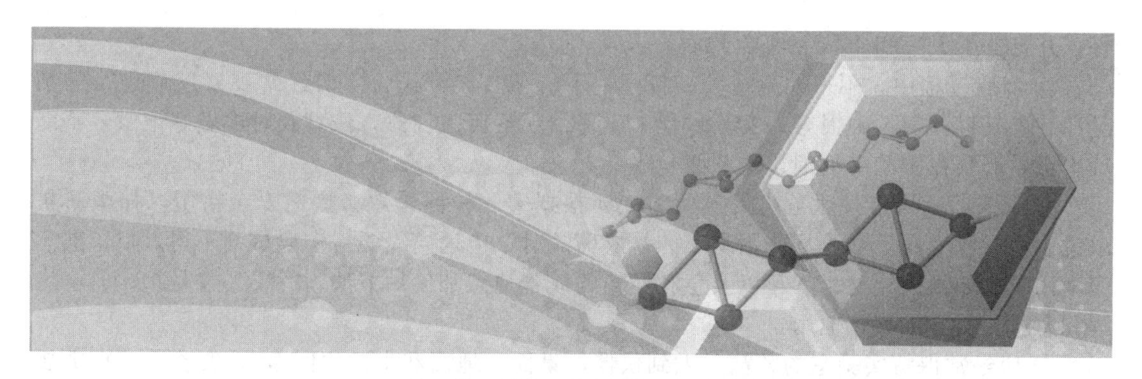

第一章　有机化学实验基础知识

第一节　有机化学实验室安全知识

有机化学实验课立足于培养学生的实验技术和技能，同时也担负着培养学生独立进行科学实验的能力及创新思维的重任；既要配合有机化学理论课的教学，又要有相对的独立性和系统性。

有机化学实验室所用的药品多数具有一定的毒性、可燃性、腐蚀性或爆炸性，所用的仪器大部分是玻璃制品，因此，在有机化学实验室中工作，若粗心大意，不但会损坏仪器，还容易发生安全事故，如割伤、烧伤乃至火灾、中毒和爆炸等。必须充分认识到化学实验室是存在潜在危险的场所，但是，只要我们重视安全问题，在思想上提高警惕，实验时严格遵守操作规程，加强安全措施，大多数事故是可以避免的。

为了保证有机化学实验课的教学质量，确保每堂课都能安全、正常、有效地进行，下面对实验室安全守则、危险药品的使用规则和实验室事故的预防和处理进行介绍。

一、实验室安全守则

① 在进入有机化学实验室之前，必须认真阅读本章内容，了解进入实验室后应注意的事项及有关规定。每次做实验前，认真预习实验内容，明确实验目的及要掌握的实验操作技能，注意实验的相关事项，了解实验步骤、所用药品的性能及有关的安全问题，撰写实验预习报告。

② 做实验必须穿实验服，这是为了保护自己的衣服、皮肤免受莫名飞溅过来的不明液体的腐蚀；女生的长发要事先扎起来，以防在实验中发生危险；最好不要穿露脚趾和脚面的鞋子，以防药品不小心洒到脚上造成伤害。

③ 实验课开始后，先认真听指导教师讲解实验原理、实验步骤、实验注意事项、实验后处理等相关内容。实验开始前应检查仪器是否完整无损。

④ 实验进行时，严格按照操作规程安装好实验装置，在征求指导教师同意之后，方可进行实验。药品的称量在教师指定的地方进行，称取完毕后，要及时将实验试剂瓶的盖子盖

好，并将电子天平和药品台收拾干净。

⑤ 实验过程中，不得大声喧哗、打闹，不得擅自离开岗位，要经常观察反应进行的情况和装置是否漏气、破损等。实验过程中要仔细观察实验现象，认真及时地做好记录。不能玩手机，严禁在实验室吸烟、吃东西。

⑥ 当进行有可能发生危险的实验时，要根据实验情况采取必要的安全措施，如戴防护眼镜、面罩或橡皮手套等。使用易燃、易爆药品时，应远离火源，实验试剂不得入口。熟悉安全用具，如灭火器材、砂箱以及急救药箱的放置地点和使用方法，并要妥善爱护。安全用具和急救药箱不准移作他用。

⑦ 应经常保持实验室的整洁，做到仪器、桌面、地面和水槽“四净”。实验装置摆放要规范、美观；固体废弃物及废液应倒入指定地方；公用仪器和药品应在指定地点使用，用完后及时放回原处，并保持其整洁。使用药品要节约，药品取完后，及时将盖子盖好，防止药品相互污染。如损坏仪器，要登记申请补发，并按制度赔偿。

⑧ 实验结束后将实验结果交给老师审阅，将产品回收到指定的瓶中，将个人实验台面打扫干净，清洗、整理仪器。学生轮流值日，值日生应负责整理公用仪器、药品和器材，打扫实验室卫生，离开实验室前应检查水、电、气是否关闭。

二、危险药品的使用规则

1. 易燃、易爆和腐蚀性药品的使用规则

① 绝不允许把各种化学药品任意混合，以免发生意外事故。

② 使用氢气时，要严禁烟火，点燃氢气前，必须检验氢气的纯度。进行有大量氢气产生的实验时，应将废气通向室外，并需注意室内的通风。

③ 可燃性试剂不能用明火加热，必须用水浴、油浴、沙浴或可调电压的电热套加热。使用和处理可燃性试剂时，必须在没有火源和通风的实验室中进行，试剂用毕要立即盖紧瓶塞。

④ 钾、钠和白磷等暴露在空气中易燃烧，所以，钾、钠应保存在煤油（或石蜡油）中，白磷可保存在水中，取用它们时要用镊子。

⑤ 取用酸、碱等腐蚀性试剂时，应特别小心，不要洒出。废酸应倒入废酸缸中，但不要往废酸缸中倒废碱，以免因酸碱中和放出大量的热而发生危险。浓氨水具有强烈的刺激性气味，一旦吸入较多氨气时，可能导致头晕或晕倒。若氨水进入眼内，严重时可能造成失明。所以，在热天取用氨水时，最好先用冷水浸泡氨水瓶，使其降温后再开瓶取用。

⑥ 对某些强氧化剂（如氯酸钾、硝酸钾、高锰酸钾等）或其混合物，不能研磨，否则将引起爆炸；银氨溶液不能留存，因其久置后会生成氮化银而容易爆炸。

2. 有毒、有害药品的使用规则

① 有毒药品（如铅盐、砷的化合物、汞的化合物、氰化物和重铬酸钾等）不得进入口内或接触伤口，也不得随便倒入下水道。

② 金属汞易挥发，并能通过呼吸道而进入体内，会逐渐积累而造成慢性中毒，所以在取用时要特别小心，不得把汞洒落在桌上或地上。一旦洒落，必须尽可能将其收集起来，并用硫黄粉盖在洒落汞的地方，使汞变成不挥发的硫化汞，然后再将其除尽。

③ 制备和使用具有刺激性的、恶臭和有害的气体（如硫化氢、氯气、光气、一氧化碳、二氧化硫等）及加热蒸发浓盐酸、硝酸、硫酸等时，应在通风橱内进行。

④ 对某些有机溶剂如苯、甲醇、硫酸二甲酯，使用时应特别注意。因为这些有机溶剂均为脂溶性液体，不仅对皮肤及黏膜有刺激性作用，而且对神经系统也有损伤。生物碱大多

具有强烈毒性，皮肤亦可吸收，少量即可导致中毒甚至死亡。因此，使用这些试剂时均需穿上工作服、戴上手套和口罩。

⑤ 必须了解哪些化学药品具有致癌作用，在取用这些药品时应特别小心。

三、实验室事故的预防和处理

1. 火灾的预防和处理

① 在操作易燃溶剂时，应远离火源，切勿将易燃溶剂放在敞口容器内储存或加热，否则挥发后的溶剂遇到明火后易着火而发生火灾；有机溶剂更不能用明火加热或放在密闭容器内加热。

② 在进行易燃物质实验时，应先将酒精等易燃物质搬开。进行放热反应实验时，应事先准备冷水或冷水浴，一旦发生反应失控，应将反应器浸在冷水浴中冷却。当用电热套加热时，电热套应有足够的移动空间，方便在加热剧烈时能迅速拆卸。

③ 蒸馏易燃物质时，应确保装置的所有接头连接紧密且无张力，接收器支管口应远离火源，并与橡皮管相连，使余气通往水槽或室外。

④ 回流或蒸馏液体时应放沸石，不要用火焰直接加热烧瓶，而应根据液体沸点的高低使用石棉网、油浴、沙浴或水浴。冷凝水要保持畅通，否则有机溶剂泄漏或大量蒸气来不及冷凝就逸出，容易引起火灾。

⑤ 切勿将易燃溶剂倒入废液缸中，更不能用敞口容器盛放易燃液体。倾倒易燃液体时应远离火源，最好在通风橱中进行。

⑥ 油浴加热时，应绝对避免水滴溅入热油中。

⑦ 酒精灯用毕应立即盖灭。避免使用灯颈已经破损的酒精灯。切忌斜持一只酒精灯到另一只酒精灯上去点火。

2. 爆炸的预防和处理

① 蒸馏装置必须安装正确。常压操作时，切勿造成密闭体系；减压蒸馏时，要用圆底烧瓶或吸滤瓶作接收器，不可用锥形瓶、三角烧瓶、平底烧瓶或薄壁试管，否则可能会发生炸裂。无论是常压蒸馏还是减压蒸馏，均不可将液体蒸干，防止局部过热或产生过氧化物而引起爆炸。

② 使用易燃易爆气体如氢气、乙炔等时，要保持室内空气畅通，严禁明火，并应防止一切火星的发生。有机溶剂如乙醚或汽油等的蒸气与空气相混时极为危险，可能会由一个热的表面或者一个火花、电花而引起爆炸，应特别注意。

③ 使用乙醚时，必须检验是否有过氧化物存在，如果发现有过氧化物存在，应立即用硫酸亚铁除去过氧化物后才能使用。

④ 对于易爆炸的固体，都不能重压或撞击，以免引起爆炸，残渣必须小心销毁。

⑤ 一些遇氧化物会发生猛烈爆炸或燃烧的化合物，或可能生成有危险性化合物的实验，都应事先了解其性质、特点及注意事项，操作时应特别小心。

⑥ 开启有挥发性液体的试剂瓶时，应先用冷水冷却，开启时瓶口必须指向无人处，以免由于液体喷溅而造成伤害。当瓶塞不易开启时，必须注意瓶内贮存物质的性质，切不可贸然用火加热或乱敲瓶塞等。

⑦ 氯代烷与金属钠反应剧烈，容易引起爆炸，应分开放置保存，金属钠必须放在指定的地方。

3. 中毒的预防和处理

① 有毒药品应小心操作、妥善保管，不许乱放。实验中所用的剧毒物质应有专人负责收发，并向使用者指出必须注意遵守的操作规程。对实验后的有毒残渣必须进行妥善有效处理，不准乱丢。

② 称量药品时应使用量取工具，不能用手直接接触，尤其是有毒药品。做完实验后，应先仔细洗手后才能吃东西。所有药品不能用喷嘴，不要在实验室进食、饮水。

③ 有些有毒物质会渗入皮肤，因此，使用这些有毒物质时必须穿上工作服，戴上手套，操作后立即洗手，切勿让有毒药品沾及五官或伤口。

④ 在反应过程中可能会产生有毒或有腐蚀性气体的实验应在通风橱内进行，实验过程中，不要把头伸入橱内，使用后的器皿应立即清洗。

如已经发现中毒，应按以下方法处理。

① 若化学药品不慎溅入或误入口、鼻，应立即用大量的水冲洗。如已经入胃部，应查明药品的毒性再服用解毒药，并立即送往医院急救。

② 误吞强酸，先饮用大量的水，再服用氢氧化铝膏、鸡蛋白；若是强碱，也先要饮用大量的水，再服用醋、酸果汁、鸡蛋白。无论酸或碱中毒，都要灌注牛奶，不可吃催吐剂。

③ 如果吸入有毒气体中毒，先将中毒者移至室外，解开衣领及纽扣。吸入 H_2S 或 CO 气体感到不适时，立即到室外呼吸新鲜的空气；吸入少量 Cl_2 或 Br_2 气体时，可用碳酸氢钠溶液漱口。出现其他较严重症状，如头昏、出现斑点、呕吐、瞳孔放大等必须立即送往医院抢救。

④ 如果发生刺激性或神经性中毒，可先服用牛奶或鸡蛋白稀释缓解，再服用硫酸铜溶液催吐，也可用手指伸入喉咙催吐，然后立即送往医院抢救。

4. 触电的预防

使用电器时，应防止人体与金属导电部分直接接触，不能用湿手或手握湿的物体接触电插头。装置或设备的金属外壳等都应连接地线。实验结束后应先切断电源，再将电器连接总电源的插头拔下。

5. 意外事故的处理

① 起火。起火时，要立即一边灭火，一边防止火势蔓延（如采取切断电源、移去易燃药品等措施）。灭火要针对起火原因选用合适的方法：一般小火可用湿布、石棉布或沙子覆盖燃烧物；火势大时可使用泡沫灭火器；电器失火时切勿用水泼救，以免触电；若衣服着火，切勿惊慌乱跑，应立即脱下衣服，或用石棉布覆盖着火处，或立即就地打滚，或迅速以大量水扑灭。

② 割伤。伤处不能用手抚摸，也不能用水洗涤。应先取出伤口中的玻璃碎片或固体物，用3% H_2O_2 冲洗后涂上碘伏，再用绷带扎住。大伤口则应先按紧主血管以防大量出血，然后立即送往医院。

③ 烫伤。不要用水冲洗烫伤处。烫伤不重时，可涂凡士林、万花油，或者用蘸有酒精的棉花包扎伤处；烫伤较重时，立即用蘸有饱和苦味酸或高锰酸钾溶液的棉花或纱布贴上，送到医院处理。

④ 酸或碱灼伤。酸灼伤时，应立即用水冲洗，再用3% $NaHCO_3$ 溶液或肥皂水处理；碱灼伤时，水洗后用1% HAc 溶液或饱和 H_3BO_3 溶液处理。

⑤ 酸或碱溅入眼内。酸液溅入眼内时，立即用大量自来水冲洗眼睛，再用3% $NaHCO_3$ 溶液洗眼；碱液溅入眼内时，先用自来水冲洗眼睛，再用10% H_3BO_3 溶液洗眼。最后均用蒸馏水将余酸或余碱洗净。

⑥ 皮肤被溴或苯酚灼伤。立即用大量有机溶剂如酒精或汽油洗去溴或苯酚，最后在受伤处涂抹甘油。

⑦ 吸入刺激性或有毒的气体。吸入 Cl_2 或 HCl 气体时，可吸入少量乙醇和乙醚的混合蒸气解毒；吸入 H_2S 或 CO 气体而感到不适时，应立即到室外呼吸新鲜空气。应注意，Cl_2 或 Br_2 中毒时可进行人工呼吸，CO 中毒时不可使用兴奋剂。

⑧ 毒物进入口内。将 5～10mL 5% $CuSO_4$ 溶液加到一杯温水中，内服，然后把手指伸入喉咙，促使呕吐，吐出毒物，然后立即送医院。

⑨ 触电。首先切断电源，然后在必要时进行人工呼吸。

第二节　有机化学实验预习、实验记录和实验报告

一、实验预习

实验预习的内容：

① 实验目的。写出本次实验要达到的主要目的。

② 实验的主要反应及操作原理。用反应式写出主反应及副反应，简单叙述操作原理。

③ 主要试剂及产物的物理常数。写出实验中用到的所有反应物、产物及溶剂等的名称或结构，给出其分子式、相对分子质量和用量、相对密度、颜色和气味等物理性质，涉及安全或健康问题的药品也应突出标明。

④ 实验主要仪器及注意事项。

⑤ 画出主要反应装置图。

⑥ 简要操作步骤。尽量用流程图表示，也可以用文字表示，叙述要简明扼要，应用自己的话表达，而不是简单复制书上的步骤来做报告。

⑦ 实验的关键步骤和难点。

⑧ 实验中可能存在的危险及预防措施。

预习时，应想清楚每一步操作的目的是什么，为什么这么做，要弄清楚本次实验的关键步骤和难点，实验中有哪些安全问题及注意事项，必要时可形成预习报告。预习是做好实验的关键，只有预习好了，实验时才能做到又快又好。

预习报告可参考以下格式。

<table>
<tr><td colspan="2">一、实验目的
二、实验原理
　　用化学反应式写出主反应及副反应，简单叙述操作的原理
三、主要反应物、试剂及产物的物理常数
四、实验装置图</td></tr>
<tr><td>五、操作步骤
　　1.
　　2.
　　3.
　　……</td><td>实验现象</td></tr>
<tr><td>六、注意事项</td><td></td></tr>
</table>

二、实验前准备工作

① 实验前要充分了解实验室的安全守则、危险品的使用规则和实验室事故的预防和处理。

② 如果身体不适、情绪不好、事情头绪太多等都不要进实验室。

③ 实验前要搞清楚所进行实验的目的、流程和实验步骤并按操作规程进行实验；对实验过程中可能发生危害的操作或装置，加以重视和防范。

④ 对所用化学试剂的性质（如沸点、燃点、熔点、毒害性和酸碱强度等）要有充分了解。

⑤ 注意灭火器、石棉布等所放位置，以便应急时可以很快拿到。

⑥ 进实验室首先开窗户通风，大约几分钟后，再进实验室开灯、开空调等；然后把实验台和通风橱擦干净，在舒适、整洁、有序的环境中开始实验。

⑦ 进行化学实验前要准备好玻璃器皿、药品，领试剂时要用塑料桶或平板推车运输。

三、实验过程中的注意事项

有机化学实验室所用的药品，部分具有易燃（如乙醇、丙酮、乙醚等）、易爆（如氢气、乙烯、乙炔等）、有毒（如硝基苯、苯酚、苯胺、芳香烃等）及腐蚀性。在实验过程中，常常伴有加热、加压或减压的情况。所以，要求实验操作者要细心、精力高度集中、严格遵守操作规程。否则，实验操作者可能在一瞬间或一念之差就会制造不安全的事件；发生事故时，实验操作者是完全没有遮掩地暴露在危险环境中的。因此，实验过程中的注意事项一定要重视。

① 在实验室绝对不允许有吃、饮、咀嚼的坏习惯；严禁穿拖鞋、背心和短裤进实验室。

② 实验过程中，要习惯使用通风橱的挡板来保护自己。

③ 实验过程中，不得大声喧哗、打闹、玩手机，不得擅自离开岗位，要经常观察反应进行的情况和装置是否漏气、破损等。实验过程中要仔细观察实验现象，认真及时地做好记录。

④ 万一有试剂溅到皮肤上，立即用大量水冲洗，绝对不能用有机试剂冲洗。

⑤ 实验中所用仪器设备要按规定登记、复原，废液、废瓶、废纸按要求回收和丢弃。

⑥ 实验完毕打扫好卫生并检查水、电、气是否关闭。

四、实验记录和实验报告

1. 实验记录

实验记录是科学研究最重要、最原始的凭证，实验记录的好坏直接影响对实验结果的分析。因此，学会做好实验记录也是培养学生严谨的科学工作习惯以及实事求是精神的一个重要环节。

实验过程中，必须养成边做实验边在记录本上进行记录的习惯，绝不可以在事后凭记忆补写或用零星纸条记录，然后再转抄到记录本上。当发现记录有错误时，为了方便以后对这些内容的检查，不要擦除或用涂改液抹掉，应用笔轻轻画几横，并在旁边写上正确的信息和数据。记录的内容包括以下几个方面：

① 实验中加入试剂的颜色和加入的量。

② 每步操作的时间、内容和所观察到的现象，如反应液颜色的变化、是否放热、有无沉淀及气体的出现、固体的溶解情况、加热温度和加热后反应的变化等，都应认真记录。尤

其是与预期相反或与教材、文献资料所述不一致的现象更应如实记录。

③ 最后得到产品的颜色、晶形、产量、产率、熔点或沸点等物理化学数据。

记录时，要与操作步骤一一对应，内容要简明扼要、条理清楚。

2．实验报告

在实验完成后，要求学生写出实验报告，总结已进行过的实验工作，讨论观察到的现象，整理归纳数据，分析遇到的问题。这样既有助于把直接的感性认识提高到理性认识，巩固已取得的收获，同时也是撰写科研论文的基本训练。

实验报告一般可采用以下格式。

实验名称__________

姓名__________ 班级__________ 学号__________

同组者姓名______ 日期__________ 成绩__________

一、实验目的

二、实验原理

三、实验主要试剂和产物的物理常数

名称	分子量	沸点/℃	熔点/℃	密度	折射率	溶解度/(g/100mL)			投料量	物质的量/mol	理论产量
						水	醇	醚			

四、主要反应装置图(规范作图)

五、实验步骤及现象

操作步骤	现象	现象解释
1. 2. …… 写出操作步骤或画出反应及产品纯化过程的流程图	温度的变化，体系颜色的变化，结晶或沉淀的产生或消失，是否有气体放出等	

六、产品性质、重量、产率计算

产率＝实际产量/理论产量×100％

七、实验讨论及总结

八、思考题解答

基本操作实验报告格式参考：

实验名称__________

姓名__________ 班级__________ 学号__________ 指导老师__________

同组者姓名__________ 日期__________ 室温__________ 成绩__________

一、实验目的与要求

续表

二、实验原理		
三、主要试剂及仪器 试剂： 仪器：		
四、实验装置图(铅笔作图) 画出主要装置图,要正确画出装置图中各仪器的相对位置、相对大小和相对角度。		
五、实验步骤及现象		
操作步骤	现象	现象解释
1. 2. ……	温度的变化,体系颜色的变化,结晶或沉淀的产生或消失,是否有气体放出等	写出主要反应方程式
六、数据记录与处理 1. 数据记录 2. 数据处理(注意有效数字位数的保留)		
七、实验讨论及总结		
八、思考题解答		
九、实验改进意见		

产物提取型实验报告格式参考：

实验名称________ 姓名__________ 班级________ 学号________ 指导老师________ 同组者姓名________ 日期________ 室温________ 成绩________
一、实验目的 (依据具体实验填写,下同) 二、实验原理 1. 原料的基本性质 2. 待提取物的理化性质 3. 提取原料的方法
三、实验仪器与试剂 仪器： 试剂： 实验装置图：
四、实验内容

续表

实验操作步骤	实验现象和结果
1 2. ……	
五、实验结果及分析	
六、课后思考题	

性质鉴定型实验报告格式参考：

<table>
<tr><td colspan="3">实验名称____________
姓名______________ 班级____________ 学号____________ 指导老师__________
同组者姓名__________ 日期____________ 室温____________ 成绩______________</td></tr>
<tr><td colspan="3">一、实验目的与要求</td></tr>
<tr><td colspan="3">二、实验原理</td></tr>
<tr><td colspan="3">三、主要试剂及仪器
试剂：
仪器：</td></tr>
<tr><td colspan="3">四、主要反应装置图(用铅笔规范作图)</td></tr>
<tr><td colspan="3">五、实验步骤及现象</td></tr>
<tr><td>操作步骤</td><td>现象</td><td>现象解释和化学反应方程式</td></tr>
<tr><td>1. 可采用流程图或图示等各种简洁的表达方式
2.
……</td><td>温度的变化，体系颜色的变化，结晶或沉淀的产生或消失，是否有气体放出等</td><td></td></tr>
<tr><td colspan="3">六、注意事项</td></tr>
<tr><td colspan="3">七、实验讨论及总结</td></tr>
<tr><td colspan="3">八、思考题解答</td></tr>
<tr><td colspan="3">九、实验改进意见</td></tr>
</table>

合成实验报告格式参考：

合成实验报告因实验不同，格式也不尽相同，并没有固定的格式，主要包括以下几项内容。

1. 实验目的和要求。
2. 实验原理及相关反应方程式。
3. 主要试剂的物理常数、规格和用量。
4. 实验装置图。
5. 实验步骤及现象。
6. 粗产品纯化过程。
7. 实验结果。
8. 问题及讨论。

一份完整的实验报告既能体现学生对实验的理解深度，也能体现学生对综合问题的解决能力及文字的表达能力。下面以1-溴丁烷制备实验为例完成实验报告。

实验名称 1-溴丁烷的制备

姓名____ 班级____ 学号____ 指导老师____

同组者姓名____ 日期____ 室温____ 成绩____

一、实验目的

1. 学习以醇为原料制备卤代烃的原理和方法。
2. 掌握含有害气体吸收装置的加热回流操作。
3. 熟悉和巩固洗涤、干燥及蒸馏操作。

二、实验原理

本实验室用正丁醇与溴化氢发生亲核取代反应制得1-溴丁烷，溴化氢可由浓硫酸与溴化钠反应生成。该反应是可逆反应，为使反应平衡向右移动，提高产率，实验中适当增加溴化钠的用量，以使溴化氢保持较高的浓度，同时加入过量的浓硫酸以吸收反应过程中生成的水。

主反应：

$$NaBr + H_2SO_4 \longrightarrow HBr + NaHSO_4$$

$$CH_3CH_2CH_2CH_2OH + HBr \rightleftharpoons CH_3CH_2CH_2CH_2Br + H_2O$$

副反应：

$$2CH_3CH_2CH_2CH_2OH \xrightarrow{\text{浓 } H_2SO_4} (CH_3CH_2CH_2CH_2)_2O + H_2O$$

$$CH_3CH_2CH_2CH_2OH \xrightarrow{\text{浓 } H_2SO_4} CH_3CH_2CH{=}CH_2 + H_2O$$

$$2HBr + H_2SO_4 \xrightarrow{\triangle} Br_2 + SO_2 + 2H_2O$$

$$SO_2 \xrightarrow{H_2O} H_2SO_3$$

反应过程中，反应采用回流装置，以防止未反应完的反应物正丁醇和产物1-溴丁烷逸出反应体系，同时，由于HBr气体不易冷凝，为防止HBr气体逸出至空气中而污染环境，在装置末端需安装有害气体吸收装置。

三、主要试剂及产物物理常数

名称	分子量	沸点/℃	熔点/℃	相对密度	折射率 n_D^{20}	溶解性			投料量/mL	物质的量/mol
						水	醇	醚		
正丁醇	74.12	117.6	−89.5	0.8098	1.3992	溶	溶	溶	12.5	0.14
1-溴丁烷	137.02	101.6	−112.4	1.2758	1.4398	不溶	溶	溶		

续表

四、主要反应装置图

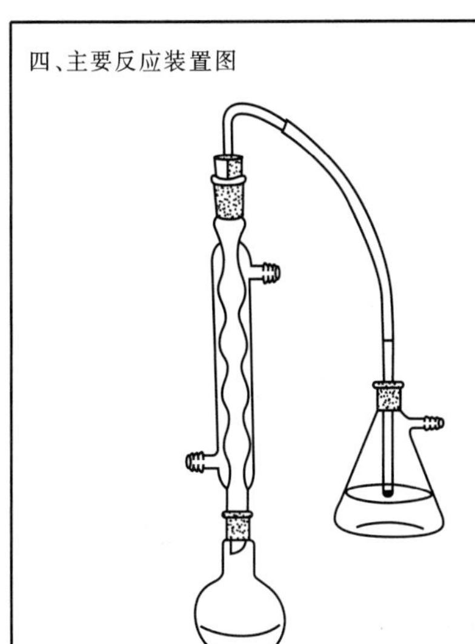

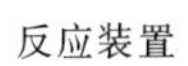

反应装置

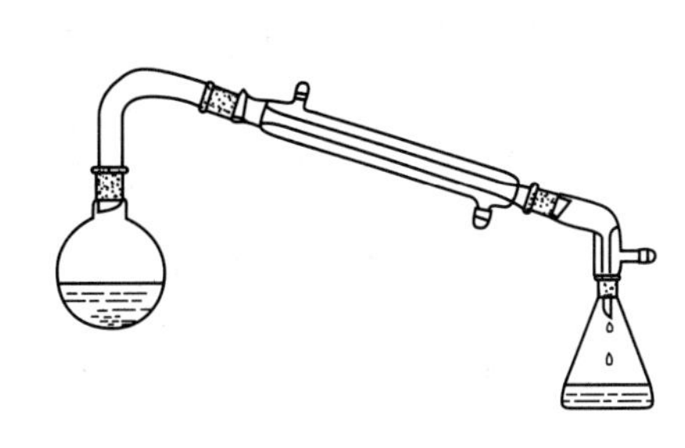

蒸馏装置

五、实验步骤及现象

操作步骤	现象
100mL 圆底烧瓶＋20mL 蒸馏水＋20mL 浓硫酸＋16.5g 溴化钠＋12.5mL 正丁醇＋2～3 粒沸石	溴化钠未完全溶解
按反应装置图安装反应装置	
接通冷凝水，打开加热电源，待混合溶液沸腾后，调节加热温度，使蒸气上升至回流冷凝管第一个球肚即可	放热。8:30 开始加热，8:35 开始回流，振摇，冷凝管下端出现白雾状的 HBr。8:37 分层，上层橙色，下层乳白色，固体慢慢消失，9:10 停止回流，上层橙色，下层透明
稍冷，安装简单蒸馏装置，加入 2～3 粒沸石，蒸馏	馏出液开始是浑浊的，蒸馏瓶中上层液减少至消失，馏出液由浑浊变澄清
停止蒸馏，趁热将蒸馏后的残留液体倒入废液回收桶中	圆底烧瓶中的残留液体冷却后会结块
将馏出液倒入分液漏斗中，将下层分至另一干燥的分液漏斗中	有机相在下层
酸洗(3mL 浓硫酸)，分两次洗涤，静置，分离弃去下层的酸层	有机相在上层
水洗(10mL 蒸馏水)，洗涤，静置分去水层	有机相在下层
碱洗(10mL 饱和碳酸钠溶液)，洗涤，分液	有机相在下层
水洗(10mL 蒸馏水)，洗涤，静置分去水层	有机相在下层
粗产品置于 50mL 锥形瓶中，加 2g 左右块状的无水氯化钙干燥 30min，其间要间歇振摇锥形瓶	液体澄清透明
过滤，蒸馏，收集 99～103℃馏分	99～100℃馏分很少，稳定于 101～103℃，至基本蒸干

续表

六、产品性质、质量、产率计算 产品外观：无色透明液体。 产品质量：瓶重 16.2g，共重 28.4g，产品重 12.2g。 折射率参考值：$n_D^{20}=1.4398$。 折射率实测值：温度为 16℃时为 1.4416，转换为 20℃时为 1.4401。 产率计算：由于理论产量按量最少反应物的计算，本实验理论产量以正丁醇的量计算，0.14mol 正丁醇可生成 0.14mol 1-溴丁烷，所以 1-溴丁烷的理论产量为： 理论产量＝最少反应物物质的量×生成物分子量＝0.14×137.02＝19.18(g) 产率＝实际产量/理论产量×100% 1-溴丁烷产率$=\frac{12.2}{19.18}\times100\%=63.61\%$
七、实验讨论及总结 根据自己对本实验的理解和体会对该实验做出自己的总结，并对实验过程中出现的反常问题进行分析、讨论，并找出可能的原因。

产物提取型实验报告格式参考：

实验名称________ 姓名________ 班级________ 学员________ 指导老师________ 同组者姓名________ 日期________ 室温________ 成绩________
一、实验目的 （依据具体实验选择书写，下同）
二、实验原理
三、实验仪器与试剂 仪器： 试剂： 实验装置图：
四、实验内容 1. 实验流程图 2. 实验步骤
五、实验结果及分析 1. 实验结果 2. 实验产品应用思考
六、课后思考题

第三节　有机化学实验常用玻璃仪器、装置及设备

一、常用玻璃仪器

玻璃仪器是由软质或硬质玻璃制作而成的。软质玻璃耐温、耐腐蚀性较差但是价格便宜。因此，一般用软质玻璃制作的仪器均不耐温，如普通漏斗、量筒、吸滤瓶、干燥器等。硬质玻璃具有较好的耐温和耐腐蚀性，制成的仪器可在温度变化较大的情况下使用，如烧瓶、烧杯、冷凝管等。

有机化学实验常用的玻璃仪器分为普通玻璃仪器和标准磨口玻璃仪器两类。实验室中常用的普通玻璃仪器有非磨口锥形瓶、烧杯、吸滤瓶、量筒、普通漏斗等，见图 1-1。常用的标准磨口玻璃仪器见图 1-2。

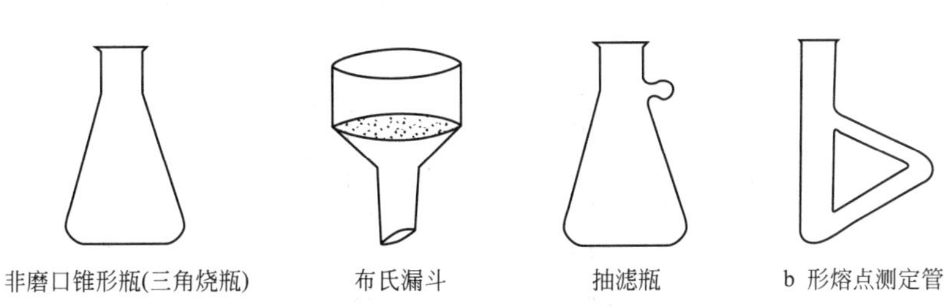

图 1-1　常用的普通玻璃仪器

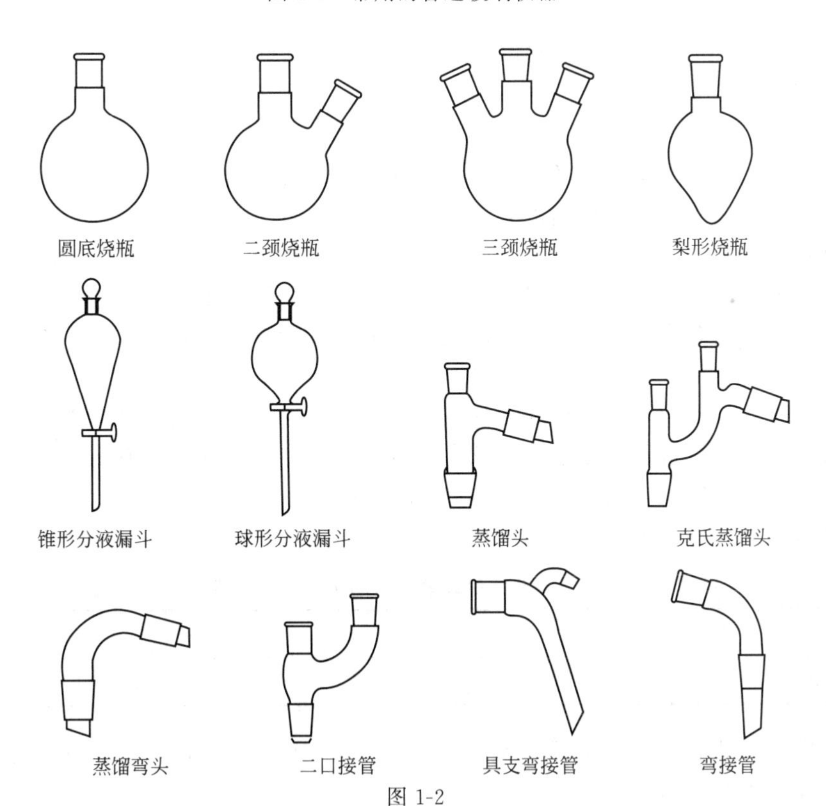

图 1-2

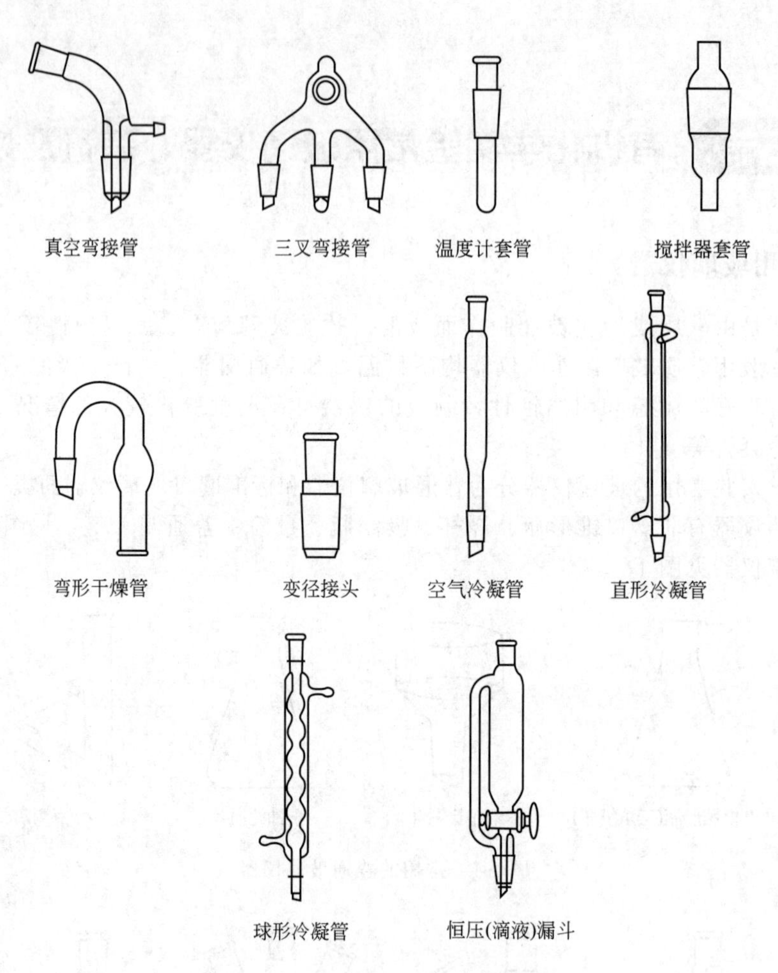

图 1-2　常用的标准磨口玻璃仪器

标准磨口玻璃仪器是具有标准磨口塞的玻璃仪器。由于仪器口塞尺寸的标准化、系列化，磨砂密合，凡属于同类型规格的接口，均可任意互换，各部件能组装成各种配套仪器。当不同类型规格的部件无法直接组装时，要使用变径接头使之连接起来。使用标准磨口玻璃仪器既可免去配塞子的麻烦手续，又能避免反应物或产物被塞子沾污的危险；口塞磨砂性能良好，使密合性可达较高真空度，对蒸馏尤其是减压蒸馏有利，对于毒物或挥发性液体的实验较为安全。

标准磨口玻璃仪器均是按国际通用的技术标准制造的，在我国已普遍生产。当某个部件损坏时，可以对其进行选购。标准磨口仪器的每个部件在其口塞的上或下显著部位均具有烤印的白色标志标明规格。常用的有 10、12、14、16、19、24、29、34、40 等。

标准磨口玻璃仪器的编号与大端直径见表 1-1。

表 1-1　标准磨口玻璃仪器的编号与大端直径

编号	10	12	14	16	19	24	29	34	40
大端直径/mm	10	12.5	14.5	16	18.8	24	29.2	34.5	40

有的标准磨口玻璃仪器上有两个数字，如 10/30，10 表示磨口大端的直径为 10mm，30 表示磨口的高度为 30mm。

使用玻璃仪器的注意事项：

① 使用玻璃仪器时，应轻拿轻放。

② 不能用明火直接加热烧杯、烧瓶、锥形瓶等玻璃仪器，用电炉加热时应垫上石棉网；而量筒、容量瓶、胶头滴管、试剂瓶等玻璃仪器不能加热。

③ 标准口塞应经常保持清洁，使用前宜用软布擦拭干净，但不能附上棉絮。一般使用时，磨口无需涂润滑剂，以免沾污反应物或产物，若反应物中有强碱，则应涂润滑剂，以免磨口连接处因碱腐蚀而黏结，从而无法拆开。对于减压蒸馏，所有磨口应涂润滑剂以达到密封的效果。

④ 装配时，把磨口和磨塞轻微地对旋连接，不宜用力过猛。不能装得太紧，只要达到润滑密封要求即可。

⑤ 用后应立即拆卸洗净，否则，对接处常会粘牢，以致拆卸困难。

⑥ 装拆时应注意相对的角度，不能在角度偏差时进行硬性装拆，否则极易造成破损。

⑦ 洗涤磨口时应避免用去污粉擦洗，以免损坏磨口。

二、常用装置

有机化学实验常用装置见图 1-3～图 1-12。

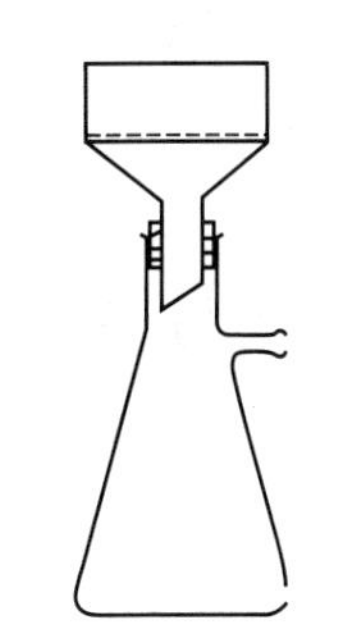

图 1-3　抽滤装置

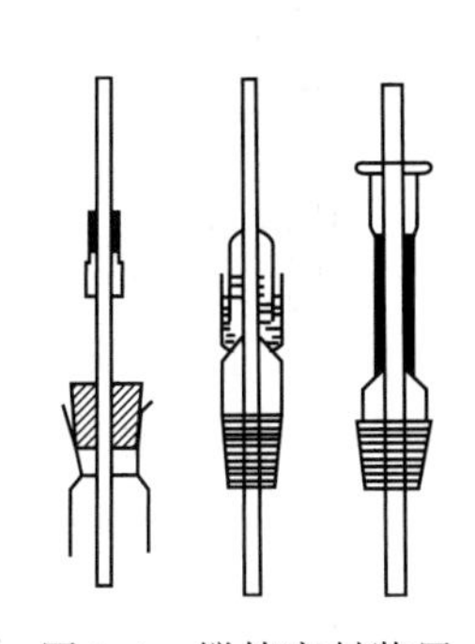

图 1-4　搅拌密封装置

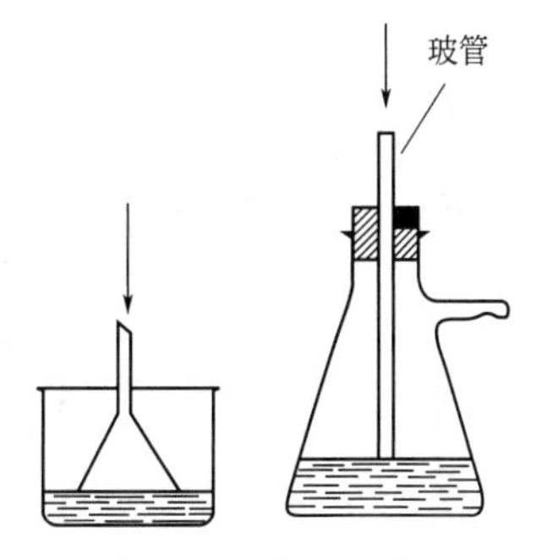

图 1-5　气体吸收装置

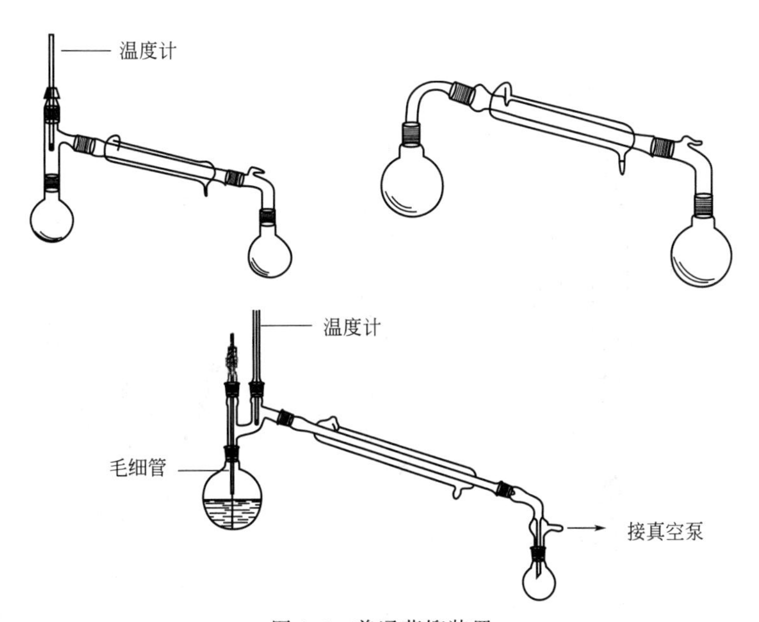

图 1-6　普通蒸馏装置

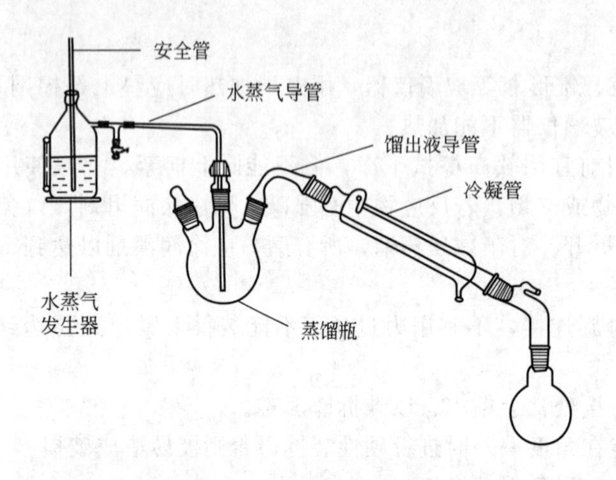

图 1-7　水蒸气蒸馏装置

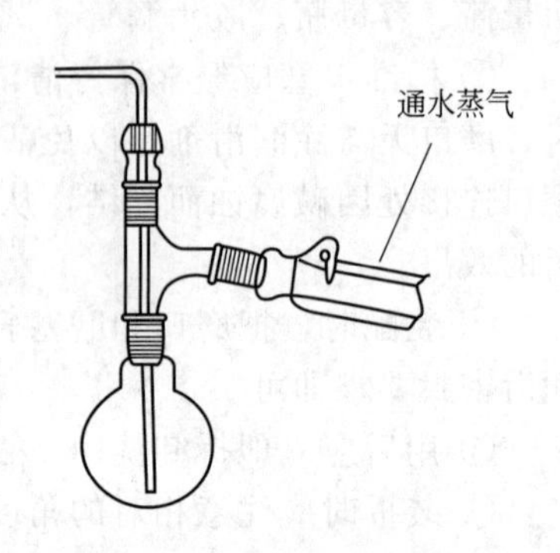

图 1-8　简易水蒸气蒸馏装置

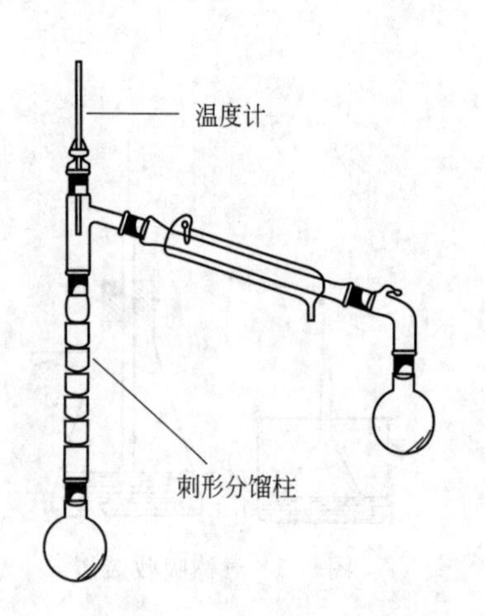

图 1-9　分馏装置

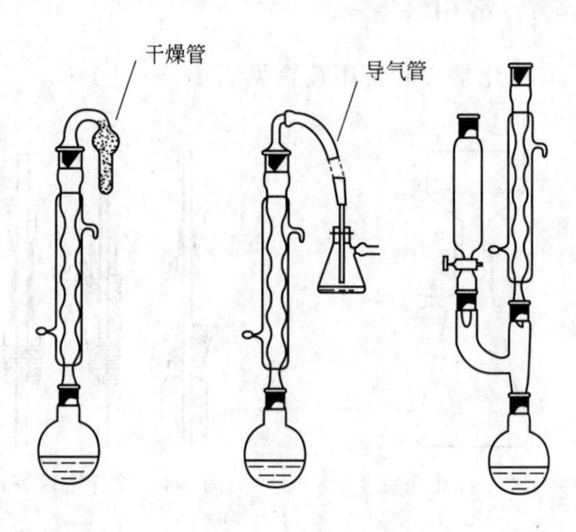

图 1-10　回流装置

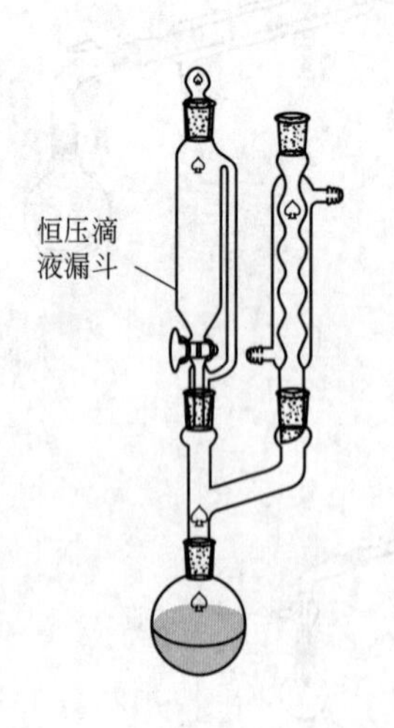

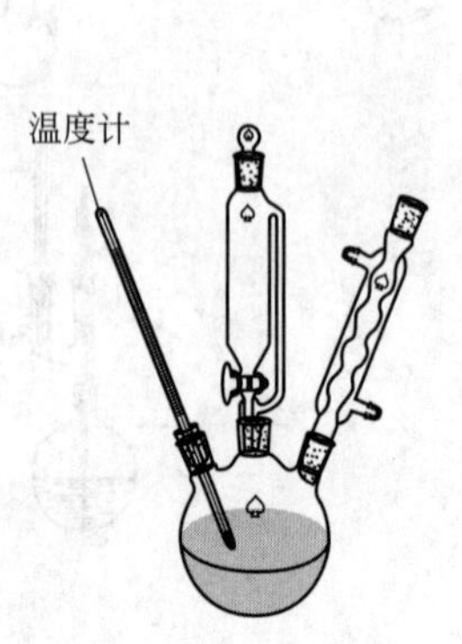

图 1-11　回流滴加装置

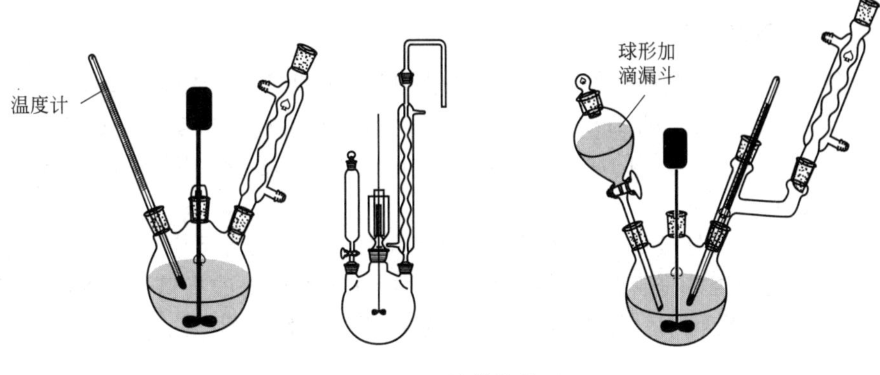

图 1-12 机械搅拌装置

三、常用设备及其使用方法

1. 电子天平

电子天平是实验室常用的称量设备，是一种感应灵敏的精密称量仪器。其通常采用前面板控制，具有简单易懂的菜单，自动关机、去皮等功能。学生在使用前请仔细阅读使用说明或认真听取指导教师讲解。

2. 电热套

电热套是有机实验中常用的间接加热设备，分可调和不可调两种。电热套是由玻璃纤维丝与电热丝编织成半圆形的内套，外边加金属外壳，中间填充保温材料的加热器。根据内套直径的大小分为 50mL、250mL、500mL 等规格，最大可到 3000mL，此设备使用较安全，用完后放在干燥处。

3. 电动搅拌机

电动搅拌机一般用于常量的非均相反应中的液体反应物的搅拌。使用时要注意以下几点。

① 应先将搅拌棒与电动搅拌器连接好。

② 再将搅拌棒用套管或塞子与反应瓶固定好。

③ 在开动搅拌机前，应用手先空试搅拌机转动是否灵活。如不灵活，应找出摩擦点进行调整，直至转动灵活。

④ 如电机长期不用，应向电机的加油孔中加一些机油，以保证电机正常运转。

4. 磁力加热搅拌器

磁力加热搅拌器可同时进行加热和搅拌，特别适合微型实验。搅拌是通过转动磁铁来带动容器中搅拌磁子的转动而产生的，转速可通过调速器调节。

5. 烘箱

实验室一般使用的是恒温鼓风干燥箱，它主要用于干燥玻璃仪器或无腐蚀性、热稳定性好的药品。使用时首先打开加热开关（一般开到 1，需急速烘干时可开到 2），然后设定好温度（烘干玻璃仪器一般控制在 100～110℃）。刚洗好的仪器，应将水控干后再放入烘箱中，要先放上层，后放下层，以防止湿仪器上的水滴到热仪器上造成炸裂。热仪器取出后，不要马上碰冷的物体，如冷水、金属用具等。带旋塞或具塞的仪器，应取下塞子后再放入烘箱中烘干。

6. 循环水多用真空泵

循环水多用真空泵以循环水作为流体，是利用射流产生负压的原理而设计的，广泛用于蒸馏、蒸发、结晶、过滤、减压、升华等操作中，由于水可以循环使用，避免了水的直排，节水效果明显，是实验室理想的减压设备，一般用于对真空度要求不高的减压体系中。使用时应注意以下几点。

① 真空泵抽气口最好接一个缓冲瓶，以免停泵时水被倒吸入反应瓶中，使反应失败。

② 开泵前，应检查泵是否与体系接好，然后打开缓冲瓶上的旋塞。开泵后，用旋塞调至所需要的真空度。关泵时，先打开缓冲瓶上的旋塞，拆掉泵与体系的接口，再关泵。切忌相反操作。

③ 有机溶剂对水泵的塑料外壳有溶解作用，所以应经常更换（或倒干）水泵中的水，以保持水泵的清洁完好和真空度。

7. 油泵

油泵是实验室常用的减压设备，多用于对真空度要求较高的反应中。其效能取决于泵的结构及油的好坏（油的蒸气压越低越好），好的油泵能抽到 10～100Pa 以上的真空度。在用油泵进行减压蒸馏时，溶剂、水和酸性气体会对油造成污染，使油的蒸气压增加，降低了真空度，同时这些气体可以腐蚀泵体。为了保护泵和油，使用时应注意做到以下两点。

① 定期换油。

② 干燥塔中的氢氧化钠、无水氯化钙如已结成块状应及时更换。

8. 旋转蒸发器

旋转蒸发器可用于快速浓缩或其他回收、蒸发有机溶剂的场合。其使用方便，在有机实验室中被广泛使用。旋转蒸发器可在常压或减压下使用，可一次进料，也可分批进料。因为蒸发器在不断旋转，所以不加沸石也不会暴沸。同时，液体附于壁上形成了一层液膜，加大了蒸发面积，使蒸发速度加快。

第四节 玻璃仪器的清洗与干燥

一、玻璃仪器的洗涤

进行化学实验时必须使用清洁的玻璃仪器。对于实验用过的玻璃器皿必须养成立即洗涤的习惯。因为污垢的性质在当时是清楚的，用适当的方法进行洗涤即可，若放久了，会增加洗涤的困难。

洗涤的一般方法是用水、洗衣粉、去污粉刷洗。刷子是特制的，如瓶刷、烧杯刷、冷凝管刷等，但用腐蚀性洗液时则不用刷子。洗涤玻璃器皿时不能用沙子，它会擦伤玻璃乃至造成龟裂。若难以洗净，则可根据污垢的性质选用适当的洗液进行洗涤。酸性（或碱性）的污垢用碱性（或酸性）洗液洗涤，有机污垢用碱性洗液或有机溶剂洗涤，但不要盲目使用酸、碱或各种有机溶剂清洗器皿，因为这样不仅会造成浪费，更重要的是加入的溶剂可能与性质不明的残留物发生反应而造成危险，例如，硝酸容易与许多有机物发生激烈反应而可能导致意外事故。下面介绍几种常用的洗涤方法。

1. 铬酸洗涤

铬酸洗液氧化性很强，对有机污垢的破坏力也很强。当使用铬酸洗液洗涤玻璃器皿时，应先倒去器皿内的水，慢慢倒入洗液，转动器皿，使洗液充分浸润不干净的器壁，数分钟后把洗液倒回洗液瓶中，用自来水冲洗。若壁上粘有少量炭化残渣，可加入少量洗液，浸泡一段时间后在小火上加热，直至冒出气泡，炭化残渣可被除去。当洗液颜色变绿时，表示洗液失效，应该将其弃去，不能倒回洗液瓶中。使用铬酸洗液时应注意避免洗液溅到衣服和皮肤上，废弃的洗液要倒入废液缸。

2. 盐酸洗涤

用浓盐酸可以洗去附着在器壁上的二氧化锰或碳酸盐等污垢。

3. 碱性洗液和合成洗涤剂洗涤

将碱性洗液和合成洗涤剂配成浓溶液即可，可用以洗涤油脂和一些有机物（如有机酸）。

4. 有机溶剂洗涤

当胶状或焦油状的有机污垢用上述方法不能洗去时，可选用丙酮、乙醚、苯浸泡，要加盖以免溶剂挥发，或用 NaOH 的乙醇溶液亦可。若用有机溶剂作洗涤剂，使用后可回收重复使用。

5. 超声波洗涤

可以用超声波清洗器清洗玻璃仪器。利用超声波的振动和能量清洗仪器，既省时又方便，还能有效地清洗焦油状物质。特别是对一些手工无法清洗的物品，以及粘有污垢的物品，其清洗效果是人工清洗无法代替的。

对用于精制或有机分析用的器皿，除用上述方法处理外，还须用蒸馏水冲洗。

器皿是否清洁的标准为：加水倒置，水顺着器壁流下，内壁被水均匀润湿形成一层既薄又匀的水膜，不挂水珠。

二、玻璃仪器的干燥

有机化学实验经常要使用干燥的玻璃仪器，故要养成在每次实验后马上把玻璃仪器洗净和倒置使之干燥的习惯，以便下次实验时使用。干燥玻璃仪器的方法有以下几种。

1. 自然风干

自然风干是指把已洗净的仪器倒置放在干燥架上，让水分自然蒸发，这是常用和简单的方法。但必须注意，当玻璃仪器洗得不够干净时水珠便不易流下，干燥就会较为缓慢。

2. 烘干

把玻璃器皿依序从上层往下层放入烘箱烘干，放入烘箱中干燥的玻璃仪器，一般要求不带水珠。器皿口向上，带有磨砂口玻璃塞的仪器，必须取出活塞后才能进行烘干，烘箱内的温度保持在 100～105℃，约烘烤 0.5h，待烘箱内的温度降至室温时才能取出。切不可把很热的玻璃仪器取出，以免破裂。当烘箱工作时，不能往上层放入湿的器皿，以免水滴下落使热的器皿骤冷而破裂。

3. 吹干

有时仪器洗涤后需立即使用，可将其吹干，即用气流干燥器或吹风机把仪器吹干。首先将水尽量沥干后，加入少量丙酮或乙醇摇洗并倾出，先通入冷风吹 1～2min，待大部分溶剂挥发后，吹入热风至完全干燥，最后吹入冷风使仪器逐渐冷却。(注意：洗涤仪器所用的溶剂应倒回洗涤用溶剂的回收瓶中!)

三、磨口玻璃仪器的存放处理

标准磨口玻璃仪器使用完后，须立即拆卸洗净。否则，若放置时间太久，对接处会粘牢，以致拆卸困难甚至损坏仪器。清洗磨口时，为防止损坏磨口，应避免用去污粉擦洗。分液漏斗及滴液漏斗用毕洗净后，应在活塞处垫一小纸片或涂上薄薄一层凡士林润滑，防止黏结而无法打开活塞。

凡是干燥带有活塞的仪器时，要预先将活塞拔出，以防在烘箱中加热干燥时黏结。可将活塞用一细铜线或细铁线系缚于配套仪器上，以防损坏活塞或与其他相似仪器搞混。若磨口仪器黏结，可用乙醚或丙酮浸润后，再慢慢旋转拆开，也可放入水中加热或浸泡黏结处一段时间，取出后再用木棒轻轻敲打，一般都可将其拆开。

第五节 有机实验中的加热与冷却

一、常用加热方式

1. 空气浴

空气浴是利用热空气间接加热，适用于沸点大于 80℃的受热液体，实验室中常见的有石棉网上加热、电热板加热和电热套加热。

在石棉网上加热反应容器，可用于高沸点且不易燃烧的受热物质。加热时，必须用石棉网将反应器与热源隔开，且石棉网与反应器间应留有一定的间隙。但即使这样，这种加热方式仍存在受热不均匀的问题，故不可用于回流低沸点、易燃的液体或减压蒸馏。

电热套是一种较好的空气浴，是由玻璃纤维包裹着电热丝并编织成碗状半圆形的加热器，可调节温度，使用方便，无明火，安全性较高，可用于加热和蒸馏易燃有机物（但最好是用水浴或油浴)。电热套一般可加热至 400℃，主要用于回流加热。关于常压或减压蒸馏，因蒸馏过程中，随着容器内液体的减少，会因器壁过热而引起蒸馏物的炭化，为此可选用适当大小的电热套，随时调节加热速度，使电热套的温度逐渐降低，避免炭化。

2. 水浴

当加热温度低于 100℃时，可将容器浸入水中进行水浴加热。使用水浴时，热浴的液面应略高于容器内的液面，勿使容器底触及水浴锅底。控制温度稳定在所需要的范围内。若长时间加热，水浴中的水会气化蒸发，适当时要添加热水，或者在水面上加几片石蜡，石蜡受热熔化铺在水面上，可减少水的蒸发。

水浴锅通常由铜或铝制作。当加热少量的低沸点物质时，也可用烧杯代替水浴锅。专门的水浴锅的盖子是由一组直径递减的同心圆环组成的，它可以有效地减少水分的蒸发。多孔的电热恒温水浴锅使用起来较为方便。

如果加热温度稍高于 100℃，则可选用适当的无机盐类饱和溶液作为热浴液。水浴时，应注意以下两点。

① 实验中用到钾、钠等非常活泼的金属及无水操作时，绝不能在水浴中进行。

② 蒸馏乙醚、石油醚等低沸点易燃溶剂时，应使用预先加热的热水浴，切勿使用明火电炉等作为热源，可使用封闭式电炉或采用电热恒温水浴锅。

3．油浴

加热温度在100～250℃时，可采用油浴，其优点在于容器内物质受热均匀，当与电子继电器和接点温度计配套使用时，可以自动控制温度，且不易挥发。油浴所能达到的温度取决于所用油的种类。油浴中常用的传热物质有以下几种。

① 甘油。甘油可以加热到140～150℃，温度过高则会发生分解。甘油吸水性强，放置过久的甘油，使用前应首先加热蒸去所吸的水分，之后再用于油浴。

② 甘油和邻苯二甲酸二丁酯的混合液。甘油和邻苯二甲酸二丁酯的混合液可以加热到140～180℃，温度过高则会发生分解。

③ 植物油。植物油如菜籽油、蓖麻油和花生油等，可以加热到220℃。在植物油中加入1%的对苯二酚，可增加油在受热时的稳定性。

④ 液体石蜡。液体石蜡可加热到220℃，温度稍高虽不易分解，但易燃烧。

⑤ 固体石蜡。固体石蜡也可加热到220℃以上，其优点是冷却到室温时凝成固体，便于保存。

⑥ 硅油。硅油在250℃时仍较稳定，透明度好，安全，是目前实验室中较为常用的油浴之一。

⑦ 真空泵油。真空泵油也可加热到250℃以上，也比较稳定，但价格较高。

用油浴加热时，要在油浴中装置温度计（温度计感温头如水银球等，不应放到油浴锅底），以便随时观察和调节温度。加热完毕取出反应容器时，仍用铁夹夹住反应容器离开液面悬置片刻，待容器壁上附着的油滴完后，用纸或干布擦干。油浴所用的油中不能溅入水，否则加热时会产生泡珠或发生爆溅。使用油浴时，要特别注意油蒸气会污染环境和引起火灾。为此，可用一块中间有圆孔的石棉板覆盖油锅。

4．沙浴

加热温度达200℃或300℃以上时，往往使用沙浴。将清洁而又干燥的细沙平铺在铁盘上，把盛有被加热物料的容器埋在沙中，加热铁盘，由于沙对热的传导能力较差而散热却较快，因此容器底部与沙浴接触处的沙层要薄些，以便于受热。由于沙浴温度上升较慢，且不易控制，因而使用不广泛。

5．酸浴

常用的酸浴液为浓硫酸，可加热至250～270℃，当加热至300℃左右时则分解，生成白烟，若酌加硫酸钾，则加热温度可升到350℃左右。

二、常用冷却方式

一些实验有低温的要求，需进行冷却操作，以便在一定的低温条件进行反应、分离和提纯等。

以下几种情况下应使用冷却剂进行冷却：

① 某些反应的中间体在室温下是不稳定的，这时反应就应在特定的低温条件下进行，如重氮化反应一般在0～5℃下进行。

② 反应放出大量的热，需要通过降温来控制反应速率。

③ 为了降低固体物质在溶剂中的溶解度，以加速结晶的析出。

④ 为了减少损失，将一些沸点很低的有机物冷却。

⑤ 高真空蒸馏装置。

冷却的方法有很多，通常根据不同的要求，可选用合适的冷却方法和冷却剂。

1. 冰水冷却

可用冷水在容器外壁流动，或把反应器浸在冷水中，交换走热量。也可用水和碎冰的混合物作冷却剂，其冷却效果比单用冰块好，可冷却至－5～0℃。当有水存在并不妨碍反应的进行时，也可把碎冰直接投入反应器中，以更有效地保持低温。

2. 冰盐冷却

要在0℃以下进行操作时，常用按不同比例混合的碎冰和无机盐作为冷却剂。可把盐研细，把冰砸碎（或用冰片花）成小块，使盐均匀包在冰块上。冰食盐混合物（质量比3∶1）作冷却剂，可冷却至－18～－5℃。

3. 干冰或干冰与有机溶剂混合冷却

干冰（固态的二氧化碳）和乙醇、异丙醇、丙酮、乙醚或氯仿混合，可冷却至－78～－50℃。当干冰加入上述溶剂中时会猛烈起泡，因此操作时应戴护目镜和手套。

应将这种冷却剂放在杜瓦瓶（广口保温瓶）中或其他绝热效果好的容器中，以保持其冷却效果。

4. 液氮冷却

液氮可冷却至－196℃，一般应用于科研中，用有机溶剂可以调节所需的低温浴浆。一些可作低温恒温浴的化合物见表1-2。

表1-2 可作低温恒温浴的化合物

化合物	冷浆浴温度/℃	化合物	冷浆浴温度/℃
乙酸乙酯	－83.6	乙酸甲酯	－98.0
丙二酸乙酯	－51.5	乙酸乙烯酯	－100.2
对异戊烷	－160.0	乙酸正丁酯	－77.0

液氮和干冰是两种方便而又廉价的冷冻剂，这种低温恒温冷浆浴的制法是：在一个清洁的杜瓦瓶中注入纯的液体化合物，其用量不超过容积的3/4，在通风橱中缓慢地加入新取的液氮，并用一支结实的搅拌棒迅速搅拌，最后制得的冷浆的稠度应类似于黏稠的麦芽糖。

5. 低温浴槽冷却

低温浴槽是一个小冰箱，冰室口向上，蒸发面用筒状不锈钢槽代替，内装酒精，外设压缩机，循环氟利昂制冷。压缩机产生的热量可用水冷或风冷散去，可装外循环泵，使冷酒精与冷凝器连接循环，还可装温度计等指示器。反应瓶浸在酒精液体中。低温浴槽冷却适用于－30～30℃的反应。

以上制冷方法可根据不同需求选用。注意温度低于－38℃时水银会凝固，因此不能使用水银温度计。对于较低的温度，应采用添加少许颜料的有机溶剂（乙醇、甲苯、正戊烷）温度计。

第六节　有机试剂和溶剂的使用注意事项

一、化学试剂的规格

化学试剂简称试剂，主要是指分析、化验样品，科研和教学所使用的纯净化学品，是有机合成的基本原料。我国曾将通用化学试剂分为四种规格。①一级试剂（GR），又称优级纯试剂或保证试剂；②二级试剂（AR），又称分析纯试剂；③三级试剂（CP），又称化学纯试剂；④四级试剂（LR），实验试剂。现代科学技术和新兴工业的发展，对化学试剂的纯度、净度以及精密度的要求越来越严格和专业化，从而出现了各种用途的专用试剂。

1974 年全国化学试剂标准化工作会议决定，通用试剂按用途分为分析纯试剂和化学纯试剂，逐步取消了一级试剂和四级试剂，实现了一个品种只有一个等级规格。有机合成专用试剂主要有以下几种：精制试剂（Purif）、超纯试剂（UP）、特纯试剂（Puriss）、纯试剂（Pur）、基准试剂（PT）、工业用试剂（Tech）、实习用试剂（Pract）、生化试剂（BC）、生物试剂（BR）、分析用试剂（PA）、精密分析用试剂（SSG）、合成用试剂（FS）、络合指示剂（Complex-ind）、测折射率用试剂（RI）、指示剂（Ind）、氧化还原指示剂（Redox-ind）、荧光指示剂（Fluor-ind）、分光纯试剂（UV）、原子吸收光谱用试剂（AAS）、吸附指示剂（Absorb-ind）、层析用试剂（FCP）、红外吸收光谱用试剂（IR）、核磁共振光谱用试剂（NMR）、薄层色谱用试剂（TLC）等。

二、有机试剂和溶剂的前处理方法

市售的有机溶剂有工业级、化学纯和分析纯等各种规格。在有机化学实验中，有些试剂不需要前处理，但是绝大多数情况下，有机试剂必须经过前处理。应结合有机试剂的性质、用途，对实验过程中的问题加以权衡，需考虑有机试剂的前处理过程是否安全，有机试剂是否对实验器皿有影响，所用的方法对有机试剂的分解效果如何，所用试剂是否会对定量产生干扰，是否造成环境污染等。

在有机合成中，某些反应对溶剂纯度要求特别高，即使只有微量有机杂质和痕量水的存在，常常也会对反应速度和产率产生很大的影响，这就要对溶剂进行纯化。此外，在合成中如需用大量纯度较高的有机溶剂，考虑到分析纯溶剂价格昂贵，也常常用工业级的普通溶剂进行精制后供实验室使用。

1. 乙醇

由于乙醇和水能形成共沸物，故工业乙醇的含量为 95.6%，其中还含有 4.4%的水。为了制得纯度较高的乙醇，实验室中用工业乙醇与氧化钙长时间回流加热，使乙醇中的水与 CaO 作用，生成不挥发的 $Ca(OH)_2$ 来除去水分。这样制得的乙醇的含量可达 99.5%，通常称为无水乙醇。如需高度干燥的乙醇，可用金属镁或金属钠将制得的无水乙醇或者用分析纯的无水乙醇（含量不少于 99.5%）进一步处理制得绝对乙醇。

$$Mg + 2C_2H_5OH \longrightarrow Mg(OC_2H_5)_2 + H_2\uparrow$$
$$Mg(OC_2H_5)_2 + 2H_2O \longrightarrow Mg(OH)_2 + 2C_2H_5OH$$

或
$$2Na+2C_2H_5OH \longrightarrow 2C_2H_5ONa+H_2\uparrow$$
$$C_2H_5ONa+H_2O \longrightarrow NaOH+C_2H_5OH$$

在用金属钠处理时，由于生成的 NaOH 和乙醇之间存在平衡，使乙醇中的水不能完全除去，因而必须加入邻苯二甲酸二乙酯或丁二酸二乙酯，通过皂化反应除去反应中生成的 NaOH。

$$C_6H_4(COOC_2H_5)_2 + 2NaOH \longrightarrow C_6H_4(COONa)_2 + 2C_2H_5OH$$

无水乙醇（含量 99.5%）和绝对乙醇（含量 99.95%）的制备详见实验三十五。

2. 乙醚

普通乙醚中含有少量水和乙醇，在乙醚保存期间，由于与空气接触和光的照射，通常除了上述杂质外还含有二乙基过氧化物 [$(C_2H_5)_2O_2$]。这对于要求用无水乙醚作溶剂的反应（如 Grignard 反应）来说，不仅会影响反应，而且易发生危险。因此，在制备无水乙醚时，首先须检验有无过氧化物存在。为此，取少量乙醚与等体积的 2% 碘化钾溶液，再加入几滴稀盐酸一起振摇，振摇后的溶液若能使淀粉显蓝色，则证明有过氧化物存在，此时应按下述步骤处理。

在分液漏斗中加入普通乙醚，再加入相当于乙醚体积 1/5 的新配制的 $FeSO_4$ 溶液，剧烈摇动后分去水层。醚层在干燥瓶中用无水 $CaCl_2$ 干燥，间歇振摇，放置 24h，这样可除去大部分水和乙醇。蒸馏，收集 34～35℃ 的馏分，在收集瓶中压入钠丝，然后用带 $CaCl_2$ 干燥管的软木塞塞住，或者在木塞中插入两端拉成毛细管的玻璃管，这样可使产生的气体逸出，并可防止潮气侵入。放置 24h 以上，待乙醚中残留的水与乙醇转化为氢氧化钠和乙醚钠后才能使用。

注意：

① $FeSO_4$ 溶液的配制：在 55mL 水中加入 3mL 浓硫酸，然后加入 30g $FeSO_4$，此溶液必须在使用时配制，放置过久易氧化变质。

② 乙醚沸点低，极易挥发，严禁用明火加热，可用事先准备好的热水浴加热，或者用变压器调节的电热锅加热。尾气出口通入水槽，以免乙醚蒸气散发到空气中。由于乙醚蒸气比空气重（约为空气的 2.5 倍），容易聚集在桌面附近或凹处。当空气中含有 1.85%～36.5%（体积分数）的乙醚蒸气时，遇火即会发生燃烧甚至爆炸，因此蒸馏时必须严格遵守操作规程。

3. 氯仿

普通氯仿中含有 1% 的乙醇，这是为了防止氯仿分解为有毒的光气，作为稳定剂加入氯仿中的。为了除去乙醇，可将氯仿与其 1/2 体积的水在分液漏斗中振荡数次，然后分出下层氯仿，用无水 $CaCl_2$ 或无水 K_2CO_3 干燥。

另一种提纯法是将氯仿与少量浓硫酸一起振摇数次。每 500mL 氯仿约用 25mL 浓硫酸洗涤，分去酸层后，用水洗涤，干燥后蒸馏。

注意：除去乙醇的无水氯仿必须保存于棕色瓶中，并放于阴暗的柜中，以免在光的照射下分解产生光气。氯仿绝对不能用金属钠来干燥，否则会发生爆炸。

4. 二氯甲烷

使用二氯甲烷比氯仿安全，因此常常用它来代替氯仿。作为比水重的萃取溶剂，普通二氯甲烷一般能直接作萃取剂使用。如需纯化，可用 5% Na_2CO_3 溶液洗涤，再用水洗涤，然后用无水 $CaCl_2$ 干燥，蒸馏收集 40～41℃ 的馏分。

5. 丙酮

普通丙酮中常含有少量水及甲醇、乙醛等还原性杂质，分析纯的丙酮中虽然有机杂质含量已少于0.1%，但水的含量仍达1%，它的纯化采用如下方法：在500mL丙酮中加入2～3g $KMnO_4$ 加热回流，以除去少量还原性杂质；若紫色很快消失，则需再加入少量 $KMnO_4$ 继续回流，直至紫色不再消失为止；蒸出丙酮，然后用无水 K_2CO_3 或无水 $CaCO_3$ 干燥，蒸馏收集56～57℃的馏分。

6. 二甲亚砜（DMSO）

二甲亚砜是能与水互溶的高极性非质子溶剂，因而广泛用于有机反应和光谱分析中。它易吸潮，常压蒸馏时还会部分分解。若要制备无水二甲亚砜，可以用活性 Al_2O_3、BaO 或 $CaSO_4$ 干燥过夜。然后滤去干燥剂，在减压下蒸馏收集75～76℃/12mmHg或85～87℃/20mmHg的馏分，放入分子筛储存待用。

7. 苯

分析纯的苯通常可供直接使用。若需要无水苯，则可用无水 $CaCl_2$ 干燥过夜，过滤后，压入钠丝（见乙醚纯化部分）。普通苯中的主要杂质为噻吩（沸点为84℃），可用下面的方法精制无水、无噻吩苯。

在分液漏斗中将苯与相当于苯体积10%的浓硫酸一起振荡，弃去底层酸液，再加入新的浓硫酸。这样重复操作，直到酸层呈现无色或淡黄色，且检验无噻吩存在为止。苯层依次用水、10% Na_2CO_3 溶液、水洗涤，经 $CaCl_2$ 干燥后蒸馏，收集80℃的馏分，压入钠丝（见乙醚纯化部分），保存待用。

噻吩的检验：取5滴苯置于小试管中，加入5滴浓硫酸及1～2滴1%靛红的浓硫酸溶液；振摇片刻，如呈墨绿色或蓝色，表示有噻吩存在。

8. 乙酸乙酯

分析纯的乙酸乙酯的含量为99.5%，可供一般情况下使用。工业乙酸乙酯的含量为95%～98%，含有少量水、乙醇和乙酸，可用下列方法提纯。

于1L乙酸乙酯中加入100mL乙酸酐和19滴浓硫酸，加热回流4h，以除去水和乙醇。然后进行分馏，收集76～77℃的馏分，馏出液用20～30g无水 K_2CO_3 振荡，过滤后，再蒸馏。收集的产物的沸点为77℃，纯度达99.7%。

三、化学试剂的称量与量取

1. 化学试剂在取用前的准备工作

① 应充分了解取用试剂的性质、状态、浓度等基本信息。不同状态的试剂，其取用方法不同，定性与定量等不同，取用目的和使用的器具也不同。此外，为保证取用试剂的安全性，还要了解试剂的危险性和特殊性，如有必要应事先采取必要的安全防护措施。

② 根据取用试剂的要求，准备的药勺、量器和取用后存放试剂的器具等，要求是洁净无污染的，对于无水操作实验，还应事先干燥所用的器具。

③ 量取化学试剂特别是有毒试剂时必须戴防护手套，尽可能避免皮肤直接接触。

④ 不同规格的化学试剂，其纯度和杂质的含量都各不相同，价格也相差很大。对于有机合成原料来说，并不要求化学原料的试剂纯度达到100%。每个有机化学反应都有其最低的纯度要求，只要能达到这一要求就能选用，为了节约成本，在不影响实验结果的前提下，应尽量选用低规格的试剂。

2. 取用试剂的方法和要求

① 首先看清试剂名称和规格是否符合要求，以免领错。新领取的试剂必须标明领用日期、领用人，一瓶用完后再开新的，对未使用过的溶剂、试剂一定要查明相关性质，如温度敏感性、湿度敏感性等及潜在危险性。

② 在拿取试剂时，一定要看清标签上的名称、规格，并要注意有无“剧毒”“易燃”“易爆”等危险品标志。这些试剂在开瓶和使用时必须严格按照操作规程进行，不得乱倒乱放。

③ 正确开启试剂瓶，注意开启安全性。开启液体试剂时，瓶口不得对着人，以免瓶中压力过大喷出伤人，尤其是低沸点液体（如乙醚和环氧乙烷）及含有气体的液体试剂（如发烟硝酸、发烟硫酸、盐酸、液溴、氨水等），必须要在通风橱中进行。在倾倒腐蚀性液体（如硫酸、盐酸等）时标签应朝上，以免腐蚀标签。

④ 正确使用滴管、吸管、移液管、量筒、药匙、纸槽、镊子等量取器具取用试剂，防止污染、散落、遗漏。

⑤ 实验操作场所（包括实验桌和通风橱）只可存放当天所需使用的有机溶剂，并放在通风的下风处。操作员尽可能在上风位置工作，以避免吸入有机溶剂中的气体。

⑥ 保持试剂的清洁，取用试剂的药勺、量筒应是干燥清洁的，按需取用，切记过度使用试剂，多取或剩余的试剂原则上不应放回原试剂瓶内，以免污染。

⑦ 易挥发、易燃、易爆等有毒有害试剂不易用敞口容器存放，应加盖密封塞置于排风良好处取用。若固体试剂结块，可用玻璃棒、瓷药勺轻轻捣碎后取用。冻结的试剂要采取合适的温水浴，化开后取用。

⑧ 正确使用天平称量试剂，固体药品应使用称量纸、称量瓶等称量，不可直接置于天平上称量。易挥发、有毒有害液体试剂要盛放在事先称量的称量瓶和容器内进行称量。

⑨ 有机溶剂及试剂的容器不论是否在使用中，都应随手盖紧，防止吸潮、挥发、分解等，注意不要将瓶盖搞混。有机溶剂的废液不可任意倾倒，应倒入指定存放的容器内。

3. 不同试剂的取用

① 固体试剂的称取。称取固体试剂应避免试剂直接与天平接触或天平“超载”。一般固体试剂可放在称量纸、表面皿或烧杯中称量，一些容易吸潮或易挥发的固体需放在干燥的锥形瓶中塞住瓶口称量，取用后应随手将药瓶口盖好，不应将试剂瓶长时间敞口放置。

② 液体试剂的量取。黏度不大的液体试剂一般用量筒或量杯量取，当用量少时可用移液管量取或滴管吸取（用量少且计量要求不严格），取用后也应随手将瓶口盖好。黏度较大的液体可用称取固体的方法称取，以免因量器的黏附而造成较大的误差，易吸潮的液体量取时间不要太长，易挥发或毒性大的液体试剂在取用时应先将瓶子冷却降压，并在通风橱内量取。

③ 气体钢瓶的使用。钢瓶是一种在加压下贮存或运送气体的容器，在有机化学实验中的应用也比较广泛。贮存钢瓶时必须使贮存地点远离热源，保持阴凉和干燥，瓶身避免与强酸、强碱接触，且按规定定期对钢瓶进行试压检测。钢瓶贮存可燃性气体的开关螺纹是反向的，而贮存不燃性或助燃性气体的开关螺纹是正向的。

取用钢瓶中气体时必须使用减压表。减压表一般由指示钢瓶压力的总压力表、减压网（控制压力）和分压力表（减压后的压力）三部分组成。操作时，先将减压阀旋至关闭状态（即最松位置），然后打开钢瓶的气阀门，瓶内的气压会在总压力表上显示，慢慢旋紧减压阀，使分压力表达到所需压力。使用完毕，应先关紧钢瓶的气阀门，待总压力表和分压力表的指针复原到零时，再关闭减压阀。

试剂的取用虽看似平常但需要注意的细节较多，常不被学生重视，也常因此造成实验试剂的污染和失效而导致实验失败，甚至造成严重的危险后果。因此，教学中要特别注意这些细微之处，做到严格要求，养成良好的实验习惯和素质。这一点比片面地追求实验结果更加重要。化学试剂是全球污染的主要物质根源，保护地球、提倡绿色化学是我们共同的责任和目标，让我们一起努力，从点滴做起。

四、实验废弃物的处置

在有机化学实验中或实验结束后往往会产生各种固体、液体等废弃物，为提倡环境保护，遵守国家环保法规，减少对环境的危害，可采取如下处理方法：

① 所有实验废弃物应按固体、液体，有害、无害等分类收集于不同的容器中，一些难处理的有害废弃物可送环保部门专门处理。

② 少量的酸（如盐酸、硫酸、硝酸等）或碱（如氢氧化钠、氢氧化钾等）在倒入下水道之前必须被中和，并用水稀释。

③ 有机溶剂必须倒入贴有标签的回收容器中，并存放在通风橱内。

④ 无害的固体废弃物，如滤纸、碎玻璃、软木塞、氧化铝、硅胶、干燥剂等直接倒入普通废弃物箱中，不应与其他有害物质相混；有害固体废弃物应放在贴有标签的广口瓶中。

⑤ 能与水发生剧烈反应的化学品，处理之前要用适当方法在通风橱内分解。

⑥ 可能致癌的物质，处理起来应格外小心，避免与手接触。

第七节 实验方案优化设计

对于一个有机化学实验（如有机合成或提取）过程，通常会有多个因素，如反应温度、反应时间、原料物质的质量比等对实验结果（收率及纯度等）产生影响。合理地安排实验可以达到获得更多实验信息、减少实验次数、缩短实验周期、节约实验费用的目的，因此优化实验设计就很重要。

一、多因素实验问题

例 1-1：

在进行某有机合成实验时，为提高某产品的收率，选择了三个主要因素进行实验研究，即反应温度 A、反应时间 B 和用碱量 C，并确定了它们的实验范围，即 A 为 80～90℃、B 为 90～150min、C 为 5%～7%。实验目的是确定因素 A、B 和 C 对收率的影响，以及哪些是主要因素，哪些是次要因素，从而确定最优反应条件，即温度、时间及用碱量各为多少才能使收率最高，并制订实验方案。

这里，对因素 A、B 和 C 在实验范围内分别选取三个水平：

A：$A_1=80$℃，$A_2=85$℃，$A_3=90$℃；

B：$B_1=90$min，$B_2=120$min，$B_3=150$min；

C：$C_1=5\%$，$C_2=6\%$，$C_3=7\%$。

即取三因素三水平，通常有两种实现方法。

1. 全面试验法

$A_1B_1C_1$	$A_2B_1C_1$	$A_3B_1C_1$
$A_1B_1C_2$	$A_2B_1C_2$	$A_3B_1C_2$
$A_1B_1C_3$	$A_2B_1C_3$	$A_3B_1C_3$
$A_1B_2C_1$	$A_2B_2C_1$	$A_3B_2C_1$
$A_1B_2C_2$	$A_2B_2C_2$	$A_3B_2C_2$
$A_1B_2C_3$	$A_2B_2C_3$	$A_3B_2C_3$
$A_1B_3C_1$	$A_2B_3C_1$	$A_3B_3C_1$
$A_1B_3C_2$	$A_2B_3C_2$	$A_3B_3C_2$
$A_1B_3C_3$	$A_2B_3C_3$	$A_3B_3C_3$

共有 $3^3=27$ 次实验。全面试验法的优点为对各因素与实验指标之间的关系剖析得比较清楚。其缺点也是显而易见的：

① 实验次数太多，费时费事，当因素水平比较多时，实验将无法完成，比如选六个因素，每个因素选五个水平时，全面试验的实验次数是 $5^6=15625$（次）。

② 不做重复实验，无法估计误差。

③ 无法区分因素的主次。

2. 简单比较法

简单比较法即变化一个因素而固定其他因素。固定 B、C 于 B_1、C_1 使 A 变化，得出结果是 A_3 最好；则固定 A 于 A_3，C 还是 C_1，使 B 变化，得出结果是 B_2 最好；则固定 B 于 B_2、A 于 A_3，使 C 变化，实验结果以 C_2 最好；于是得出最佳工艺条件为 $A_3B_2C_2$。

简单比较法的优点是实验次数少。缺点是：

① 实验点不具代表性，考察的因素水平仅局限于局部区域，不能全面反映因素的影响。

② 无法分清因素的主次。

③ 如果不进行重复实验，实验误差就估计不出来，无法确定最佳条件的精度。

④ 无法利用数理统计方法对实验结果进行分析。

二、正交试验法

正交试验法兼顾全面试验法和简单比较法的优点，利用正交表来安排实验及分析实验结果，事实上，正交设计的优点不仅表现在实验的设计上，还表现在对实验结果的处理上。

1. 正交试验法的优点

① 实验代表性较强，实验次数较少。

② 不需要重复实验就可以估计实验误差。

③ 可以分清因素的主次。

④ 可以使用数理统计的方法处理实验结果。

2. 正交试验法的特点

① 均衡分散性、代表性。

② 整齐可比性。可以用数理统计的方法对实验结果进行处理。用正交表安排实验，实验需要考虑的结果称为实验指标，可以直接用数量表示的叫定量指标，不能用数量表示的叫

定性指标，定性指标可以按评定结果打分或者评出等级，可以用数量表示，称为定性指标的定量化。

3. 正交表

正交表一般表示为 $L_n(t^q)$，其中 L 代表正交表；n 为正交表的横行数，即实验次数；t 为表中字码数，即因素的水平数；q 为正交表的纵列数，即最多允许安排因素的个数。

正交表具有以下两项性质：

① 每一列中，不同字码出现的次数相等。例如在表 1-3 中，任何一列都有 1、2、3，且它们在任一列出现的次数均相等。

② 任意两列中数字的排列方式齐全且均衡。例如在三水平正交表（表 1-3）中，任何两列（同一横行内）有序对共有 9 种：(1，1)、(1，2)、(1，3)、(2，1)、(2，2)、(2，3)、(3，1)、(3，2) 和 (3，3)，且每对出现的次数也相等。

表 1-3 $L_9(3^4)$ 正交表

实验号 \ 列号	1	2	3	4
1	1	1	1	1
2	1	2	2	2
3	1	3	3	3
4	2	1	2	3
5	2	2	3	1
6	2	3	1	2
7	3	1	3	2
8	3	2	1	3
9	3	3	2	1

以上两点充分体现了正交表的两大优越性，即“均衡分散性”（实验点在实验范围内散布均匀）和“整齐可比性”（实验点在实验范围内排列规律整齐）。通俗地说，每个因素的每个水平与另一个因素的每个水平各碰一次，这就是正交性。

（1）用正交表安排实验（以例 1-1 为例）

① 确定实验指标，本例中，实验目的是研究反应温度、反应时间和用碱量对收率的影响，实验指标为收率。

② 确定因素-水平表（表 1-4）。

③ 选用合适的正交表，本例可取表 1-3 来安排实验（因素顺序上列，水平对号入座）。

④ 实施实验方案，获得实验结果（表 1-5）。

表 1-4 因素-水平表

水平 \ 因素	反应温度 A/℃	反应时间 B/min	用碱量 C/%
1	$A_1(80)$	$B_1(90)$	$C_1(5)$
2	$A_2(85)$	$B_2(120)$	$C_2(6)$
3	$A_3(90)$	$B_3(150)$	$C_3(7)$

表 1-5 正交实验结果

实验号＼列号	反应温度 A/℃	反应时间 B/min	用碱量 C/%	D	收率/%
1	$A_1(80)$	$B_1(90)$	$C_1(5)$	1	31
2	$A_1(80)$	$B_2(120)$	$C_2(6)$	2	54
3	$A_1(80)$	$B_3(150)$	$C_3(7)$	3	38
4	$A_2(85)$	$B_1(90)$	$C_2(6)$	3	53
5	$A_2(85)$	$B_2(120)$	$C_3(7)$	1	49
6	$A_2(85)$	$B_3(150)$	$C_1(5)$	2	42
7	$A_3(90)$	$B_1(90)$	$C_3(7)$	2	57
8	$A_3(90)$	$B_2(120)$	$C_1(5)$	3	62
9	$A_3(90)$	$B_3(150)$	$C_2(6)$	1	64

注：D 为举例的第 4 个因素。

(2) 正交实验结果的直观分析——极差分析法

分析内容：①哪些因素对收率影响大，哪些因素影响小；②如果某个因素影响大，那么它取哪个水平对提高收率有利。可利用正交表的整齐可比性进行分析，对于因素 A，A_1、A_2 和 A_3 各自所在的那组实验中，其他因素的 1、2 和 3 水平都分别出现了一次，于是，

$$K_1^A=31+54+38=123$$

$$k_1^A=K_1^A/3=123/3=41$$

同理，

$$K_2^A=144，k_2^A=48；K_3^A=183，k_3^A=61$$

K_i^A 为 A 因素在 i 水平下的实验结果之和，k_i^A 为 A 因素在 i 水平下的实验结果的平均值。比较 k_1^A、k_2^A、k_3^A 时，可以认为 B、C 和 D 对 k_1^A、k_2^A、k_3^A 的影响是大体相同的，于是可以把 k_1^A、k_2^A、k_3^A 之间的差异看作是 A 取了三个不同水平引起的。这就是正交设计表的整齐可比性。类似地，有

$$K_1^B=141，k_1^B=47；K_2^B=165，k_2^B=55；K_3^B=144，k_3^B=48$$

$$K_1^C=135，k_1^C=45；K_2^C=171，k_2^C=57；K_3^C=144，k_3^C=48$$

接下来确定因素的主次。将每列的 k_1、k_2、k_3 中最大值与最小值之差称为极差 R。

对因素 A：$R^A=k_3^A-k_1^A=61-41=20$

对因素 B：$R^B=k_2^B-k_1^B=55-47=8$

对因素 C：$R^C=k_2^C-k_1^C=57-45=12$

如果某个因素的不同水平对应的实验结果之间的差值大，那么这个因素就是主要因素。直观分析表明：本例中各因素的主次顺序为 $A>C>B$，即反应温度>用碱量>反应时间。

下面确定各因素应取的水平，即找到最佳实验条件（表 1-6）。

表 1-6 确定各因素的水平

实验号＼列号	反应温度 A/℃	反应时间 B/min	用碱量 C/%	D	收率/%
1	$A_1(80)$	$B_1(90)$	$C_1(5)$	1	31
2	$A_1(80)$	$B_2(120)$	$C_2(6)$	2	54
3	$A_1(80)$	$B_3(150)$	$C_3(7)$	3	38

续表

实验号 \ 列号	反应温度 A/℃	反应时间 B/min	用碱量 C/%	D	收率/%
4	A_2(85)	B_1(90)	C_2(6)	3	53
5	A_2(85)	B_2(120)	C_3(7)	1	49
6	A_2(85)	B_3(150)	C_1(5)	2	42
7	A_3(90)	B_1(90)	C_3(7)	2	57
8	A_3(90)	B_2(120)	C_1(5)	3	62
9	A_3(90)	B_3(150)	C_2(6)	1	64
K_1	123	141	135		
K_2	144	165	171		
K_3	183	144	144		
k_1	41	47	45		
k_2	48	55	57		
k_3	61	48	48		
R	20	8	12		

某因素的最大指标所对应的水平为该因素的最佳条件。

对因素 A：$k_3^A=61$ 最大，3 为 A 的最佳水平；

对因素 B：$k_2^B=55$ 最大，2 为 B 的最佳水平；

对因素 C：$k_2^C=57$ 最大，2 为 C 的最佳水平。

实验结果表明，$A_3B_2C_2$ 为最佳条件。

从极差图可以更直观地得出上述结论。

此外，进一步提高因素 A 的取值，可能获得更好的结果，这就为进一步实验指明了方向。最后，进行最佳条件的验证与确定。对主要因素，选使指标最好的那个水平，本例中 A 选 A_3，C 选 C_2；对次要因素，以节约方便原则选取水平，本例中 B 可为 B_2 或 B_1。于是用 $A_3B_2C_2$ 和 $A_3B_1C_2$ 各做一次验证实验，结果见表 1-7。

表 1-7　验证实验结果

实验号	实验因素	收率/%
1	$A_3B_2C_2$	74
2	$A_3B_1C_2$	75

最后确定最优合成条件为 $A_3B_1C_2$。

第八节　有机化学实验文献及其查阅

一、文献检索的一般知识

文献是指各种记录知识的载体，是人类脑力劳动成果的一种表现形式，科技文献就是记录科学技术知识的信息载体。科技文献记载了许多有用的事实、数据、理论、方法和科学假设，积累了无数成功或失败的经验，它反映了特定社会和历史条件下科技的进展和水平，也预示着未来发展的趋势和方向。

文献按出版类型可分为期刊论文、会议论文、专利、文摘索引刊物、丛书、词典、专著、百科全书等。根据内容性质不同，科技文献又可分为一次文献、二次文献和三次文献。一次文献是指原始文献，包括大部分的期刊论文、研究报告、会议论文、专利和学位论文等；二次文献是指将大量无序的一次文献按一定规律进行加工、整理、简化得到的文摘、索引、目录等，即一般所谓的检索工具；三次文献是在二次文献基础上编写的数据手册、进展报告、大全、年鉴等，三次文献一般具有很强的系统性和综合性，知识面广，有些还兼具检索功能。

在开展有机化学实验研究之前，除了要准备实验所需要的各种药品、试剂外，还需要通过查阅资料来了解课题的研究背景，包括前人已经做过哪些研究、存在哪些问题，然后才能制订研究方案。这种查阅相关资料的过程就是文献检索。

检索是在浩如烟海的文献资料中查找自己研究课题所需要的、有参考价值的那些文献。如果不了解别人以前的研究工作和目前的研究现状，不能全面了解自己进行的课题，就有可能造成不必要的浪费。即使在研究过程中，也要及时查阅最新的文献，了解课题的研究进展。

二、期刊

期刊，也称杂志，是定期出版的连续出版物，一般按卷、期或者年月的顺序编号出版。相对于其他类型的文献，期刊具有报道及时、内容广泛新颖、能反映最新科研动向的特点。

化学期刊种类繁多，有些内容广泛，刊载的论文涉及化学的各个领域，有些只涉及某个领域的某个方面；期刊报道的内容形式也是多种多样的，有研究论文、简报、快报、综述文章、新闻动态等；因此期刊又可以分为原始论文期刊、通信性期刊、综述性期刊、新闻性期刊、文摘索引期刊等，以及这几种内容都有的综合性期刊。其中与有机化学相关性较强的重要期刊如表 1-8 所示。

表 1-8 与有机化学相关性较强的重要期刊

刊名	英文缩写	备注
科学通报	*Chinese Sci. Bull.*	中国科学院、国家自然科学基金委员会主办的自然科学综合性学术期刊
化学学报	*Acta Chim. Sin.*	中国化学会主办的综合类化学期刊，被 SCI 收录
化学通报	*Chem.*	中国科学院主管，中国化学会、中国科学院化学研究所主办的综合性学术期刊
高等学校化学学报	*Chem. J. Chinese U.*	教育部主办、吉林大学承办的综合类化学期刊，被 SCI 收录
有机化学	*Chinese J. Org. Chem.*	中国科学院上海有机化学研究所和中国化学会合办，专门报道有机化学领域的科研文章，被 SCI-E 收录
Chinese Journal of Chemistry（中国化学）	*Chinese J. Chem.*	中国科学院上海有机化学研究所和中国化学会合办的英文期刊，属综合类化学期刊，被 SCI 收录

续表

刊名	英文缩写	备注
Journal of the American Chemical Society（美国化学会志）	*J. Am. Chem. Soc.*	全世界最权威的化学期刊之一，综合类化学期刊
Journal of Chemical Society（英国化学会志）	*J. Chem. Soc.*	全世界最权威的化学期刊之一，综合类化学期刊，被SCI收录
Journal of the Organic Chemistry	*J. Org. Chem.*	杂志由美国化学学会（American Chemical Society）出版或管理，主要刊载有机化学方面的研究

三、专利文献

专利文献包括专利说明书、专利公报、专利检索工具、专利分类表以及与专利相关的法律文件等。

有机化学实验中所提到的专利文献一般是指专利说明书，它是专利申请人向专利局递交的说明发明创造内容及指明专利要求的书面文件，既是技术性文献，又是法律文件。专利说明书与一般科技论文的内容结构差别很大，各国专利说明书的结构大体相同，通常由标头部分、正文部分和权利要求部分组成。

专利说明书的标头部分一般著录有：专利说明书名称、本发明的专利号、国别标志、申请日期、申请号、国际专利分类号、专利题目、申请者等。如为相同专利，则要著录优先项：优先申请日期、优先申请国别、优先申请号。正文部分内容一般可以分为如下几部分。

① 前言（发明背景介绍或者专利权人介绍，指出现有技术的不足）。

② 本专利要解决的问题及其优点。

③ 专利内容的解释。

④ 实例（包括设备、原料、配方、条件、结果等）。

权利要求部分一般是将发明的内容概括成若干条，其中第一条是综述，后面逐条具体介绍。

此外有些专利说明书还有附图及相关文献目录。

熟悉了专利的行文结构，在阅读专利说明书时就不用逐字逐句阅读了。比如，想要了解配方、操作步骤及条件，只需要阅读实例部分即可；想要了解专利的具体内容，只需要阅读专利内容解释部分即可。

近年来，随着网络技术的发展，专利文献的载体也由单一的印刷介质，发展到印刷、光盘、网络等多种载体并存的局面，为人们利用专利信息提供了便利。

因特网上提供中文专利服务的网站有以下几个。

① 国家知识产权局网（https：//www. cnipa. gov. cn）：该网站由国家知识产权局主办，收录了1985年以来中国专利局公布的所有专利，内容更新快，数据权威，并且是目前国内唯一提供免费下载专利说明书全文的网站，要求每日下载数量控制在100页以内。

② 中国知识产权网（http：//www. cnipr. com）：该网站由国家知识产权局知识产权出版社创建，其专利数据库收录了《中华人民共和国专利法》1985年实施以来公开的全部中国发明、实用新型和外观设计专利，是每周法定出版的《中国专利公报》的电子版数据。其检索途径分基本检索和高级检索两种，基本检索是免费的，设有专利号、公告号、专利名称、分类号、摘要、申请人、申请人地址、公开日等八个检索选项，基本检索只能检索出专利摘要和著录项目等基本信息，不能看到专利全文说明书及外观设计图形。高级检索需收

费，与基本检索相比，增加了检索字段，检索方式更加快捷，在内容上增加了专利法律状态和专利主权项，同时还提供专利说明书在线下载。

③ 中国专利信息网（http：//www. patent. com. cn）：该网站必须注册才能使用，注册后会员可免费检索中国专利文摘数据库，中国专利信息网收集了自 1985 年以来所有的发明专利和实用新型专利。该检索系统为全文检索，所有的检索途径都在一个检索对话框内实现，检索词之间用空格分开即可，使用简单、方便、快捷。

④ 中国知网中国专利数据库（http：//www. cnki. net）：该网站免费提供自 1985 年以来中国专利题录和文摘。该检索系统具有 CNKI 统一的检索功能及特点，允许在第一次检索的基础上进行二次检索，可提高命中率。

第九节 有机化合物的图谱分析

近年来，有机化学实验中已广泛使用现代分析仪器来鉴定有机化合物结构和测定有机化合物的含量。鉴定有机化合物结构利用的是各种有机化合物在波谱学性质上的差异，常用的仪器有：红外光谱（infrared spectroscopy，IR）仪、核磁共振（nuclear magnetic resonance，NMR）波谱仪、紫外光谱（UV）仪、质谱（MS）仪和 X 衍射（X-ray）仪等。色谱法（chromatography）是分离、提纯和测定有机化合物含量的重要方法，根据操作条件的不同，色谱法可分为柱色谱、薄层色谱、纸色谱、气相色谱及高效液相色谱等。本节简单介绍气相色谱、高效液相色谱、红外光谱和核磁共振氢谱。

一、气相色谱

气相色谱（gas chromatography，GC）。是 20 世纪 50 年代发展起来的一种色谱分离技术，气相色谱目前发展极为迅速，已成为许多工业部门（如石油、化工、环保部门等）必不可少的工具。气相色谱主要用于分离和鉴定气体和挥发性较强的液体混合物，气相色谱仪结构简单，造价较低，且样品用量少，分析速度快，分离效能高，还能与红外光谱（IR）、质谱（MS）等联用，把色谱杰出的分离性能与 IR、MS 等仪器的定性性能完美地结合起来。气相色谱常分为气-液色谱（GLC）和气-固色谱（GSC），前者属于分配色谱，后者属于吸附色谱。

1. 气相色谱的基本原理

样品中各组分在通过色谱柱的过程中彼此分离。当惰性气体（流动相）携带着样品通过色谱柱时，由于样品中各组分分子和固定相分子之间发生溶解、吸附或配位等作用，使样品在流动相和固定相之间进行反复多次的分配平衡，由于各组分在两相间的分配系数不同，因而各组分沿色谱柱移动的速度也不同。当通过适当长度的色谱柱后，各组分彼此间就会拉开一定的距离，先后流出色谱柱，即发生分离，至检测器给出信号。对于气-液色谱，在固定相中溶解度较小的组分先流出色谱柱，溶解度较大的组分后流出色谱柱。图 1-13 是两个组分经色谱柱分离，先后进入检测器时记录器记录的流出曲线。图 1-13 中 t_1 和 t_2 分别是两个组分的保留时间，即它们流出色谱柱所需的时间。

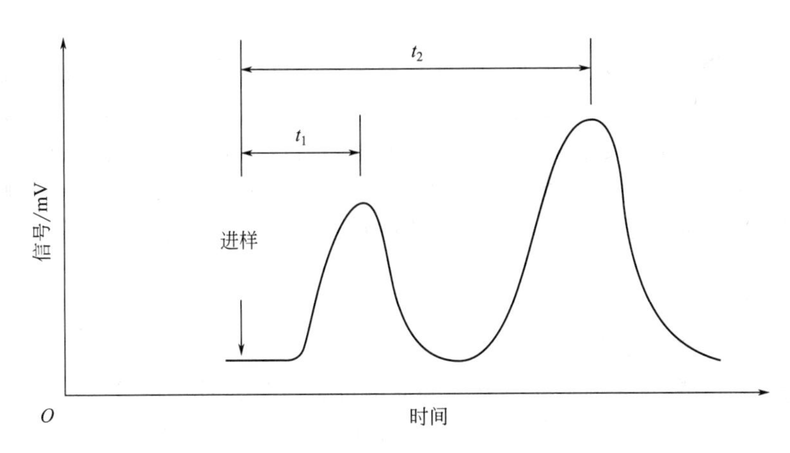

图 1-13　两个组分经色谱柱分离后的流出曲线

2. 气相色谱仪

气相色谱仪由气化室、进样器、色谱柱、检测器、记录器、收集器组成，气相色谱仪的主要部件及流程图如图 1-14 所示，载气从高压钢瓶流出，经减压阀减压及净化管净化，用针型阀调节并控制载气的流量，通过转子流量计和压力表指示出载气的流量与柱前压，试样由进样器注入，在气化室瞬间气化后由载气带入色谱柱进行分离，分离后的各组分随载气进入检测器，检测器将组分的瞬间浓度或单位时间的进入量转变为电信号，放大后由记录器记录成色谱峰。

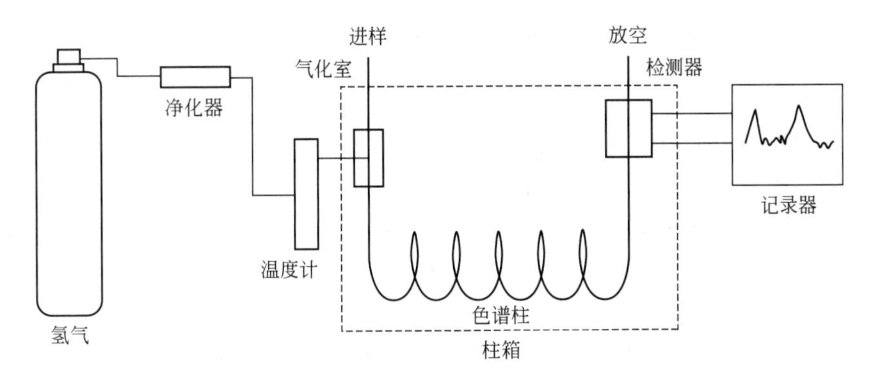

图 1-14　气相色谱仪的主要部件及流程图

气相色谱仪品种很多，性能和应用范围均有差异，但基本结构和流程大同小异，主要包括载气供应系统、进样系统、色谱柱温度控制系统、检测系统和数据处理系统等部分。在气相色谱中，组分能否分离取决于色谱柱，而灵敏度大小则取决于检测器。根据色谱柱的不同，气相色谱又可分为填充柱色谱和毛细管色谱，毛细管色谱的分离效率更高。气相色谱中应用的检测器种类较多，常用的有：①热导检测器；②氢火焰离子化检测器；③电子捕获检测器。

3. 定性和定量分析

（1）定性分析

气相色谱法是一种高效、快速的分离分析技术，可以在很短的时间内分离几十种甚至上百种组分的混合物，其分离效能是其他方法难以相比的。但是，气相色谱图不能直接给出组分的定性结果，需要与已知物对照分析。气相色谱定性的依据是保留时间。当固定相和色谱条件一定时，任何一种物质都有一定的保留时间。在同一色谱条件下，比较已知物和未知物的保留时间，就可以定性出某一色谱峰对应的化合物。

但是，与已知物对照作为定性分析方法还存在一定的问题。首先，色谱法定性分析主要依据每个组分的保留时间，所以需要标准样品，而标准样品不易得到；其次，由于不同化合物在相同条件下有时具有相近甚至相同的保留时间，所以单靠色谱法对每个组分进行鉴定是比较困难的。色谱法只能在一定条件下（例如已知可能为某几个化合物或从来源可知化合物可能的类型）给出定性结果，对于复杂混合物的定性分析，目前是将气相色谱仪、质谱仪和红外光谱仪等联用。

（2）定量分析

气相色谱常用的定量计算方法有如下三种。

① 归一化法。如果分析对象各组分的响应值都很接近，且各组分都已被分开，并出现在色谱图上，则可以用每组分峰面积占峰面积总和的百分数代表该组分的质量分数，即：

$$\omega_i=\frac{m_i}{m}=\frac{A_i f_i}{\sum A_i f_i}$$

式中，ω_i为i组分的质量分数；m_i为i组分的质量；m为试样质量；A_i为i组分的峰面积；f_i为i组分的质量校正因子。

归一化法的优点是简便、准确、操作条件（如进样量、流量）对结果影响小，适用于多组分同时分析。如果峰出得不完全，即有的高沸点组分没有流出，或者有的组分在检测器中不产生信号，则不能使用归一化法。

② 内标法。当样品中各组分不能全部流出色谱柱，或检测器不能对各组分都产生响应信号时，且只需要对样品中某几个出现色谱峰的组分进行定量分析时，可采用内标法，即在一定量的样品中加入一定量的标准物质（内标物）进行色谱分析。

内标物的选择条件必须满足：内标物能溶解于样品中，其色谱峰与样品各组分的色谱峰能完全分离，且它的色谱峰与被测组分的色谱峰位置比较接近，其加入量与被测组分接近。

用内标法可以避免操作条件变动造成的误差，但每做一个样品都要用天平准确称量样品和内标物，比较麻烦。它适用于某些精确度要求高的分析，而不适合样品量大的常规分析。

③ 外标法。外标法是用纯物质配成不同浓度的标准样，在一定的操作条件下定量进样，测定峰面积后，给出标准含量与峰面积（或峰高）的关系曲线，即标准曲线。在相同条件下测定样品，由已得样品的峰面积（或峰高）从标准曲线上查出对应的被测组分的含量。

外标法操作简单，计算方便，但需严格控制操作条件、保持进样量一致才能得到准确结果。

二、高效液相色谱

高效液相色谱又称为高压液相色谱（high performance liquid chromatography，HPLC），是20世纪70年代初发展起来的一种高效、快速分离分析有机化合物的方法，它适用于高沸点、难挥发、热稳定性差、离子型的有机化合物的分离与分析。

1. 高效液相色谱的基本原理

高效液相色谱可以分为液-固吸附色谱、液-液分配色谱、离子交换色谱和凝胶渗透色谱等，应用最广泛的是液-液分配色谱，因此，在下面的讨论中将以液-液分配色谱为主。

当流动相携带着样品通过色谱柱时，样品在流动相和固定相之间进行反复多次的分配平衡，各组分在两相间的分配系数不同，因而各组分沿色谱柱移动的速度也不同。当通过适当长度的色谱柱后，各组分彼此间就会拉开一定的距离，先后流出色谱柱，即发生分离，至检测器给出信号，最后由数据系统进行数据的采集、储存、显示、打印和数据处理工作。

在液-液分配色谱中，反相色谱最常用的固定相是十八烷基键合固定相，正相色谱常用的固定相是氨基、氰基键合固定相。醚基键合固定相既可用于正相色谱，又可用于反相色谱。键合固定相不同，分离性能也不同。固定相确定之后，用适当的溶剂调节流动相，可以得到较好的分离效果。若改变流动相后仍不能得到满意的结果，可以变换固定相或采取不同固定相的柱子串联使用。如果样品比较复杂，则需采用梯度洗脱方式，即在整个分离过程中，溶剂强度连续变化，这种变化是按一定程序进行的。

2. 高效液相色谱仪

高效液相色谱仪由输液系统、进样系统、分离系统、检测系统和数据处理系统组成。其简单流程如图 1-15 所示。

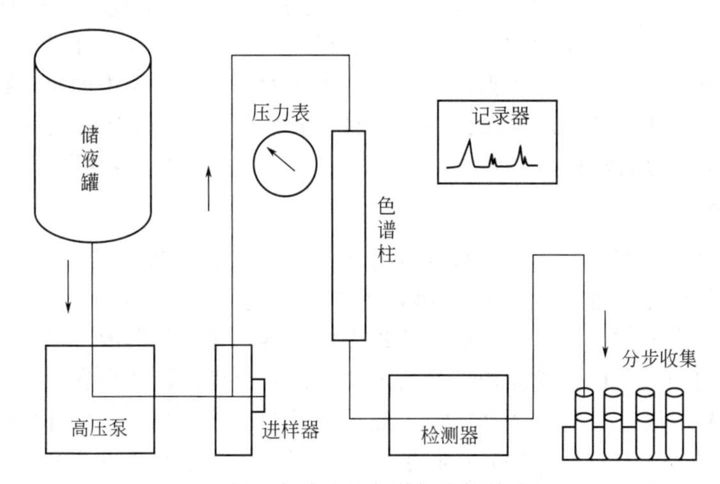

图 1-15 高效液相色谱仪的简单流程

在一根不锈钢制的封闭色谱柱内，紧密地装入高效微球固定相，用高压泵连续地按一定流量将溶剂送入色谱柱。然后，用进样器将样品注入色谱柱的顶端，用溶剂连续地冲洗色谱柱，样品中各组分会逐渐地被分离开来，并按一定顺序从柱后流出。而后各组分进入检测器，检测器将各组分浓度的变化转换成电信号，经放大后送入记录器而绘出色谱图。

3. 高效液相色谱法的特点

高效液相色谱法的定性、定量分析方法与气相色谱法基本相同。它具有如下一些特点。

① 高压。由于溶剂（流动相）的黏度比气体大得多，色谱柱内填充了颗粒很小的固定相，当溶剂通过色谱柱时会受到很大阻力。一般 1m 长的色谱柱的压降为 7.5×10^{6}Pa，所以高效液相色谱仪都采用高压泵输液。

② 高速。溶剂通过柱子的流量可达 3～10mL/min，制备色谱达 10～50mL/min，分离速度增大，可在几分钟至几十分钟内分析完一个样品。

③ 高效。高效液相色谱使用了高效固定相，其颗粒均匀，直径小于 10μm，表面孔浅，质量传递快，柱效很高，理论塔板数可达 10^{4} 块/m。

④ 高灵敏度。采用高灵敏度的检测器，如紫外吸收检测器的灵敏度很高，最小检出限可达 5×10^{-10}g/mL，示差折光检测器的最小检出限为 5×10^{-7}g/mL。

三、红外光谱

1. 红外光谱的基本原理

红外吸收光谱是研究分子运动的光谱，简称红外光谱（infrared spectroscopy，IR），通常红外光谱是波数在 4000～400cm^{-1}之间的吸收光谱，该吸收光谱反映了分子中原子间的振动和变角振动。可以通过红外光谱图获取分子结构信息，这是确定有机化合物结构最常用的方法之一。红外光谱可以测定任何气态、液态或固态样品，这是其他仪器难以做到的。

当一束连续的红外光谱透过样品分子，若样品的某一振动频率与某一波长红外光的频率相同，此时会发生共振，光子的能量就通过分子偶极矩的变化传递给分子，该样品选择性吸收此频率的光子，使样品的振动由基态激发到激发态，从而会产生振动能级的跃迁，因此记录被吸收光子的频率或波长及对应的吸收强度，形成红外光谱图（简称 IR 谱图）。IR 谱图根据波长可分为近红外（12820～4000cm^{-1}）、中红外（4000～400cm^{-1}）和远红外（400～33cm^{-1}）三个波段，相同的官能团或化学键在 IR 谱图吸收带的位置大致相同，都有自己的红外特定吸收峰。中红外区吸收光谱应用最广，它是由分子振动能级和转动能级跃迁产生的，又叫振转光谱，是基团振动的基频区，具有很好的基团相关性。样品分子中原子间的振动包含伸缩振动和弯曲振动，分子振动能级是量子化的，样品分子中的每种振动都有一定的频率，因此，当波长为 2.5～25μm 的红外光依次通过样品时，就会出现强弱不同的吸收光谱。以透射比（T）为纵坐标，波数（σ）或波长（λ）为横坐标，就得到了红外光谱图。

2. 红外光谱仪

常见的红外光谱仪有双光束色散型红外分光光度计及傅里叶变换红外光谱仪（FTIR）。双光束色散型红外分光光度计的结构原理如图 1-16 所示。从光源发出的红外光分成两束，两束光分别通过试样池和参比池，然后一并进入单色器。在单色器内，试样光束和参比光束交替进入单色器内的色散棱镜或光栅，最后随检测器扇形境的转动再交替进入检测器。经过检测器出来的信号再经过交流放大器放大，然后通过系统驱动光楔进行补偿使两束光的强度相当。如果试样对某一波数的红外光吸收越多，光楔就越多地遮住参比光路，使参比光强相应减弱，两束光重新达到平衡。记录笔与光楔相连，使光楔的改变转化为透光率的改变。

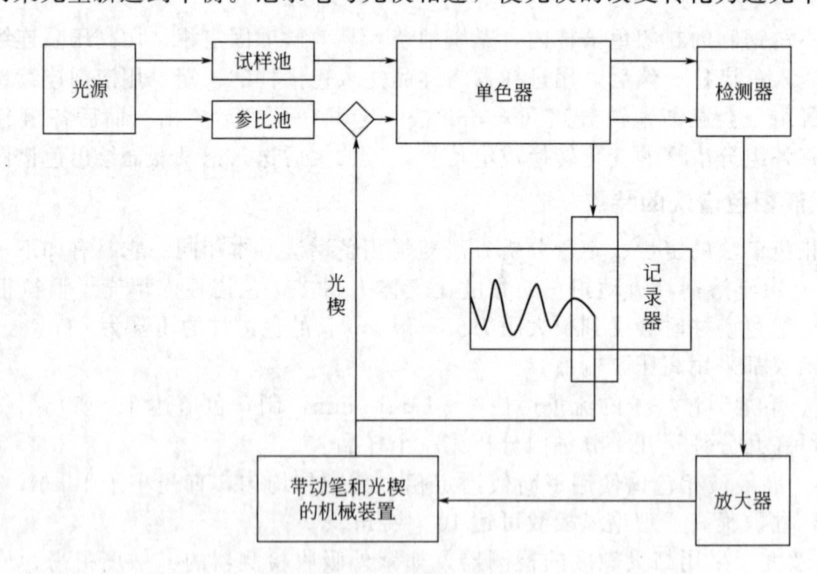

图 1-16 双光束色散型红外分光光度计的结构原理图

傅里叶变换红外光谱仪是通过测量干涉图和对干涉图进行傅里叶积分变换的方法来测定光谱图的。与传统的光谱仪相比，傅里叶变换红外光谱仪是以某种数学方式对光谱信息进行编码的摄谱仪，它能同时测量和记录所有谱元的信号，并能高效率地采集来自光源的辐射能量。与传统的光谱仪相比，傅里叶变换红外光谱仪具有更高的信噪比和分辨率，同时它的数字化光谱数据更便于计算机处理。

3. 红外光谱试样的制备

① 气体样品。气体样品的红外测试采用气体池进样。常用的样品池的长为5cm或10cm，容积为50～150mL，在气体样品导入前需先将样品池抽真空，样品池的窗口一般采用抛光的氯化钠或溴化钾晶片。测定时可通过调节气体池内样品的压力来控制吸收峰强度，吸收红外强的气体，只需要注入666.6Pa的气体样品，而对于弱吸收气体，则需要注入66.66kPa的气体样品。需要注意的是，由于水蒸气在中红外区也有较强的吸收峰，所以气体池在测定前一定要进行干燥。样品测完后，需用干燥的氮气流冲洗样品池。

② 液体样品。低沸点的液体样品可采用封闭式液体池（固定池）。封闭式液体池在测试前需清洗，方法是向固定池内灌注能溶解样品的溶剂进行浸泡。然后用干燥空气或 N_2 吹干溶剂。

一般常用的液体池是可拆卸液体池，如图1-17所示。测定时将样品滴在用KBr或NaCl制成的窗片上，注意窗片内不能有气泡，然后垫上橡皮垫圈，将池壁对角用螺丝拧紧。纯液体样品可直接放入样品池中，而某些光吸收很强的液体，可先配成溶液，再注入样品池。选用的溶剂应对溶质的溶解度比较大、红外透光性好、不腐蚀窗片、分子结构比较简单、极性小，并且对溶质没有强的溶剂化效应。通常选用的溶剂有 CS_2、CCl_4 及 $CHCl_3$ 等，它们本身的吸收峰可通过溶剂参比进行校正。

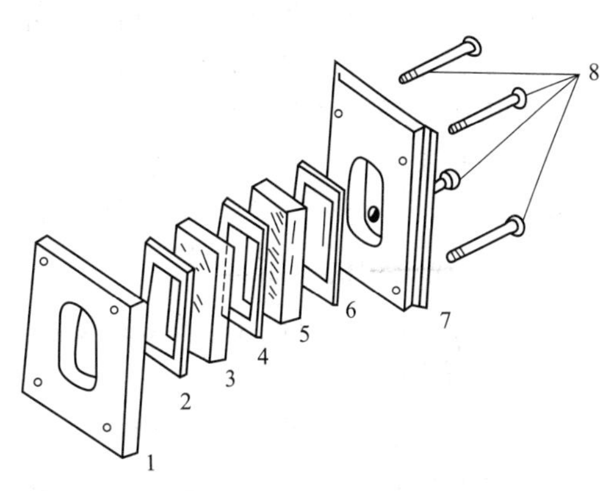

图1-17　可拆卸液体池

1—池架前板；2,6—橡皮垫圈；3,5—KBr窗片；4—控制光程长度的铅垫片（0.025～1mm各种规格）；7—池架后板；8—固定螺杆

③ 固体样品。可先用适当的溶剂将固体样品配成溶液，然后按液体样品处理。固体样品还可采用以下几种常用方法进行处理。

a. 压片法。压片法是红外光谱测定固体样品时常用的方法。压片法制得的样品薄片厚度可控，样品容易保存，图谱清晰，再现性良好，可广为采用。压片法是将2mg左右的固体样品与一定量的分析纯KBr混合，样品占混合物的1%～5%，并在玛瑙研钵中研磨成粒径小于2μm的细粉，取70～80mg研细的混合物于模具中，放置于压片机上，加压至15MPa，5min后取出，将压好的薄片装在固体样品架上进行测试。压片机的纵剖面如图1-18所示。

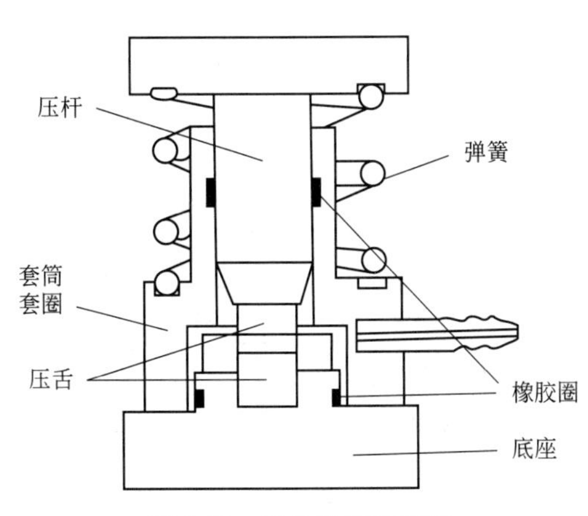

图1-18　压片机的纵剖面

b. 糊状法。固体试样在研磨中如果不发生分解，可将1～3mg研细的样品粉末悬浮分散于几滴石蜡油或全氟丁二烯等糊剂中，并继续研磨成均匀的糊状，将糊状物刮出夹在两窗片之间，使糊状物在窗片上均匀分布，最后固定好两块窗片即可测试。测定完毕，用无水乙醇冲洗窗片，拭镜纸擦净，抛光。糊状法要求糊剂自身的红外吸收光谱简单，折射率与样品相近，并且糊剂不与样品发生化学反应。此法适用于大多数固体，操作简单、方便、快捷，

缺点是石蜡油本身在 $2900cm^{-1}$、$1465cm^{-1}$、$1380cm^{-1}$处有吸收峰，解析图谱时须将这些峰除去。

c. 薄膜法。薄膜法是将固体样品制成透明薄膜进行测定的，薄膜法分为直接压膜法和间接制膜法。

直接压膜法：直接压膜法适用于熔点低，熔融时不分解、不升华、无化学变化的物质。该法是将样品直接加热到熔融，然后再涂制或压制成膜。

间接制膜法：该法是将样品先溶于挥发性溶剂中，然后将溶液滴在平滑的洁净玻璃片或金属板上，使溶剂慢慢挥发，待成膜后再用红外灯或干燥箱烘干。

薄膜法广泛应用于高分子化合物的红外光谱分析中。

实验测试完毕后，应用丙酮擦洗玛瑙研钵、不锈钢勺和模具接触样品部件，红外灯烘干，冷却后放入干燥器中。红外光谱仪应在切断电源、光源冷却至室温后，关好光源窗。样品池或样品仓应卸除，以防止样品污染或腐蚀仪器。最后将仪器盖上罩，登记、记录操作时间和仪器状况，经指导教师允许方可离去。

4. 红外光谱图的分析

有机物分子结构不同，IR 谱图的吸收峰也不同。通常把红外光谱的吸收峰分为官能团区和指纹区两大区域。

① 官能团区。波数在 $4000\sim1400cm^{-1}$的区域为官能团区，这一区域官能团的吸收峰较多，此区域的峰受分子中其他结构的影响较小，很少会重叠，容易辨别，故把此区称为官能团区，又叫特征谱带区，它们是红外光谱解析的基础。

② 指纹区。波数低于 $1400cm^{-1}$的区域为指纹区，该区域主要是一些单键的弯曲振动和伸缩振动引起的吸收峰，此区域的吸收峰极易受分子结构的影响，分子结构有微小变化就会引起吸收峰的位置和强度发生明显的变化，如同人的指纹一样，因此此区域称为指纹区。指纹区对判定两种化合物是否相同起着关键的作用。常见官能团和化学键的特征吸收波数见表 1-9。

表 1-9 常见官能团和化学键的特征吸收波数

基团	波数/cm^{-1}	基团	波数/cm^{-1}
O—H	3670～3580	C≡N	2260～2240
O—H(酸)	3500～2500	C≡C	2250～2100
O—H(缔合)	3400～3200	C═C	1650～1600
N—H	3500～3300	C═O（酸酐）	1800～1750
N—H(缔合)	3400～3200	C═O（酯）	1760～1720
≡C—H	3310～3200	C═O（醛、酮）	1745～1705
═C—H	3100～3020	C═O（羧酸）	1725～1700
Ar—H	3100～3000	C═O（酰胺）	1680～1640
CH_2—H	2960～2860	C—O	1250～1100
CH—H	2930～2860	NO_2	1550～1350

在分析 IR 谱图时，可先观察官能团区，找出该化合物的官能团，然后再分析指纹区。由指纹区的吸收峰与已知化合物 IR 谱图或标准 IR 谱图对比，判断化合物的结构。

四、核磁共振氢谱

核磁共振氢谱（nuclear magnetic resonance hydrogen spectrum，^{1}H-NMR）是现代化学家分析有机化合物结构最有效的波谱分析方法之一。核磁共振氢谱是将有机物置于磁场中时特定核所表现的核自旋性质。在有机化合物中所发现的这些核一般是^{1}H、^{2}H、^{13}C、^{19}F、15N和^{31}P，所有具有磁矩即自旋量子数 $I=0$ 的原子核都能产生核磁共振。而^{12}C、^{16}O和^{32}S没有核自旋，就不能用NMR谱来研究。在有机化学中最有用的是氢核和碳核，氢同位素中，^{1}H质子的天然比重比较大，磁性也比较强，也比较容易测定。

核磁共振氢谱（^{1}H-NMR）能够提供以下几种结构信息：化学位移 δ、耦合常数 J、各种核的信号强度比及弛豫时间。通过分析这些信息，可以了解特定氢原子的化学环境、原子个数、邻接基团的种类及分子的空间构型。所以核磁共振氢谱在化学、生物学、医学和材料科学领域的应用日趋广泛。

1. 核磁共振氢谱的基本原理

核磁共振氢谱的基本原理是具有磁矩的氢核，在外加磁场中磁矩有两种取向：一种与外加磁场同向，能量较低；另一种与外加磁场反向，能量较高。两者的能量差 ΔE 与外磁场强度 H_0 成正比：

$$\Delta E=\frac{\gamma h}{2\pi}H_0$$

式中，γ、h 分别为核的磁旋比和普朗克常数。

在与磁场 H_0 垂直的方向，用一定频率的电磁波作用到氢核上，当电磁波的能量 hv 正好等于能量差 ΔE 时，氢核就会吸收能量从低能态跃迁到激发态，如图1-19所示，即发生“共振”现象。所以核磁共振必须满足条件：

$$hv=\Delta E=\frac{\gamma h}{2\pi}H_0$$

即 $v=\dfrac{\gamma}{2\pi}H_0$

式中，v 为电磁波的频率。

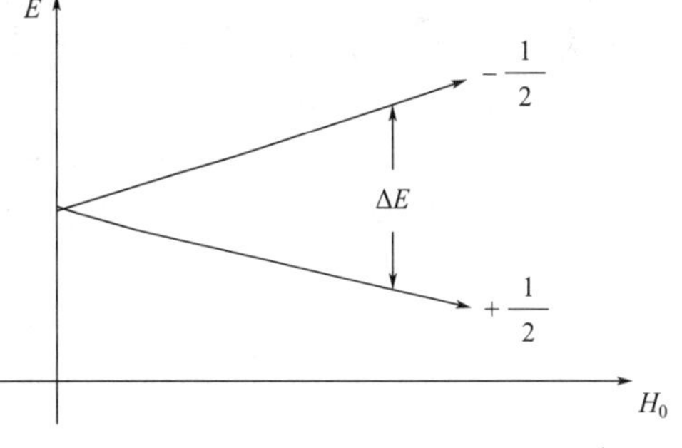

图1-19 自旋态能量差与磁场强度的相互关系

在实际的分子环境中，氢核外面是被电子云所包围的，电子云对氢核有屏蔽作用，从而使得氢核所感受到的磁场强度不是 H_0 而是 H'。在有机化合物分子中，不同类型的氢核周围的电子云屏蔽作用是不同的。也就是说，在相同静电磁场作用下，不同类型的质子，其共振频率却并不相同，从而导致图谱上的信号发生位移。在外界磁场的作用下，电子发生循环流动，产生一感应磁场。若感应磁场和外界磁场是反向平行排列的，这时质子所受到的磁场强度将会减弱，称为屏蔽效应。屏蔽效应越强，氢核感受到的磁场强度越弱，质子要在较高的磁场强度下才能发生共振吸收。相反，若感应磁场与外界磁场是同向平行排列的，就如同在外加磁场下又增加了一个小磁场，会增加外加磁场的强度。此时，质子感受到的磁场强度增强了，这种情况称为去屏蔽效应，此时质子在较低的磁场强度下才能发生共振吸收。电子的屏蔽效应和去屏蔽效应会引起氢核磁场共振吸收位置发生移动，从而导致谱图上不同质子信号的位移，这种位移是因为质子周围的化学环境不同而引起质子发生共振频率的差异，故称为化学位移。影响化学位移的主要因素有诱导效应、共轭效应、各向异性效应、范德华效应、溶剂效应和氢键效应。其中诱导效应、共轭效应、各向异性效应和范德华效应是在分子内起作用的，溶剂效应是在分子间起作用的，氢键效应则在分子内和分子间都会产生。化学位移用 δ 表示，其定义为：

$$\delta=\frac{v_{样}-v_{标}}{v_0}\times 10^6$$

式中，$v_{样}$ 为样品的共振频率；$v_{标}$ 为标准物的共振频率；v_0 为使用波谱仪器的频率。

常用四甲基硅烷（TMS）为标准物，四甲基硅烷的 δ 值规定为零。常见基团中质子的化学位移 δ 见表 1-10。

表 1-10 常见基团中质子的 δ

质子类型	δ	质子类型	δ
RCH_3	0.9	RCH_2F	3.7
RCH_2R	1.2	$RCH=CH_2$	4.5～5.0
R_3CH	1.5	$R_2C=CH_2$	4.6～5.0
R_2NCH_3	2.2	$R_2C=CHR$	5.0～5.7
$ArCH_3$	2.3	ArH	6.5～8.5
RCH_2I	3.2	RCHO	9.5～10.1
RCH_2Cl	3.5	RCOOH	10～13
$RC\equiv CH$	2.0～3.0	RSO_3H	10～13

2. 核磁共振波谱仪

核磁共振波谱仪根据电磁波的来源，可分为连续波和脉冲-傅里叶变换两种；如按磁场产生的方式，可分为永久磁铁、电磁铁和超导磁体三种；也可按磁场强度不同，分为 60MHz、90MHz、100MHz、200MHz、500MHz、600MHz 等多种型号，一般频率越高，仪器分辨率越高。核磁共振波谱仪主要由磁铁、射频振荡器和线圈、扫描发生器和线圈、射频接收器和线圈以及示波器和记录仪等部件组成，如图 1-20 所示。

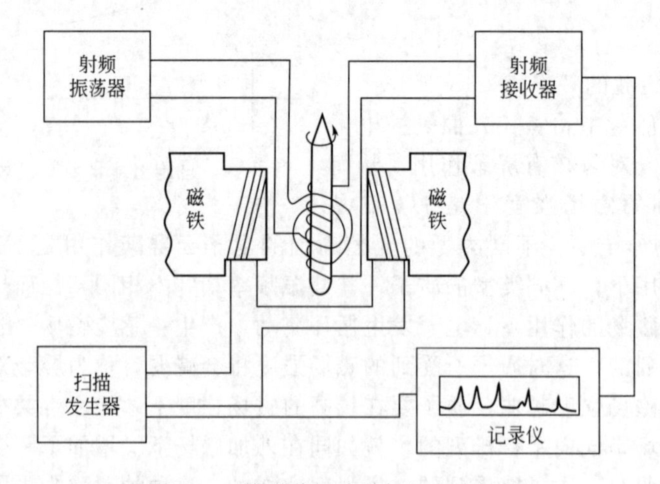

图 1-20 核磁共振波谱仪的主要部件

3. 样品的制备

测定无黏性的液体样品的核磁共振谱时，采用 TMS 作为标准物以纯样进行；而黏性液体和固体必须溶解在适当溶剂中。最常用的有机溶剂是 CCl_4，随着被测物质极性的增大，要采用极性大的氘代试剂。氘代试剂作溶剂的优点是它不含氢，不会产生干扰信号。

选择氘代试剂时必须考虑试剂对样品的溶解度，最常用的溶剂是氘代氯仿（$CDCl_3$），其价格便宜，容易获得。极性较大的化合物可采用氘代丙酮（CD_3COCD_3）、重水（D_2O）等，在应用重水时要小心，因为活泼氢可以与重水进行交换而形成氘标记的（含氘）化合物。对一些特定的样品，可选用对应的氘代试剂，如芳香化合物（包括芳香高聚物），可选用氘代苯（C_6D_6）；在一般溶剂中难溶解的物质，可选用氘代二甲基亚砜（DMSO-d_6）；难溶的酸性或芳香物质及皂苷等天然化合物，可选用氘代吡啶（C_5D_5N）。

最常用的内标是四甲基硅烷（TMS），将其加到被分析的溶液中形成 1%～4%（按 TMS 体积计）的溶液。如果溶剂是重水，由于四甲基硅烷不溶于重水，常用 2,2-二甲基-2-硅戊烷-5-磺酸钠（DDS）作内标。制备 NMR 样品的具体步骤为：

① 如果不黏的液体样品（0.75～1.0mL）足够，可以纯样进行；固体样品则取 5～10mg 样溶于 0.75～1.0mL 的溶剂中；有一定黏度的液体样品则先加入 1/5 体积的被测物质，然后加入 4/5 体积的溶剂，样品溶液应具有较低的黏度，否则会降低谱峰的分辨率，若溶液黏度过大，应减少样品的用量。如果溶剂中不含 TMS，加入 1～4 滴 TMS。

② 制备的样品放在具有塑料帽盖的样品管中，盖上盖子后摇匀。管子必须深入到足够的深度，确保管子较低的一端放置在磁极、振荡器和接收线圈之间时能正确地排布，且管子能围绕垂直轴旋转。

4. ^{1}H-NMR 的解析

核磁共振氢谱可以提供有关分子结构的丰富资料。根据每一组峰的化学位移值可以推测出此氢核所属官能团的类型；自旋裂分的形状还提供了邻近的氢的数目；而根据峰的面积可计算出分子中存在的每种质子的相对数目。在解析未知化合物的核磁共振氢谱时，一般采取以下步骤解析。

① 首先区别有几组峰，从而确定未知物中有几种不等性质子，即谱图上化学位移不同的质子数。

② 计算峰的面积比，以确定各种不等性质子的相对数目。

③ 确定各组峰的化学位移值，再查阅有关数值表，以确定分子中可能存在的官能团。

④ 识别各组峰的自旋裂分情况和耦合常数，以确定各种质子的周围情况。

⑤ 根据以上分析，提出可能的结构式，再结合其他信息，最终确定有机物的结构。

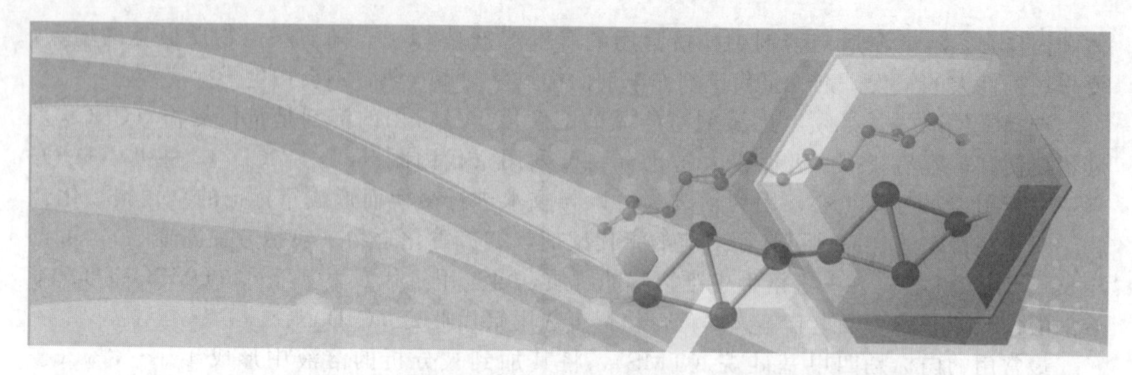

第二章 有机化学基本操作实验

实验一 蒸馏——乙醇的纯化

【预习提示】

1. 什么是简单蒸馏？简单蒸馏的主要用途是什么？
2. 沸点的定义。
3. 简单蒸馏的注意事项。

【实验目的与要求】

1. 了解简单蒸馏的目的和意义。
2. 掌握简单蒸馏的原理和操作技术。
3. 熟悉简单蒸馏的适用范围和安全措施。

【实验原理】

蒸馏是分离混合物和提纯液态有机化合物最常用的一种方法。通过蒸馏可以测出液体物质的沸点，因此蒸馏对定性检验有机物的纯度具有一定的意义。蒸馏不仅可以分离易挥发性物质和不挥发性物质，还可以分离沸点相差比较大的有机物或有色杂质。

蒸馏是将液体加热至沸点使液体沸腾，沸腾后的液体变为蒸气，蒸气再经过冷凝重新凝结为液体的过程。一般情况下，纯液体在大气压力下有确定的沸点，沸点是指在外界大气压下，对液体物质进行加热，液体上方的蒸气压随温度的升高而增大，当液体上方的蒸气压增大至与外界大气压相等时，会有大量气泡从液体内部逸出，此时液体沸腾，而这时的温度就称为液体的沸点。物质的沸点不仅与物质本身的特性有关，还与外界大气压的大小有直接的关系。通常所说的沸点是在常压下（0.1MPa）液体的沸腾温度。

普通常压蒸馏是利用液态化合物的沸点具有显著差异（相差 30℃以上）而进行分离的，如果沸点相差不大时，普通简单蒸馏不能使其有效分离，此时必须采用分馏的方法。另外，由于在一定压力下，纯的液态化合物都具有一固定的沸点，所以简单蒸馏法还可以用来测定物质的沸点或检验物质的纯度。但需要注意的是，因为某些有机化合物通常可以和其他组分形成二元或三元共沸混合物，这些共沸混合物也具有固定的沸点，因此，具有固定沸点的物质不一定都是纯物质。

在蒸馏过程中，为了保证沸腾的平稳状态，防止在蒸馏过程中出现暴沸现象，在加热蒸馏前常向料液中加入沸石或一端封口的毛细管。

蒸馏是有机化学实验中常用的实验操作技术，一般用于以下几个方面：

① 分离液体混合物，混合物中各组分的沸点有显著差异时，分离效果才明显。

② 测定液态化合物的沸点。

③ 提纯，除去不挥发性杂质。

④ 回收溶剂或蒸出部分溶剂，以浓缩溶液。

【主要试剂及仪器】

试剂：50％乙醇、沸石等。

仪器：50mL 圆底烧瓶、电热套、直形冷凝管、蒸馏头、尾接管、温度计套管、温度计、锥形瓶、铁架台、量筒等。

【实验内容】

1. 仪器安装

常用蒸馏装置是由蒸馏烧瓶（长颈或短颈圆底烧瓶）、蒸馏头、温度计套管、温度计、直形冷凝管、尾接管、接收瓶等组装而成的。蒸馏装置有多种类型，普通蒸馏装置如图 2-1 所示。而对低沸点、易燃易爆或有毒的液体蒸馏，可采用图 2-2 所示的装置。

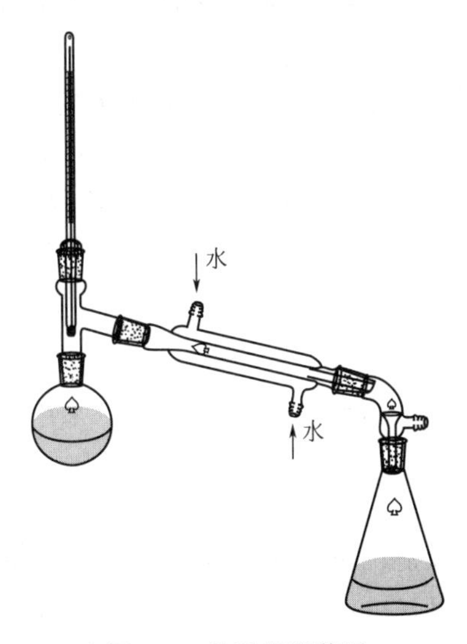

图 2-1　普通蒸馏装置

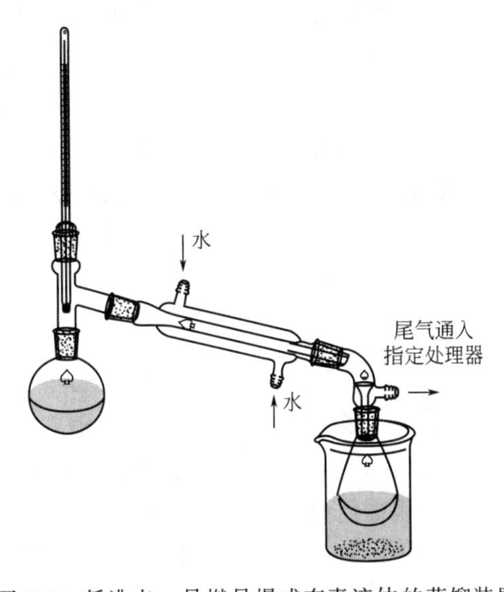

图 2-2　低沸点、易燃易爆或有毒液体的蒸馏装置

安装仪器的一般原则是按自下而上、从左至右的顺序组装。首先根据热源的位置（如电热套）在铁架台上固定好圆底烧瓶并在其上安装蒸馏头，将温度计插入螺口温度计套管中，螺口温度计套管装入蒸馏头的上磨口，调整温度计的位置，使温度计水银球的上边沿与蒸馏头支管的下边沿在同一水平线上，如图 2-3 所示，这样蒸馏时水银球才能完全被蒸气所包围，才能正确测量出蒸气的温度。在另一铁架台上，用铁夹夹住直形冷凝管的中上部位，再通过调整铁夹，从而调整冷凝管的上下高度和倾斜程度，使冷凝管与蒸馏头支管成一直线，将蒸馏头支管和冷凝管紧密地连接起来，

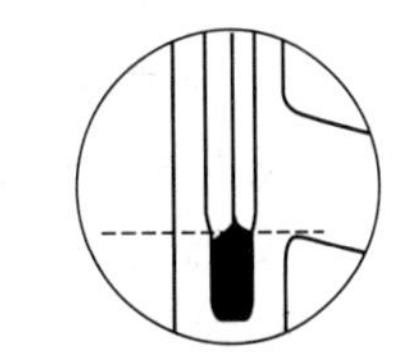

图 2-3　温度计的安装位置

旋紧铁夹以防止冷凝管脱落。最后装上尾接管和接收瓶，连接好进、出水管（冷凝水按下进上出连接）。仪器组装应做到横平竖直，铁架台一律整齐地放置于仪器背后。

2. 蒸馏操作

① 加料。取下螺口温度计套管和温度计，在蒸馏头上口放置一洁净的长颈漏斗，长颈漏斗下口的斜面处应低于蒸馏头支管，将待蒸馏的液体慢慢地加入蒸馏烧瓶中。

② 加沸石。为防止液体暴沸，向蒸馏烧瓶中加入 2～3 粒沸石。沸石为多孔性物质，刚加入液体时其小孔内有许多气泡，可以将液体内部的气体导至液体表面，形成气化中心，从而防止暴沸。如加热中断或忘记加沸石，应先停止加热，待液体冷却后再重新加入新沸石。

③ 加热。加热前，应先检查仪器装配是否正确，接口连接处是否紧密，原料和沸石是否加好，一切无误后接通冷凝水，开始加热。刚开始加热时，加热速度可以快些，当水银球部位出现液滴，液体开始沸腾，加热速度可调慢些，以馏出液馏出速度为 1～2 滴/s 为宜。蒸馏时，温度计水银球上始终会有液滴存在，如果没有液滴，可能有两种情况：a. 温度过低，低于沸点，此时，应将加热炉功率调高；b. 温度过高，此时出现过热现象，溶液温度已超过沸点，应将加热炉功率调低。

④ 收集馏分。认真观察温度和尾接管处的馏出液，记录第一滴馏出液馏出时的温度，并接收沸点较低的前馏分。当温度计读数稳定时，更换另一洁净的接收瓶收集，并记录此时的温度范围，即馏分的沸点范围（沸程）。如果温度变化较大，可多换几个接收瓶收集，接收瓶要先干燥和称重。所收集馏分的沸程越窄，则馏分的纯度越高，一般收集馏分的温度范围为 1～2℃。

⑤ 停止蒸馏。所需馏分蒸完后，当蒸馏烧瓶中仅残留少量液体或温度计读数突然上升或下降，可停止蒸馏，不能将残留液蒸干，否则易发生危险。停止蒸馏的顺序为先停止加热，将加热套的变压器调至零点，关掉电源，移走电热套，待无液体蒸出后，关闭冷凝水。按与安装顺序相反的顺序拆卸装置。拆卸完毕，沸石倒入垃圾桶中，将仪器清洗干净，按要求摆放整齐。

【注意事项】

1. 圆底烧瓶有长颈圆底烧瓶和短颈圆底烧瓶两种，当蒸馏液沸点低于 120℃时，采用长颈圆底烧瓶，当蒸馏液沸点高于 120℃时，采用短颈圆底烧瓶。

2. 蒸馏液沸点高于 140℃时，应改用空气冷凝管。

3. 所选蒸馏烧瓶的体积应由蒸馏液的体积所决定，一般情况下，蒸馏液的体积应占圆底烧瓶体积的 1/3～2/3。溶液装入过多，沸腾时液体易冲出，可能被蒸气带出而混入馏出液中；溶液装入过少，蒸馏结束时，残留液相对过多，回收率降低。

4. 蒸馏液为容易挥发或易燃的液体时，加热时不能采用明火，而应用热浴，否则易发生危险。

5. 蒸馏速度过慢，水银球周围的蒸气短时间内会中断，使温度计的读数发生不规则的变化；蒸馏速度过快，会使温度计读数不准确，同时也不能达到提纯的目的。

6. 如馏出液易受潮，可在尾接管上连接一氯化钙干燥管；如蒸馏时有有毒气体逸出，需在尾接管处安装气体吸收装置；如馏出液易挥发，可将接收瓶浸入冰水浴中。

7. 可形成二元或三元共沸混合物的溶液不能通过蒸馏操作进行分离提纯。常见共沸混合物见附录九。

【数据记录与处理】

$V_{加入液体}$ =______ mL；$T_{接收瓶滴入第一滴液体}$ =______℃；$T_{温度计恒定}$ =______℃。

蒸馏过程中不同阶段的温度和馏分质量见表 2-1。

表 2-1 蒸馏过程中不同阶段的温度和馏分质量

前馏分		温度趋于稳定			
第一滴温度/℃	馏分体积/mL	温度/℃		温差(沸程)/℃	馏分体积/mL
		$T_{温度计趋于稳定前}$			
		$T_{温度计恒定}$			
		$T_{温度计趋于稳定后}$			

【思考题】

1. 蒸馏装置由哪几部分组成？
2. 如何选择蒸馏烧瓶和冷凝管？
3. 沸石在蒸馏中起什么作用？如果忘记加沸石，应如何操作？
4. 在蒸馏装置中，温度计安装的位置是怎样的？
5. 用蒸馏法有效分离有机混合物的必要条件是什么？

实验二 分馏——乙醇的纯化

【预习提示】

1. 什么是分馏？分馏与简单蒸馏的区别是什么？
2. 分馏操作的注意事项。

【实验目的与要求】

1. 了解分馏的原理及意义。
2. 学习实验室常用的分馏操作。

【实验原理】

简单蒸馏能把沸点相差 30℃以上的混合物有效分离，而对两种或两种以上能互溶的液体混合物，如果它们的沸点相差不大，采用简单蒸馏则难以有效分离，这时可采用分馏进行分离。分馏是用分馏柱将沸点相近且互溶的混合物经过多次简单蒸馏进行分离的方法，是液体多次气化与冷凝的过程。

分馏柱的种类繁多，实验室中常用的是韦氏分馏柱（Vigreux column），如图 2-4 所示，它是一支带有多组向心刺的玻璃管，每组向心刺有三根刺，各组间呈螺旋状排列。韦氏分馏柱不需要填料，分馏过程中液体一般不会在柱内滞留，但韦氏分馏柱与同样长度的填充柱相比，其分馏效率较低，适用于分离少量且沸点相差较大的液体混合物。若要分离沸点相差很小的液体混合物，则须使用精密分馏装置。分馏过程中，必须防止回流液体在柱内聚集，否则会减少上升蒸气和下降液体的接触面积，或者上升蒸气容易将液体冲入冷凝管中，造成

“液泛”，因而达不到分馏的目的。为了避免这种情况的发生，通常在分馏柱外面包裹石棉绳、石棉布等绝热物以保持柱内温度，提高分馏效率。

分馏在工业上和实验室中已广泛用于产物的纯化和混合物的分离。当混合物沸腾后，其蒸气通过分馏柱上升，上升的蒸气中低沸点成分较多。上升的蒸气遇冷后，蒸气中沸点较高的组分易被部分冷凝成液体，冷凝液中含高沸点的组分较多，而继续上升的蒸气中含低沸点的组分相对较多。烧瓶中的液体继续沸腾，新的蒸气上升至分馏柱中与已冷凝的液体相遇发生热交换，下降的冷凝液受热后低沸点组分又部分气化，呈蒸气上升，高沸点组分仍呈液态下降；新蒸气中高沸点组分部分冷凝，而低沸点组分仍呈蒸气继续上升，产生了一次新的液体和蒸气的平衡，蒸气中低沸点的成分又有所增加。如此上升的蒸气在分馏柱中经过多次的热交换，发生多次的冷凝与气化，进行了一次又一次的热平衡。经过每一次平衡后，蒸气中低沸点成分就增加一点，冷凝液中高沸点成分也增加一点。进行多次简单蒸馏后，不断上升的蒸气中低沸点成分不断增加，最后从分馏柱头流出纯的（或接近纯的）低沸点组分，而高沸点组分则被流回到容器中，从而将沸点不同的组分有效分离，达到分离的目的。分馏装置见图 2-5。

图 2-4 韦氏分馏柱

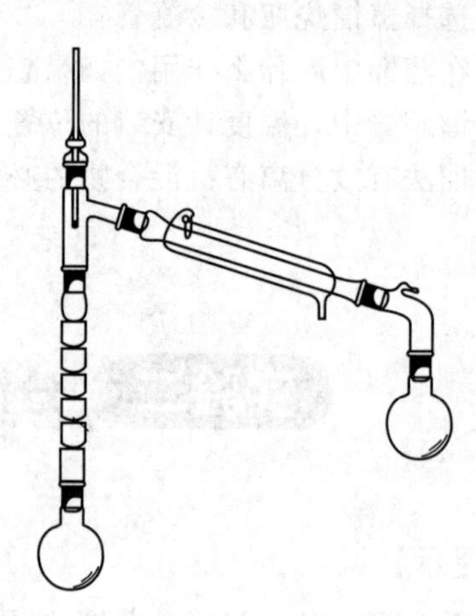

图 2-5 分馏装置

【主要试剂及仪器】

试剂：95％乙醇、蒸馏水、沸石。

仪器：50mL 圆底烧瓶、韦氏分馏柱、温度计套管、温度计、蒸馏头、直形冷凝管、尾接管、锥形瓶、量筒、铁架台、电热套等。

【实验内容】

1. 仪器安装

按图 2-5 安装分馏装置，分馏装置的安装原则与简单蒸馏装置相同。

2. 加料和加沸石

取下螺口温度计套管和温度计，在蒸馏头上口放置一洁净的长颈漏斗，长颈漏斗下口的斜面处应低于蒸馏头支管，将 15mL 95％乙醇和 10mL 蒸馏水慢慢地加入蒸馏烧瓶中。再加入 2～3 粒沸石。

3. 加热

安装好仪器装置后，检查装置的接口连接处是否紧密，原料和沸石是否加好，准备无误后接通冷凝水，开始加热，调节电压，使温度缓慢而均匀地上升。待液体混合物开始沸腾，蒸气进入分馏柱，此时要注意调节加热速度，使蒸气缓慢而均匀地沿着分馏柱壁上升。当蒸气上升至分馏柱顶端，开始有液体馏出时，密切关注温度并仔细调节加热电压，控制馏出液的滴液速度为 2～3 滴/s。

4. 收集馏分

分别用 1～4 号接收瓶分段收集 76℃以下、76～83℃、83～94℃、大于 94℃的馏分，当柱顶温度达 94℃时停止分馏，使分馏柱内的液体流入蒸馏烧瓶中。待烧瓶冷却至室温时，将烧瓶中剩余残液与 4 号接收瓶中的液体合为一瓶。实验完毕，量取各段温度所收集的馏分体积。

【注意事项】

1. 如果室温较低或液体沸点较高，为了减少分馏柱内的热量散失，可用石棉绳或石棉布等保温材料将分馏柱包裹起来。

2. 分馏速度太快，馏出物的纯度会下降，但馏出速度过慢，上升的蒸气会时断时续，馏出温度会发生波动。

【数据记录与处理】

分馏过程中不同阶段的温度和馏分质量见表 2-2。

表 2-2 分馏过程中不同阶段的温度和馏分质量

温度范围	<76℃	76～83℃	83～94℃	大于 94℃
馏分体积/mL				

【思考题】

1. 分馏与简单蒸馏的原理、装置及操作有什么异同?
2. 分馏速度太快或太慢会对蒸馏结果有什么影响?
3. 如果分馏柱安装得不垂直会有什么影响?

实验三 水蒸气蒸馏——从肉桂皮中提取肉桂醛

【预习提示】

1. 什么是水蒸气蒸馏? 水蒸气蒸馏的适用范围是什么?
2. 水蒸气蒸馏的主要操作步骤。
3. 水蒸气蒸馏操作的注意事项。

【实验目的与要求】

1. 了解水蒸气蒸馏的目的和意义。
2. 学习水蒸气蒸馏的原理及其应用。
3. 掌握水蒸气蒸馏的装置及其操作方法。

【实验原理】

水蒸气蒸馏（steam distillation）是分离和提纯有机化合物的常用方法之一，广泛用于从动物或植物中提取芳香油等天然产物，特别适用于分离混合物中大量的不挥发性固体或含焦油状物质，或混合物中沸点较高的某组分，如果进行普通蒸馏则会引起分解。水蒸气蒸馏是将水蒸气通入不溶于水的有机物中或使有机物与水经过共沸而蒸出的操作过程，实验室常见的水蒸气蒸馏装置见图 2-6。

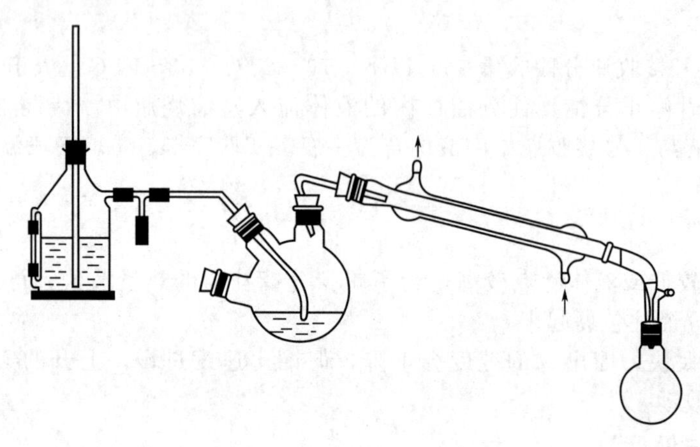

图 2-6 水蒸气蒸馏装置

在一定温度下，完全不互溶或难溶的挥发性混合体系中，每种挥发性物质都具有各自的蒸气压，并且其蒸气压的大小与该种液体单独存在时的蒸气压相同，不受另外挥发性物质的影响，也就是说，混合物中的每一组分都是单独挥发的。根据道尔顿（Dalton）分压定律，当进行水蒸气蒸馏时，向不溶于水的有机物质中通入水蒸气，互不相溶混合物液面上的总蒸气压为各组分蒸气压之和，即

$$p=p_{A}+p_{水}$$

式中，p 为总蒸气压；p_{A} 为与水不相溶的有机物的蒸气压；$p_{水}$ 为水的蒸气压。

当不互溶混合物体系中各组分的蒸气压之和等于外界大气压时，混合溶液开始沸腾，这时的温度即混合物的沸点，显然，混合物的沸点比其中任何一组分的沸点都要低。因此，常压下进行水蒸气蒸馏，有机物可在比自身沸点低得多且低于 100℃的温度下将高沸点有机组分与水蒸气一起蒸馏出来。由于总的蒸气压与混合物中每种物质的相对量无关，所以蒸馏过程中混合物的沸点保持不变，直至其中一组分几乎完全蒸出。当馏出液冷却后，有机化合物会从水中分层析出。

水蒸气蒸馏后的馏出液中，随水蒸气蒸出的有机物与水的物质的量之比等于它们在沸腾时的分压之比，即

$$\frac{n_{A}}{n_{水}}=\frac{p_{A}}{p_{水}}$$

而

$$n_{A}=\frac{m_{A}}{M_{A}}, n_{水}=\frac{m_{水}}{M_{水}}$$

式中，m_{A}、$m_{水}$ 分别为有机物和水的质量；M_{A}、$M_{水}$ 分别为有机物和水的相对分子质量。

因此有机物和水在馏出液中的质量之比可按下式计算：

$$\frac{m_{A}}{m_{水}}=\frac{M_{A}n_{A}}{M_{水}n_{水}}=\frac{M_{A}p_{A}}{M_{水}p_{水}}$$

常见水蒸气蒸馏的混合物沸点见表 2-3。

表 2-3 常见水蒸气蒸馏的混合物沸点

有机物	沸点/℃	p_A/kPa	$p_水$/kPa	混合物沸点/℃
溴苯	156.18	15.20	86.11	95.5
乙苯	136.20	25.66	75.58	92.1
硝基苯	210.9	2.68	98.44	99.2
苯胺	184.4	5.67	95.64	98.4
苯甲醛	178.0	7.55	93.80	97.9
1-辛醇	195.1	2.13	99.18	99.4

例如，溴苯与水的混合物用水蒸气蒸馏时，该混合物的沸点为 95.5℃，从表 2-3 中查得 95.5℃时溴苯的蒸气压为 15.20kPa，纯水的蒸气压为 86.11kPa，因此馏出液中溴苯与水的质量之比为：

$$\frac{m_{溴苯}}{m_{水}}=\frac{M_{溴苯}p_{溴苯}}{M_{水}p_{水}}=\frac{157.01\times15.20}{18.02\times86.11}=1.54$$

经计算可知水蒸气蒸馏后的馏出液中溴苯的质量分数为 60.6%。

水蒸气蒸馏常用于下列几种情况：

① 反应混合物中含有大量焦油状物质或不挥发性杂质，采用蒸馏或萃取不能有效分离；

② 要求除去易挥发的有机物；

③ 从固体多的反应混合物中分离被吸附的液体产物；

④ 某些有机物在达到沸点时容易分解而被破坏，采用水蒸气蒸馏可在 100℃以下将其蒸出。

若使用水蒸气蒸馏法提纯，被提纯化合物应满足下列条件：

① 不溶或难溶于水；

② 在沸点下与水不发生化学反应；

③ 在 100℃左右，该化合物应具有一定的蒸气压，其蒸气压一般不小于 1.333kPa。

【主要试剂及仪器】

实验材料和试剂：肉桂树皮、乙醚、1% Br_2/CCl_4 溶液、托伦试剂、品红醛试剂、2,4-二硝基苯肼试剂。

仪器：铁架台、电热套、圆底烧瓶、单孔橡皮塞、安全管、弯导管、T 形管、橡皮管、三颈烧瓶、直形冷凝管、尾接管、锥形瓶。

【实验内容】

1. 安装水蒸气蒸馏装置

常用的水蒸气蒸馏装置包括水蒸气发生器、蒸馏、冷凝和接收器四个部分，水蒸气蒸馏装置按图 2-6 安装。

水蒸气发生器一般由铜或铁板制成，在装置的侧面安装一水位计，可观察发生器内的水位，水位高度一般为水蒸气发生器的 1/3～2/3，在发生器的口上安装一根长玻璃管（安全管），将此长管下端接近发生器底部，从而调节体系内部的压力，以防止体系发生堵塞时引发危险。若无水蒸气发生器，实验室可取一个 500mL 的圆底烧瓶作为水蒸气发生器，瓶口配一双孔软木塞，一孔插入安全管，安全管下端接近圆底烧瓶底部，另一孔插入蒸气导出管，导出管与 T 形管连接。T 形管是一玻璃三通管，其一端与蒸气导出管连接，另一端与蒸馏装置连接，下端口接一软橡皮管，并用螺旋夹夹住。T 形管可调节蒸气量，也可以除去水蒸气冷凝时的水，在操作中发生不正常情况时，可与大气相通以免发生危险。这段导管尽可能短些，以防水蒸气冷凝，影响蒸馏效果。

蒸馏部分常采用 250mL 的三颈烧瓶，被蒸馏的液体一般不超过三颈烧瓶容积的 1/3。三颈烧瓶左口用磨口玻璃塞塞住，中口配以单孔软木塞，经此塞将水蒸气导入管插入三颈烧瓶底部，右口连接冷凝管。

2. 肉桂醛的提取

取 3g 肉桂树皮在研钵中研碎，放入 25mL 圆底烧瓶中，并加水 15mL，装上冷凝管，加热回流 25min，冷却后倒入蒸馏烧瓶中进行水蒸气蒸馏。向水蒸气发生器中加入约占其容积 2/3 的水，安装好水蒸气蒸馏装置，检查整个装置是否漏气。整个装置不漏气后，旋开 T 形管的螺旋夹，加热水蒸气发生器中的水至沸腾。当有大量水蒸气产生并从导管进入蒸馏部分时，立即旋紧螺旋夹，水蒸气进入蒸馏烧瓶，开始蒸馏，此时打开冷凝部分的冷凝水。在蒸馏过程中，通过观察水蒸气发生器安全管中水位的高度，可判断水蒸气蒸馏系统是否安全、畅通，若安全管内水位上升很高，则说明某部分被阻塞了，这时应立即旋开螺旋夹，并移去热源，拆卸装置进行检查和处理。若由于水蒸气的冷凝而使蒸馏烧瓶内液体量增加，此时可适当加热蒸馏烧瓶，但要控制蒸馏速度，以 2～3 滴/s 最佳，以免发生意外。

蒸馏过程中应注意观察，当馏出液不再浑浊、无明显油珠、澄清透明时，便可停止蒸馏。停止蒸馏时先打开 T 形管的螺旋夹，移走热源，待液体稍冷后，断开水蒸气发生器与蒸馏系统。收集馏出物 5～6mL，观察从肉桂皮中提取的肉桂醛，最后拆除装置，并清洗干净。

3. 肉桂醛的提纯

将馏出液转移到分液漏斗中，用 8mL 乙醚分两次萃取。弃去水层，油层移入小试管中，加入少量无水硫酸钠干燥后，滤出萃取液，在通风橱内用水浴加热蒸去乙醚，得到肉桂醛。

4. 肉桂醛的性质实验

① 折射率的测定：用毛细管吸取 1 滴肉桂醛提取液在阿贝折射仪上测其折射率。

② 取 1 滴肉桂醛提取液于洁净的试管中，加入 1 滴 Br_2/CCl_4 溶液，振荡并观察红棕色是否褪去。

③ 取 1 滴肉桂醛提取液于洁净的试管中，加入 3 滴托伦试剂，振摇均匀后水浴加热，观察是否有银镜现象产生。

④ 取 1 滴肉桂醛提取液于洁净的试管中，加入 2 滴品红醛试剂，振摇，1min 后观察是否呈深紫红色，若紫红色不呈现，可采用水浴微热 2min 左右，再进行观察。

⑤ 取 2 滴肉桂醛提取液于洁净的试管中，加入 2 滴 2,4-二硝基苯肼试剂，观察是否有黄色沉淀产生。

【注意事项】

1. 安装正确，连接处严密。

2. 水蒸气发生器盛水量以其容积的 2/3 为宜。如果太满，沸腾时水将冲至烧瓶。

3. 安全管几乎插至发生器的底部。当容器内气压太大时，水可沿着安全管上升，以调节内压。

4. 蒸馏烧瓶可斜放，与桌面成 45°角，这样可避免蒸馏时液体振荡剧烈而从导出管冲出，以至馏出液污染。

5. 蒸馏的液体量不能超过蒸馏烧瓶容积的 1/3。水蒸气导入管应正对烧瓶底中央，距瓶底 8～10mm，导出管连接在直形冷凝管上。

【数据记录与处理】

1. 馏出液是否分层。
2. 油相颜色。
3. 油相气味。

【思考题】

1. 水蒸气蒸馏与简单蒸馏在原理和装置上有何不同?
2. 水蒸气发生器中的安全管具有什么作用?
3. 水蒸气蒸馏时，水蒸气导管的末端为何要接近蒸馏烧瓶的底部?

实验四 萃取——乙酸乙酯萃取水溶液中的醋酸

【预习提示】

1. 萃取原理和萃取效率。
2. 萃取分离的适用范围。
3. 萃取剂的选择原则。
4. 分液漏斗的操作方法及注意事项。

【实验目的与要求】

1. 学习萃取的基本原理及实验方法。
2. 掌握分液漏斗的操作技术。

【实验原理】

萃取（extraction）也称抽提，是物质从一相向另一相转移的操作过程。它是有机化学实验中用来分离或纯化有机化合物的基本操作之一。萃取可以用于从固体或液体混合物中提取所需要的物质，也可以用于洗去混合物中的少量杂质。通常称前者为“萃取”，称后者为“洗涤”。根据被提取物质状态的不同，萃取分为两种：一种是用溶剂从液体混合物中提取所需物质，称为液-液萃取；另一种是用溶剂从固体混合物中提取所需物质，称为固-液萃取。

1. 液-液萃取

分配定律是液-液萃取的主要理论依据，即利用物质在两种互不相溶（或微溶）的溶剂中的溶解度或分配系数的不同，使物质从一种溶剂中转移到另一种溶剂中的过程。在两种互不相溶的混合溶剂中加入某种可溶性物质时，它能以不同的溶解度分别溶解于这两种溶剂中。实验证明，在一定温度、一定压力下，若该物质的分子在这两种溶剂中不发生分解、电离、缔合和溶剂化等作用，则此物质在两液相中的浓度之比是一个常数 K，即

$$K=\frac{c_A}{c_B}$$

式中，c_A 和 c_B 表示该物质在 A、B 两种互不相溶的溶剂中的浓度，g/mL；K 是“分配系数”，它可以近似地看作物质在两溶剂中的溶解度之比。

有机化合物在有机溶剂中的溶解度比在水中大，因而可以用与水不互溶的有机溶剂将有

机物从水溶液中萃取出来。为了节省溶剂并提高萃取效率，根据分配定律，用一定量的溶剂做一次萃取，不如将同量的溶剂等分做多次萃取效率高。应用分配定律可以计算出每次萃取后被萃取物质在原溶液中的残余量。假设 V_A 为原溶液的体积（mL），m_0 为萃取前溶质的总量（g），m_1、m_2、…、m_n 分别为萃取一次、二次……n 次后溶质的剩余量（g），V_B 为每次萃取所用溶剂的体积（mL）。

第一次萃取后：$K=\dfrac{m_1/V_A}{(m_0-m_1)/V_B}$，所以 $m_1=m_0\dfrac{KV_A}{KV_A+V_B}$

第二次萃取后：$K=\dfrac{m_2/V_A}{(m_1-m_2)/V_B}$，所以 $m_2=m_1\dfrac{KV_A}{KV_A+V_B}=m_0\left(\dfrac{KV_A}{KV_A+V_B}\right)^2$

经过 n 次萃取后：$m_n=m_0\left(\dfrac{KV_A}{KV_A+V_B}\right)^n$

当用一定量的溶剂萃取时，希望在水中的剩余量越少越好。而 $KV_A/(KV_A+V_B)$ 总是小于 1 的，所以 n 越大，m_n 就越小，即将溶剂分成数份做多次萃取比用全部量的溶剂做一次萃取的效果好。但是，萃取的次数也不是越多越好，因为溶剂总量不变时，萃取次数 n 增加，V_B 就要减小。当 $n>5$ 时，n 和 V_B 两个因素的影响就几乎相互抵消了，n 再增加，m_n/m_{n+1} 的变化很小，所以一般同体积溶剂分为 3～5 次萃取即可。

例如 15℃时，用 100mL 乙酸乙酯萃取溶解在 100mL 水中的 4g 丙酸，已知 15℃时丙酸在水中和乙酸乙酯中的分配系数 $K=1/3$，若一次性用 100mL 乙酸乙酯来萃取，则萃取后丙酸在水溶液中的剩余量为：

$$m_1=4\times\frac{\frac{1}{3}\times 100}{\frac{1}{3}\times 100+100}=1.0(\mathrm{g})$$

即用 100mL 乙酸乙酯进行一次萃取，可以提取出 3g 丙酸，萃取效率为 75%。

若将 100mL 乙酸乙酯分成三次萃取，即每次用 33.3mL 乙酸乙酯萃取，经过第三次萃取后，丙酸在水溶液中的剩余量为：

$$m_3=4\times\left(\frac{\frac{1}{3}\times 100}{\frac{1}{3}\times 100+\frac{1}{3}\times 100}\right)^3=0.5(\mathrm{g})$$

所以用 100mL 乙酸乙酯分三次进行萃取，可以提取出 3.5g 丙酸，萃取效率为 87.5%。因此用同一分量的溶剂，分多次萃取，其效率高于一次用全量溶剂来萃取。

若不知道分配系数，也可以采用其他方法来计算萃取效率。如本实验可采用酸碱中和滴定求出水层中乙酸的量，进而计算萃取效率。

选择萃取剂的一般要求为：

① 与原溶剂不相混溶，两相间应保持一定的密度差，以利于两相的分层；

② 对被萃取物质的溶解度较大；

③ 纯度高，并具有良好的化学稳定性；

④ 沸点低，便于回收；

⑤ 毒性小，价格低。

在实际操作中用得比较多的溶剂有：乙醚、苯、四氯化碳、氯仿、石油醚、二氯甲烷、二氯乙烷、正丁醇、乙酸乙酯等。一般水溶性较小的物质可用石油醚萃取，水溶性较大的物质可用苯或乙醚萃取，水溶性极大的物质可用乙酸乙酯萃取。

常用的萃取操作包括：

① 用有机溶剂从水溶液中萃取有机反应物；

② 通过水萃取，从反应混合物中除去酸碱催化剂或无机盐类；

③ 用稀碱或无机酸溶液萃取有机溶剂中的酸或碱，使之与其他有机物分离。

2. 固-液萃取

从固体混合物中萃取所需要的物质，是利用固体物质在溶剂中的溶解度不同来达到分离、提取的目的的。通常采用长期浸出法或采用 Soxhlet 提取器（索氏提取器）来提取物质。长期浸出法是用溶剂长期的浸润溶解而将固体物质中的所需物质浸出来，然后通过过滤或倾析的方法将萃取液和残留的固体分开，这种方法效率不高、耗时、溶剂用量大。Soxhlet 提取器是利用溶剂加热回流及虹吸原理，使固体物质每一次都能被纯的溶剂所萃取，因而效率较高且节约溶剂。

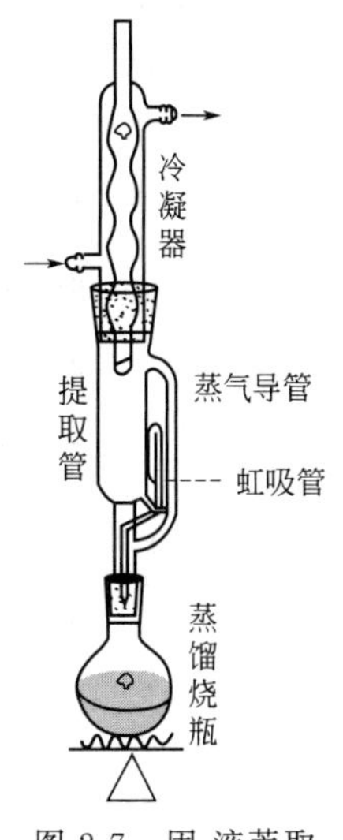

图 2-7 固-液萃取（索氏提取器）

Soxhlet 提取器由三部分构成，上面是冷凝管，中部是带有虹吸管的提取管，下面是烧瓶，如图 2-7 所示。萃取前应先将固体物质研细，以增加液体浸溶的面积，然后将固体物质放入滤纸套内，并将其置于提取管中部，注意内装物不得超过虹吸管。将适量溶剂加入蒸馏烧瓶中，液体量不能超过其容积的 1/3。然后用合适的热浴加热烧瓶，当溶剂沸腾时，溶剂的蒸气从烧瓶进入冷凝管中，被冷凝管冷凝成液体，回流入提取管中，慢慢将所需提取的物质溶出。当液面超过虹吸管的最高处时，产生虹吸，萃取液自动流入烧瓶中，从而萃取出溶于溶剂的部分物质。溶剂就这样在仪器内循环流动，可将被萃取物质大部分萃取出来。固体中可溶物质富集于烧瓶中，然后用适当方法将萃取物质从溶液中分离。该萃取操作一般需要数小时才能完成。

【主要试剂及仪器】

试剂：冰醋酸水溶液（1∶19）、乙酸乙酯、酚酞、0.2000mol/L 氢氧化钠标准溶液。

仪器：铁架台（带铁圈）、分液漏斗、洗耳球、移液管、锥形瓶、碱式滴定管。

【实验内容】

1. 分液漏斗的使用

（1）分液漏斗的选用

实验室中常用的萃取仪器是分液漏斗，分液漏斗的容积应为被萃取液体体积的 2 倍左右。

（2）检漏、装料

使用前必须检查分液漏斗的顶塞和旋塞是否紧密配套，再检查顶塞和旋塞处是否漏液。检漏方法：关闭旋塞，从分液漏斗的上口加入适量水，盖紧顶塞。将其放在铁圈上静置 1～2min，观察旋塞处是否有水滴出现，若没有，则说明旋塞处紧密度良好。然后用右手食指托住顶塞，将分液漏斗倒立，观察顶塞处是否有水滴出现，若没有，则将分液漏斗正立后，把顶塞旋转 180°后再倒立，再观察顶塞处是否有水滴出现，若没有才能说明分液漏斗不漏液。

旋塞如有漏水现象，应及时处理：取下旋塞，用纸或干布擦净旋塞及旋塞孔道的内壁，然后在旋塞两边各抹上一圈凡士林，注意不要抹在旋塞的孔中，然后插上旋塞，旋转至透明即可使用。先将分液漏斗放在铁架台的铁圈上，关闭旋塞，取下顶塞，从漏斗的上口将被萃取液体倒入分液漏斗中，然后再加入萃取剂，盖紧顶塞。液-液萃取装置如图 2-8 所示。

(3) 振荡放气

取下分液漏斗，以右手手掌（或食指根部）顶住漏斗顶塞，用大拇指、食指、中指握紧漏斗上口颈部，而漏斗的旋塞部分放在左手的虎口内并用大拇指和食指握住旋塞柄向内使力，中指垫在塞座旁边，无名指和小指在塞座另一边与中指一起夹住漏斗，如图 2-9 所示。振荡时，将漏斗的出料口稍向上倾斜，开始时要轻轻振荡。振荡后，令漏斗仍保持倾斜状态，打开旋塞，放出气体使内外压力平衡，否则容易发生冲料现象。如此重复 2～3 次，至放气时只有很小压力后再剧烈振摇 1～3min，然后再将分液漏斗放在铁圈上静置。

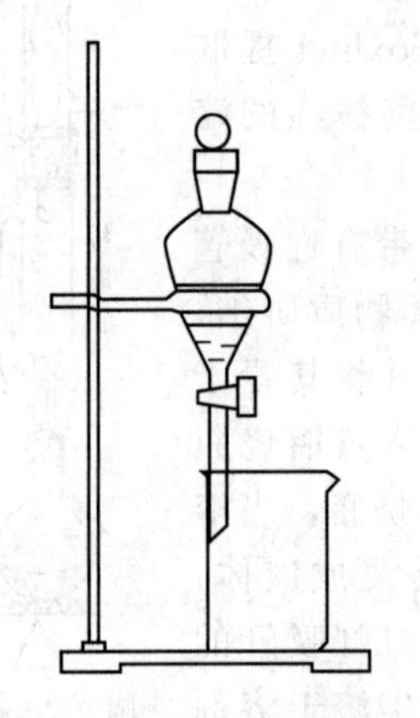

图 2-8 液-液萃取装置

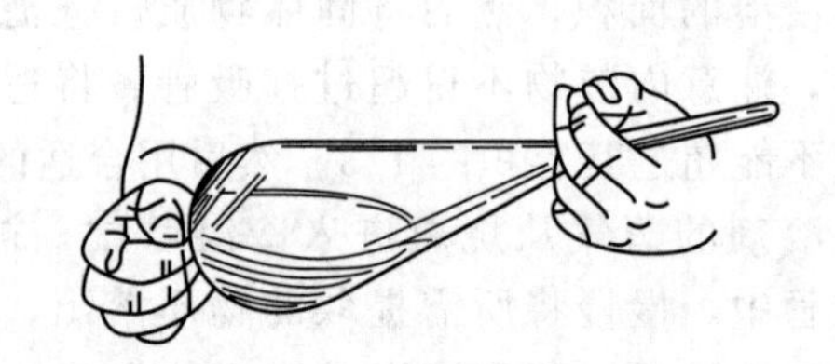

图 2-9 振荡分液漏斗示意图

(4) 静置分层

将漏斗中液体静置，使乳液分层，静置时间越长越有利于两相的彻底分离。此时，注意认真观察两相的分界线，有的很明显，有的则不易分辨。一定要确认两相的界面后，才能进行下面的操作，否则还需要静置一段时间。

(5) 分离放料

分液漏斗中的液体分成明显的两层以后，才可以进行分离放料。先把顶塞打开，然后把分液漏斗的下端靠在接收器的壁上，缓缓打开旋塞，让液体流下，当液体中的界面接近旋塞时，关闭旋塞，静置片刻，这时下层液体往往会增多一些，再把下层液体仔细地放出。剩下的上层液体从上口倒入另一个容器中。如果两相间有少量絮状物，应把它分到被萃取液中去。

2. 一次萃取法

关紧已检漏的分液漏斗的旋塞并将其放置在铁圈上，打开顶塞。准确移取 10.00mL 冰醋酸水溶液（$V_{冰醋酸}:V_{水}=1:19$，$\rho=1.06g/mL$）于分液漏斗中，并加入 30mL 乙酸乙酯，盖上顶塞。取下分液漏斗依次进行振荡放气、静置分层（具体操作见分液漏斗的使用部分）。当分液漏斗中的液体分成两层后，小心打开旋塞慢慢放出下层水溶液于 50mL 锥形瓶内。向锥形瓶中加入 2～3 滴酚酞作指示剂，并用 0.2000mol/L 氢氧化钠标准溶液滴定，当滴定至微红色且半分钟不褪色即为滴定终点，记录消耗的氢氧化钠的体积。计算留在水中的醋酸量和一次萃取的萃取效率。

3. 多次萃取法

准确移取 10.00mL 冰醋酸水溶液（$V_{冰醋酸}:V_{水}=1:19$，$\rho_{冰醋酸}=1.06g/mL$）于分液漏斗中，用 10mL 乙酸乙酯如上法萃取，下层水溶液放入 50mL 锥形瓶内，酯层由上口倒入指定容器。水溶液转移至分液漏斗中，再用10mL乙酸乙酯萃取，分出的水溶液仍用10mL乙酸乙酯萃取。如此前后共计三次，最后将第三次萃取后的水溶液放入50mL锥形瓶内，向锥形瓶中加入2～3滴酚酞作指示剂，用0.2000mol/L氢氧化钠标准溶液滴定，记录消耗的氢氧化钠的体积。计算留在水中的醋酸量和三次萃取的萃取效率。

根据上述两种不同方法所得数据，比较其萃取醋酸的效率。

【注意事项】

1. 注意不能把活塞上附有凡士林的分液漏斗放在烘箱内烘烤；分液漏斗使用后，应用水冲洗干净，玻璃塞用薄纸包裹后塞回去。

2. 如果振荡力度过大，有些有机溶剂和某些物质的溶液会产生乳化现象，没有明显的两相界面，无法从分液漏斗中分离。在这种情况下，应该避免急剧振荡。如果已形成乳浊液，且一时又不易分层，则可用以下几种方法破乳：①加入食盐，使溶液饱和，降低乳浊液的稳定性；②加入几滴醇类溶剂（乙醇、异丙醇、丁醇或辛醇）以破坏乳化；③若因溶液碱性而产生乳化，常可加入少量稀硫酸破除乳浊液；④通过离心机离心或抽滤以破坏乳化；⑤在一般情况下，长时间静置分液漏斗，可达到使乳浊液分层的目的。

3. 注意分析上下两相的组分，一般根据两相的密度来确定，密度大的在下层，密度小的在上层。如果一时判断不清，可取少量下层液体置一小试管中，用滴管轻轻滴入几滴水后观察是否互溶。若互溶则分液漏斗的下层为水相，否则为有机相。

4. 不能将酯层从旋塞中放出，放出下层液体时，控制流速不能太快，在水层放出后，需等待片刻，观察是否还有水层出现。如果有就应该将此水层放入锥形瓶中。

【数据记录与处理】

1. 数据记录

$V_{冰醋酸水溶液}$=______mL；$V_{乙酸乙酯}$=______mL；$\rho_{冰醋酸}$=______g/mL；

V_{NaOH}=______mL；c_{NaOH}=______mol/L。

2. 计算醋酸的总量。

3. 计算留在水中的醋酸量。

4. 计算萃取效率。

【思考题】

1. 萃取剂的选择原则是什么？

2. 什么是萃取？什么是洗涤？

3. 从分液漏斗下端放出液体时为何不能流得太快？当界面接近旋塞时，为什么将旋塞关闭，静置片刻后再进行分离？

实验五　减压蒸馏——茶叶浸提液的浓缩

【预习提示】

1. 沸点的定义及沸点与压力的关系。

2. 减压蒸馏的定义及适用范围。

【实验目的与要求】

1. 学习减压蒸馏的原理及应用。

2. 掌握减压蒸馏仪器的安装与操作方法。

【实验原理】

液体的沸点是指液体的蒸气压等于外界大气压时液体对应的温度。因此液体沸腾的温度是随外界压力的降低而降低的。因而如用真空泵连接盛有液体的容器，使液体表面上的压力降低，即可降低液体的沸点。这种在较低压力下进行蒸馏的操作就称为减压蒸馏。减压蒸馏是分离和提纯有机化合物的一种重要方法，特别适用于那些在常压蒸馏时未达到沸点即已受热分解、氧化或聚合的物质。

减压蒸馏时物质的沸点与压力有关，有时在文献中查不到减压蒸馏选择的压力与相应的沸点，则可根据图 2-10 的经验曲线找出近似值。对于一般的高沸点有机物，当压力降低至 2.67kPa（20mmHg）时，其沸点要比常压下的沸点低 100～120℃。当减压蒸馏在 1.33～3.33kPa（10～25mmHg）之间进行时，大体上压力每相差 0.133kPa（1mmHg），沸点约相差 1℃。当要进行减压蒸馏时，预先粗略地估计出相应的沸点，对具体操作和选择合适的温度计与热浴都有一定的参考价值。例如二乙基丙二酸二乙酯常压下的沸点为 228～230℃，要减压至 2.67kPa（20mmHg），要想知道其沸点，可以在图 2-10 中间的直线（b）上找到 228～230℃的点，将此点与右边曲线（c）上 2.67kPa（20mmHg）处的点连成一条直线，延长此直线与左边的直线（a）相交，交点所示的温度就是 2.67kPa（20mmHg）时该物质的沸点，为 105～110℃。

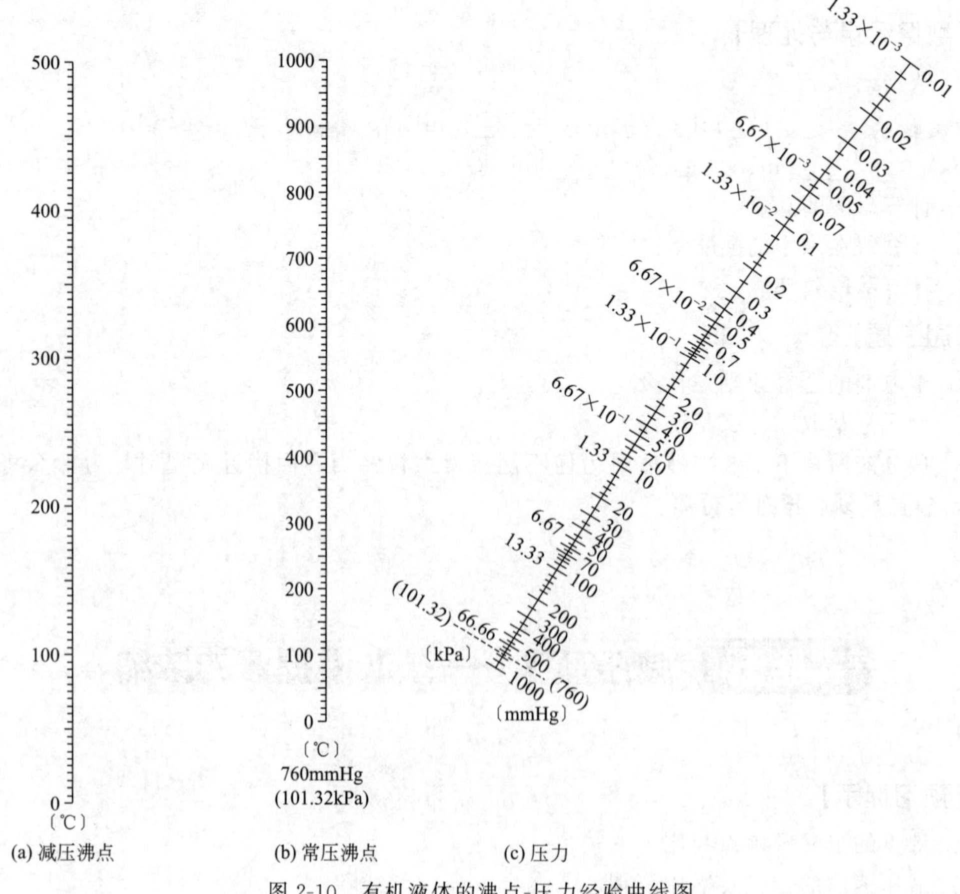

(a) 减压沸点　(b) 常压沸点　(c) 压力

图 2-10　有机液体的沸点-压力经验曲线图

【主要试剂及仪器】

试剂：茶叶水。

仪器：油浴锅、减压蒸馏瓶、直形冷凝管、减压毛细管、温度计套管、温度计、多头尾接管、螺旋夹、抽气管、安全瓶、接引管、冷却阱、压力计、无水氯化钙干燥塔、氢氧化钠干燥塔、石蜡片干燥塔、泵。

【实验内容】

1. 减压蒸馏装置

减压蒸馏装置可分为蒸馏装置、抽气装置、保护与测压装置三部分，如图 2-11 所示。

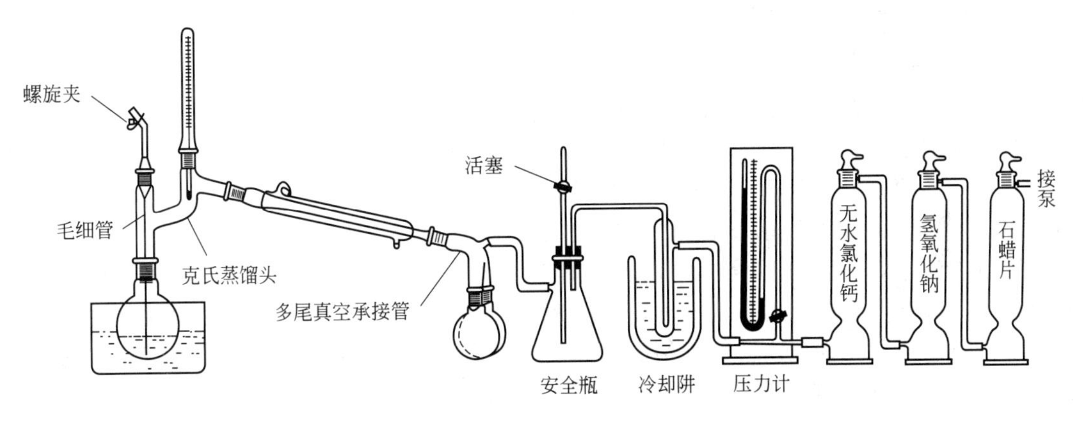

图 2-11　减压蒸馏装置

（1）蒸馏装置

蒸馏装置由热源（水浴或油浴）、减压蒸馏烧瓶（又称克氏蒸馏烧瓶）、减压毛细管、温度计、冷凝管、多头尾接管、接液瓶组成。与常压蒸馏装置不同的是，减压蒸馏烧瓶（也可用圆底烧瓶和克氏蒸馏头代替）有两个颈，其目的是避免减压蒸馏时瓶内液体由于沸腾而冲入冷凝管中，瓶的一颈中插入温度计，另一颈中插入一根距瓶底 1～2mm，末端拉成毛细管的玻管。毛细管的上端连有一段带螺旋夹的橡皮管，螺旋夹用以调节进入空气的量，使极少量的空气进入液体，呈微小气泡冒出，作为液体沸腾的气化中心，使蒸馏平稳进行，又起搅拌作用。接液管（尾接管）和普通蒸馏不同的是，接液管上具有可供接抽气装置的小支管。蒸馏时，若要收集不同的馏分而又不中断蒸馏，则可用两尾或多尾接液管，转动多尾接液管，就可使不同的馏分进入指定的接收器中。

（2）抽气装置

实验室通常采用水泵或油泵进行减压。

水泵（或水循环泵）：所能达到的最低压力为当时室温下水蒸气的压力。若水温为 6～8℃，水蒸气压力为 0.93～1.07kPa；在夏天，若水温为 30℃，则水蒸气压力为 4.2kPa。

油泵：油泵的效能取决于油泵的机械结构以及真空泵油的好坏。好的油泵能将真空度抽至 13.3Pa。油泵结构较精密，工作条件要求较严。蒸馏时，如果有挥发性的有机溶剂、水或酸的蒸气，都会损坏油泵并降低其真空度。因此，使用时必须十分注意油泵的保护。

（3）保护与测压装置

当用油泵进行减压蒸馏时，为了防止易挥发的有机溶剂、酸性物质和水汽进入油泵，必须在馏液接收器与油泵之间顺次安装安全瓶、冷却阱、真空压力计和几个吸收塔。安全瓶为耐压的抽滤瓶或其他广口瓶，瓶上配有一个二通活塞，通过调节二通活塞调节系统内压力，以防止水压骤降时水泵的水倒吸入接收器中。冷却阱的作用是将蒸馏装置中冷凝管没有冷凝的低沸点物质捕集起来，防止其进入后面的干燥系统或油泵中，冷却阱中冷却剂的选择随需要而定。例如可用冰-水、冰-盐、干冰、丙酮等冷却剂。吸收塔（又称干燥塔）通常设三个：第一个装无水 $CaCl_2$ 或硅胶，吸收水汽；第二个装粒状 NaOH，吸收酸性气体；第三个装切片石蜡，吸收烃类气体。实验室通常利用水银压力计来测量减压系统的压力。水银压力计有封闭式水银压力计和开口式水银压力计两种。封闭式水银压力计设计轻巧、读数方便，但这种压力计在装汞时要严格控制不能让空气进入，否则其准确度将受到影响。开口式水银压力计测量准确、装汞方便，但比较笨重，所用 U 形管的高度要超过 760mm。U 形管两壁汞柱高度之差即大气压与系统压力之差，所以使用时要配有大气压力计，另外开口式水银压力计操作时要小心，不能使汞冲出 U 形管。

2. 减压蒸馏操作

① 按图 2-11 安装好减压蒸馏装置后，检查系统能否达到所要求的压力。检查方法为：先旋紧双颈蒸馏烧瓶中毛细管上的螺旋夹，再关闭安全瓶上的活塞。用泵抽气，观察压力计能否达到要求的压力。若达到要求，就慢慢旋开安全瓶上的活塞，放入空气，直到内外压力相等。如果漏气，则需在漏气部位用熔融的固体石蜡或真空脂密封。

② 加料、抽气。在蒸馏烧瓶中，加入待蒸液体（不超过容量的 1/2），先旋紧橡皮管上的螺旋夹，打开安全瓶上的二通活塞，使体系与大气相通，启动泵抽气，逐渐关闭二通活塞至完全关闭，注意观察瓶内的鼓泡情况（如发现鼓泡太剧烈，有冲料危险，立即将二通活塞旋开些），从压力计上观察体系内的真空度是否符合要求。如果超过所需的真空度，可小心地旋转二通活塞，使其慢慢地引进少量空气，同时注意观察压力计上的读数，调节体系真空度至所需值（根据沸点与压力的关系）。调节螺旋夹，使液体中有连续平衡的小气泡产生，如无气泡，可能是螺旋夹夹得太紧，应旋松点，但也可能是毛细管已经阻塞，应进行更换。

③ 加热、蒸馏。在系统调好真空度后，开启冷凝水，选用适当的热浴（一般选用油浴）加热蒸馏，蒸馏烧瓶圆球部至少应有 2/3 浸入热浴中，在热浴中放一温度计，控制热浴温度比待蒸液体的沸点高 20～30℃，控制蒸馏速度以 1～2 滴/秒为宜。在整个蒸馏过程中，都要密切注意温度计和真空计的读数，及时记录压力和相应的沸点值，根据要求收集不同馏分。通常起始流出液的沸点比要收集的物质低，这部分为前馏分，应另用接收瓶接收；在蒸至接近预期的温度时，只要旋转双叉尾接管，就可换个新接收瓶接收需要的物质。

④ 蒸馏完毕，移去热源，慢慢旋开螺旋夹（防止倒吸），再慢慢打开安全瓶上的二通活塞，平衡内外压力，使压力计的水银柱慢慢地恢复原状（若打开得太快，水银柱很快上升，有冲破压力计的可能），然后关闭泵和冷却水。

【注意事项】

1. 被蒸馏液体中若含有低沸点物质时，通常先进行普通蒸馏，再进行水泵减压蒸馏，而油泵减压蒸馏应在水泵减压蒸馏后进行。

2. 蒸馏烧瓶和接收瓶都不能采用不耐压的平底容器（锥形瓶、平底烧瓶等）和有破损的容器，以防装置内处于真空状态时外部压力过大而容易破裂。

3. 加入需要蒸馏的液体，其体积不得超过蒸馏烧瓶容积的 1/2。

4. 要等待真空度稳定后才能加热，如果达不到所需的真空度，需检查是否漏气，在仪器的各个连接口涂抹真空脂，待压力稳定后再加热。

5. 在进行减压蒸馏时，必须用热浴加热，而不能直接用明火加热。

6. 减压蒸馏时应保证一定的蒸馏速度，如果蒸馏过快会使液体冲入冷凝管，需更换干净的仪器重新蒸馏。

7. 蒸馏结束时，先移开热源，待稍冷后再解除真空，使内外系统平衡后，再关闭泵。

【数据记录与处理】

$V_{浸提液}$ = ______ mL；$P_{大气}$ = ______ kPa；$P_{系统}$ = ______ kPa；$T_{沸点}$ = ______℃；$V_{减压蒸馏后}$ = ______ mL。

【思考题】

1. 什么样的情况下才用减压蒸馏？
2. 使用油泵减压时，要有哪些吸收和保护装置？其作用是什么？
3. 在进行减压蒸馏时，为什么必须用热浴加热，而不能直接用火加热？为什么进行减压蒸馏时须先抽气才能加热？
4. 当减压蒸馏完所要的化合物后，应如何停止减压蒸馏？为什么？

实验六　升华——萘的提取

【预习提示】

1. 升华的定义、用途和适用范围。
2. 减压升华和常压升华的区别。
3. 升华的原理及操作方法。

【实验目的与要求】

1. 学习升华的基本原理及方法。
2. 掌握升华的操作技术。
3. 掌握生物碱提取的原理和方法。

【实验原理】

升华是提纯固体混合有机物的方法之一。升华是指固态物质具有较高蒸气压，当加热时，往往不经过液态而直接气化为蒸气，该过程称为升华。利用升华可以将易升华物质（熔点时蒸气压高于 2.66kPa）和难挥发性杂质分开，从而达到分离、提纯的目的。升华的优点是不需要用溶剂，得到的产物纯度高；但操作时间长，损失量较大，因而只适用于实验室提纯少量（1～2g）固态物质。

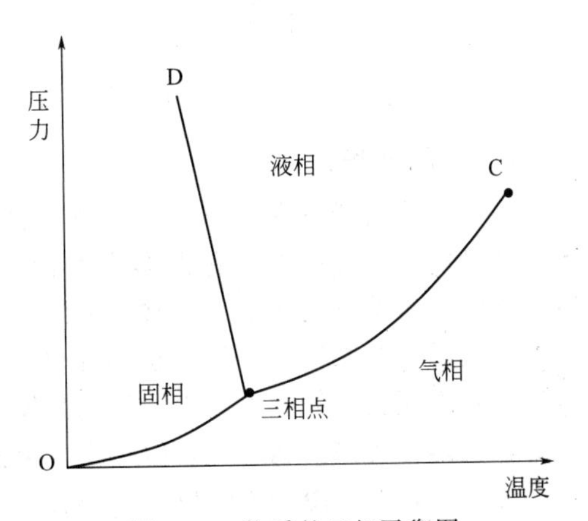

图 2-12　物质的三相平衡图

由图 2-12 可知，低于三相点温度，物质只存在固、气两相，若在三相点以下升高温度，固态就不经过液态而直接变成气态，这就是升华。并不是所有固体物质都能进行升华提纯，一般具有对称性结构的非极性化合物，其电子云密度分布比较均匀，偶极矩较小，这类物质具有较高的蒸气压。固态晶体分子在晶格中不断振动，动能较大的分子能脱离晶格表面进入气相，在密闭的体系中，这些气态分子又有部分回到晶体表面，当从晶体表面进入气相的速率与从气相重新回到晶体表面的速率相同时达到平衡，此时的压力称为饱和蒸气压（简称蒸气压）。由于熔点与三相点温度相近，因此，凡是在熔点时具有较高蒸气压的物质，都可以在其熔点以下升华。例如樟脑160℃时的蒸气压为29.2kPa，而其熔点是179℃，179℃时蒸气压较高，为49.34kPa。只要控制温度在179℃以下，缓慢加热樟脑，樟脑就能由固态不经过液态而直接气化为樟脑蒸气，即发生常压升华。

用升华的方法提纯固体物质，必须满足两个条件：

① 被纯化的物质在低于熔点时就具有较高的蒸气压；

② 固体中杂质的蒸气压较低。

有些物质在熔点时的蒸气压较低，如萘在熔点80℃时的蒸气压只有0.93kPa，采用常压升华得不到满意的结果，这时可采用减压升华进行分离、纯化。

1. 常压升华

少量物质的常压升华装置见图2-13。将待升华的样品研碎、干燥后放入干燥的蒸发皿中，取一张略大于蒸发皿口径的滤纸，在滤纸上同向扎一些小孔，并将滤纸带孔刺的一面朝上盖在蒸发皿上。取一个直径略小于蒸发皿的干净玻璃漏斗，在漏斗的颈口处用少量脱脂棉轻塞，防止蒸气逸出，将漏斗倒置在滤纸上面作为冷凝面。在石棉网或沙浴上对蒸发皿缓慢加热，控制温度在物质的熔点以下，升华样品的蒸气通过滤纸孔上升，冷却后凝结在滤纸上或漏斗的冷凝面上形成晶体。必要时，漏斗外壁可用湿滤纸冷却。升华结束，先停止加热，稍冷后，轻轻取下漏斗，小心揭开滤纸，将凝结在滤纸正反两面和漏斗内壁的晶体刮到干净样品瓶中。较大量物质的常压升华装置见图2-14，将待升华的物质放入烧杯中，通水进行冷却，使升华的样品蒸气凝结成晶体附着在烧瓶的底部。

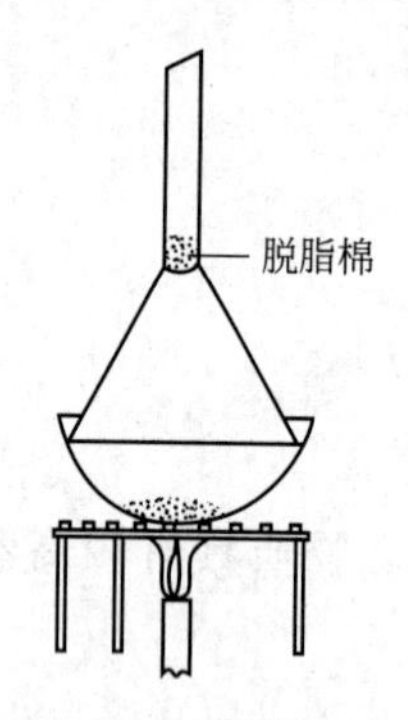

图2-13　常压升华装置（少量）

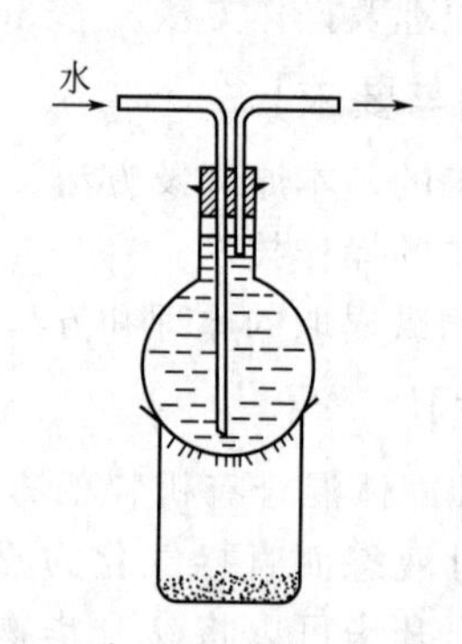

图2-14　常压升华装置（较大量）

2. 减压升华

减压升华装置见图2-15。将待升华的样品研细、干燥后转入吸滤管内，吸滤管上装有指形冷凝管（也称冷凝指），内通冷却水，将吸滤管用热浴（通常用油浴）加热，并用油泵或水泵抽气减压，控制浴温（低于被升华物质的熔点），使其慢慢升华。待冷凝指的外壁上挂满升华的晶体物质，缓慢停止减压抽滤，使体系慢慢接通大气，以免空气突然冲入导致冷凝指上的晶体吹落，取出冷凝指时也要小心轻拿。

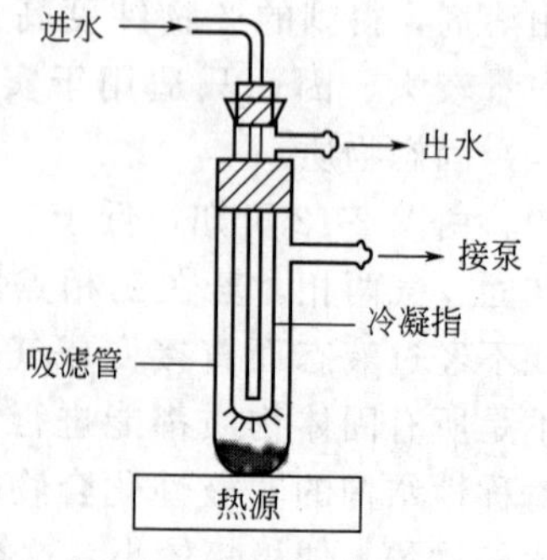

图2-15　减压升华装置

【主要试剂及仪器】

试剂：粗萘（萘的相对分子质量为128.2，白色鳞片状结晶，熔点为 80.5℃，沸点为 218℃）。

仪器：蒸发皿、石棉网、酒精灯、表面皿、玻璃漏斗、吸滤管、冷凝指、水浴锅、减压装置、滤纸、脱脂棉。

【实验内容】

1. 常压升华

称取 0.5g 粗萘，放置于蒸发皿中铺均匀。参考图 2-13，将蒸发皿放置在石棉网上（石棉网上铺一层 1～2cm 厚的细沙代替沙浴），蒸发皿上盖一张事先准备好的带许多小孔（孔刺向上）的滤纸（滤纸略大于蒸发皿口径），以避免升华的物质再次落到蒸发皿内。滤纸上再倒扣一个口径比蒸发皿口径略小的玻璃漏斗，漏斗颈口用松散的脱脂棉堵住，以免蒸气外逸。缓慢加热蒸发皿，温度控制在 80℃以下，加热过程中应注意控制温度使其慢慢升华。蒸气透过滤纸小孔上升至漏斗中，冷却后凝结在滤纸和漏斗内壁上。如晶体不能及时析出，可在漏斗外壁敷上一圈湿滤纸。几分钟后轻轻取下漏斗，小心翻起滤纸。如果发现滤纸上面已挂满了萘，则可将其移入干燥的样品瓶中，并立即重复上述操作，直至萘升华完毕，使杂质留在蒸发皿底部。

2. 减压升华

称取 0.5g 粗萘，置于直径 2.5cm 的吸滤管中并将萘铺均匀，然后按照图 2-15 装一直径为 1.5cm 的冷凝指，冷凝指内通冷凝水，用水泵对吸滤管进行缓慢减压。将吸滤管置于 80℃以下水浴锅中加热，使萘升华，萘蒸气上升并重新冷凝，待冷凝指底部挂足升华的萘时，缓慢停止减压，轻轻取下冷凝指，将冷凝指上的萘收集到干燥的样品瓶中。反复上述操作，直至萘升华完毕。

【注意事项】

1. 升华是在物质表面发生的，所以粗萘一定要研得很细，而且萘要干燥，如不干燥，溶剂会影响升华后固体的凝结。

2. 滤纸上的刺孔一定要朝上，以便升华的蒸气顺利通过滤纸，也避免升华时的物质重新落入蒸发皿。

3. 升华的温度一定要控制在低于物质的熔点，提高升华温度可以加快升华速度，但会使晶体变小，产物纯度下降。

4. 升华面到冷凝面的距离必须尽可能短，以便获得较快的升华速度。

5. 减压升华时，停止抽滤时一定要先缓慢地打开安全瓶上的放空阀再关泵，以免发生倒吸。

【数据记录与处理】

萘的升华实验数据记录及处理见表 2-4。

表 2-4　萘的升华实验数据记录及处理

常压升华						
粗萘			晶体			产率/%
质量/g	颜色	性状	质量/g	颜色	性状	
减压升华						
粗萘			晶体			产率/%
质量/g	颜色	性状	质量/g	颜色	性状	

【思考题】

1. 什么样的物质能用升华的方法进行提纯？

2. 升华时蒸发皿上为何要盖一张带小孔的滤纸？漏斗颈口为何要塞脱脂棉？

3. 升华温度应控制在什么范围内？为什么？

实验七 重结晶——粗乙酰苯胺的纯化

【预习提示】

1. 重结晶的定义、用途及适用范围。

2. 重结晶的原理及操作方法。

3. 重结晶的溶剂选择原则。

【实验目的与要求】

1. 学习重结晶的基本原理及实验方法。

2. 掌握趁热过滤、脱色、抽滤等重结晶基本操作技术。

【实验原理】

重结晶是提纯固体有机物常用的方法之一。固体有机物在溶剂中的溶解度与温度密切相关，通常温度升高溶解度增大。将固体有机物溶于热的某种溶剂中制成饱和溶液，冷却时由于溶解度降低，溶液过饱和而析出晶体。利用溶剂对被提纯物质及杂质的溶解度不同，通过加热溶解又冷却结晶的形式，使被提纯物质从过饱和溶液中析出，而将杂质除去（溶解度很小的杂质在热过滤时除去，溶解度很大的杂质在冷却后留在母液中）以达到分离纯化固体物质的目的，整个操作过程称为重结晶。

粗产品杂质含量多，常会影响晶体生成的速度，甚至会妨碍晶体的形成，使晶体难以析出，或者重结晶后仍有杂质，这时，必须先采取其他方法初步提纯，例如萃取、水蒸气蒸馏、减压蒸馏等，然后再采用重结晶提纯。因此重结晶一般只适用于杂质含量在5%以下的固体有机物的提纯。

重结晶的操作过程主要包括下列几个步骤：选择溶剂→饱和溶液的制备→脱色→热过滤→冷却结晶→抽滤→晶体干燥。

1. 选择溶剂

正确地选择溶剂对重结晶操作有很重要的意义，理想的溶剂必须具备下列几个条件：

① 溶剂不与重结晶物质发生化学反应。

② 较高温度时溶剂能溶解被提纯物，而在低温时重结晶物质的溶解量却很少；杂质在该溶剂中的溶解度要么非常小，要么非常大，溶解度非常小的杂质在热过滤时被滤去，溶解度非常大的杂质留在母液中不随被提纯物一同析出。

③ 溶剂的沸点适中。沸点过低，溶解度改变不大，沸点过高，不易与重结晶物质分离。

④ 溶剂价格低、毒性小、易回收、操作安全，被重结晶物质在该溶剂中能析出较好的晶体等。

在选择溶剂时，可根据“相似相溶”原理，即溶质一般易溶于结构与其相似的溶剂中，极性物质易溶于极性溶剂中，非极性物质易溶于非极性溶剂中。具体选择溶剂时，大部分化合物可查阅化学手册或文献资料，通过溶解度寻找合适的溶剂，如无法查到，则须由少量样品进行反复实验决定。常用的重结晶溶剂见表 2-5。

表 2-5　常用的重结晶溶剂

溶剂	沸点/℃	溶剂	沸点/℃	溶剂	沸点/℃
水	100.0	乙醚	34.5	甲苯	110.5
甲醇	64.7	石油醚	30～60	硝基甲烷	120.0
乙醇	78.3	乙酸乙酯	77.1	氯仿	61.2
冰醋酸	117.9	环己烷	80.8	四氯化碳	77.0
丙酮	56.1	苯	80.4	丁酮	79.6

溶剂的选择方法：取几个小试管，分别加入 0.5～1mL 不同种类的溶剂，并各放入 0.1g 待重结晶物质，分别加热至沸腾，至完全溶解，冷却后能析出最多晶体的溶剂，一般可认为是最合适的。

当一种物质在一些溶剂中的溶解度太大，而在另一些溶剂中的溶解度又太小，不能选到单一的合适溶剂，常可采用混合溶剂而得到满意的结果。混合溶剂通常是由两种互溶的溶剂组成的，其中一种对被提纯物的溶解度很大（称为良溶剂），而另一种对被提纯物的溶解度很小（称为不良溶剂）。常用的混合溶剂有水-乙醇、水-丙酮、水-乙酸、甲醇-水、甲醇-乙醚、甲醇-二氯乙烷、石油醚-苯、石油醚-丙酮、石油醚-氯仿、乙醚-丙酮、氯仿-乙醇、苯-无水乙醇。测定溶解度的方法同上。

用混合溶剂重结晶时，先确定混合溶剂的比例。可先将重结晶物质溶于热的良溶剂中，若有不溶物则趁热滤去，若有颜色，则加入适量（1%～5%）活性炭煮沸脱色后趁热过滤。在此热溶液（接近沸点温度）中小心滴加热的不良溶剂，直至滤液出现混浊，加热混浊不消失时，再加入几滴良溶剂使之恰好透明，然后将此混合物冷至室温，使晶体从溶液中析出。当重结晶量大时，可先按上述方法，找出良溶剂和不良溶剂的比例，然后将两种溶剂先混合均匀，再按单溶剂的方法进行重结晶。

2. 将待重结晶物质制成热饱和溶液

选好溶剂后即可进行粗产品的重结晶。将适量粗产品置于圆底烧瓶中，溶剂可分批加入，每次加入后均需再加热使溶液沸腾，直至物质刚好完全溶解后，再多加 20%左右的溶剂，以免热过滤时因温度的降低和溶剂的挥发，使结晶在滤纸上析出而造成损失。若溶剂具有可燃性、易挥发性或毒性时，应在烧瓶内加入沸石，烧瓶上安装回流冷凝管，如图 2-16 所示，减少溶剂挥发，避免发生着火等危险。若用水作溶剂，直接在烧瓶或烧杯中溶解即可。同时根据溶剂的沸点和易燃性，选择适当的热浴，以保证安全。

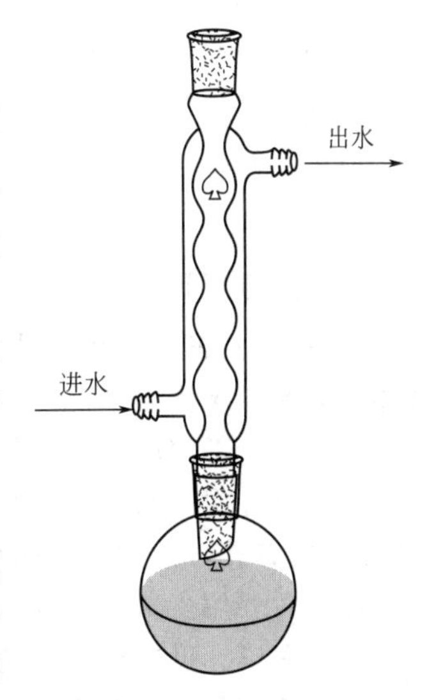

图 2-16　低沸点、易燃有机溶剂的加热装置

3. 活性炭脱色及热过滤

当重结晶的样品带有颜色时，可加入适量的活性炭进行脱色。活性炭的用量一般为样品的 1%～5%。加入量过多，会吸附部分产品；加入量过少，则达不到理想的脱色效果。活性炭的脱色效果和溶液的极性及杂质的多少也有关，活性炭在极性有机溶剂及水溶液中的脱色效果较好，而在非极性溶剂中的

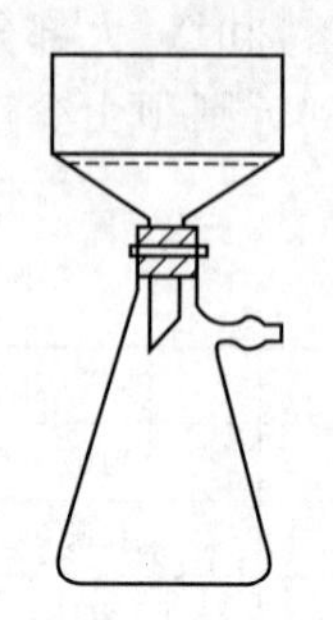

图 2-17 抽滤装置

脱色效果较差。活性炭应在饱和溶液稍冷后加入，以免暴沸使溶液冲出，加入活性炭后摇匀，使其均匀分布在溶液中，然后加热微沸 5～10min，趁热过滤除去活性炭和不溶性杂质。热过滤时，既要滤除活性炭和不溶性杂质，又要避免溶液冷却而在滤纸和漏斗中析出晶体，因此，热过滤时动作要迅速，尽量不使溶液降温。常用布氏漏斗或砂芯漏斗进行减压抽滤，抽滤装置见图 2-17。在装配时注意使布氏漏斗的最下端斜口的尖端离抽滤瓶的支管部位最远（因为位置不当，易使滤液被吸入支管而进入抽气系统）。滤纸要比布氏漏斗的内径略小，但必须将漏斗的小孔完全覆盖。抽滤前应先将布氏漏斗预热，并用少量溶剂润湿滤纸，待滤纸紧贴后迅速倒入热的待抽滤液，并用极少量热溶剂洗涤圆底烧瓶及活性炭等。

4. 静置结晶

将上述热滤液及洗涤液合并后于烧杯中静置，在室温下自然冷却，结晶体随之形成。如果冷却时无结晶析出，可加入微量晶种（原纯固体的结晶）或用玻璃棒在液面下摩擦玻璃壁，促使结晶较快析出；也可将过饱和溶液放入冰水浴中冷却，促使结晶析出。所形成晶体太小或太大都不利于纯化。太小则表面积大，易吸附杂质；太大则在晶体中央夹杂母液和杂质且干燥困难。如果热滤液冷却过快或结晶时振摇，会使晶体变小；如果热滤液冷却太慢，则产生的晶体较大。

5. 晶体的收集和干燥

为了把结晶从母液中分离出来，一般采用布氏漏斗进行减压过滤。减压过滤是指在与过滤漏斗密闭连接的接收器中造成真空，过滤表面的两面发生压力差，使过滤能加速进行的一种方法。减压过滤一般采用循环水真空泵。布氏漏斗中的晶体应用同一溶剂进行洗涤，溶剂用量尽量少，以减少产品的溶解损失。如果结晶溶剂的沸点较高，在用原溶剂至少洗涤一次后，可再用低沸点的溶剂洗涤，使结晶产品比较容易干燥。

用小刀刮下的滤纸上的晶体即为被提纯物质。抽滤和洗涤后的结晶表面还吸附有少量的溶剂，因此需要选用适当的方法进行干燥。固体干燥的方法很多，可根据重结晶所用的溶剂及晶体的结构和性质来选择。重结晶的产物需要通过测定熔点来检测其纯度。

【主要试剂及仪器】

试剂：乙酰苯胺粗品、水、活性炭。

仪器：烧杯、滤纸、布氏漏斗、抽滤瓶、锥形瓶、圆底烧瓶、球形冷凝管、加热套、表面皿、烘箱。

【实验内容】

称取 3g 乙酰苯胺粗产品置于烧瓶中，加入 70mL 水，在加热套上加热至沸腾，并用玻璃棒不断搅拌至固体全部溶解，若有固体未完全溶解，可加入少量热水使其全部溶解。

待固体全部溶解后，关闭热源，稍冷却后加入 0.1～0.15g 活性炭，搅拌后继续加热，加热至沸腾并保持沸腾 5～10min。用热水预热布氏漏斗与抽滤瓶，并放上预先备好的滤纸（能盖住所有孔，但比漏斗内径略小），先用少量热水润湿，抽气吸紧后马上对热溶液趁热过滤，过滤后要用少量热水洗涤烧瓶及滤纸上的活性炭。

抽滤完毕，迅速把滤液转移至洁净的烧杯中，放置冷却至室温后用冰水冷却，使结晶完全。乙酰苯胺晶体完全析出后，再次抽滤，晶体用少量的冰水洗涤 2～3 次，尽量除去母液。取出晶体，放在表面皿上晾干，或在 70℃左右的烘箱中烘干，称量，计算收率。

测定重结晶产品的熔点。

【注意事项】

1. 为了防止过滤时因温度的降低和溶剂的挥发，使结晶在滤纸上析出而造成损失，溶剂用量可比沸腾时饱和溶液所需的溶剂用量稍多，但也要防止加入过多的溶剂使晶体难析出。

2. 用水重结晶乙酰苯胺时，往往会出现油珠。这是因为当温度高于83℃时，虽然乙酰苯胺未溶于水，但已熔化的乙酰苯胺会形成另一液相，这时只要加入少量水或继续加热，此现象就可消失。

3. 不要在沸腾时向溶液中加入活性炭，以防止溶液暴沸冲出。

4. 热溶液一定要趁热过滤，操作要迅速，否则会有大量晶体析出在滤纸上，造成损失。

5. 洗涤晶体时，先用玻璃棒松动晶体，再加入少量冷水抽滤。

【数据记录与处理】

1. 数据记录。

按表2-6进行重结晶的数据记录。

表2-6　数据记录

粗乙酰苯胺			乙酰苯胺晶体		
质量/g	颜色	性状	质量/g	颜色	性状

2. 计算收率。

3. 按表2-7进行熔点测定数据记录。

表2-7　熔点测定数据记录

次数	始熔点/℃	全熔点/℃	熔距/℃
1			
2			
3			

【思考题】

1. 活性炭在实验中有什么作用？为什么活性炭不能在溶液沸腾时加入？

2. 重结晶时，理想溶剂应具备哪些条件？

3. 分别用水和有机溶剂作溶剂进行重结晶时，在装置上有什么区别？并说明理由。

4. 粗乙酰苯胺饱和溶液为何要趁热过滤？

实验八　柱色谱

【预习提示】

1. 预习色谱法及柱色谱法分离有机化合物的相关知识与操作。

2. 柱色谱的定义和特点。

3. 湿法装柱与干法装柱的注意事项。

【实验目的与要求】

1. 学习柱色谱的基本原理。

2. 掌握柱色谱的操作方法。

【实验原理】

柱色谱（column chromatography）又叫柱层析，通常是用来分离和提纯少量有机化合物的有效方法，根据分离的原理和方法，常用的柱色谱可分为吸附色谱和分配色谱。吸附色谱常用氧化铝或硅胶作固定相；而分配色谱以硅藻土或纤维素吸附大量液体活性吸附剂作为固定相（也称固定液）。实验室中常采用吸附色谱，吸附色谱利用的是吸附剂（固定相）对不同物质的吸附力，一般来说，极性大的吸附能力强，极性小的吸附能力弱些。当用洗脱剂淋洗时，各组分在洗脱剂中的溶解度也不同，所以被解吸的能力也不同。根据“相似相溶”原理，极性大的易溶解在极性大的洗脱剂中，极性小（或非极性）的易溶解在极性小（非极性）的洗脱剂中。吸附色谱分离有机混合物时通常在色谱柱中加入表面积极大、经过活化的多孔性或粉状固体吸附剂。当样品加入色谱柱中，各种组分同时被吸附在柱的上端，极性组分和非极性组分都被固定相吸附。这时加入洗脱剂（流动相）后，由于非极性物质在吸附剂（固定相）中的吸附能力较弱，但在洗脱剂（流动相）中的溶解度大（解吸速度快），所以非极性或极性小的物质先被解吸出来并随之向下移动。遇到新的吸附剂表面，被分离物质和洗脱剂又会被吸附而建立暂时的平衡，然后又被向下移动的洗脱剂重新解吸，如此各组分在两相间连续不断地发生吸附—解吸—再吸附—再解吸的重复过程。而极性大的物质在吸附剂中的吸附能力强，在洗脱剂中的解吸速度慢，被后洗脱下来，经过一段时间后，各组分彼此分开。若样品本身有颜色，各组分在色谱柱中形成一段段色带，每种色带代表一种组分，每种色带溶液从色谱柱低端先后流出，分别收集不同的色带层，再将洗脱剂蒸发即可得到单一的纯组分。若样品本身无颜色，可用紫外光照射产生荧光显迹。

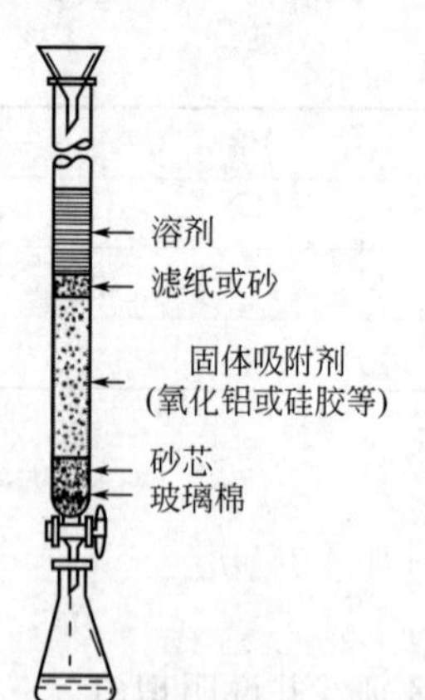

图 2-18 吸附色谱装置

通常先用非极性洗脱剂进行淋洗，后用极性大的洗脱剂进行淋洗。吸附色谱装置如图 2-18 所示。

1. 吸附剂

常用的吸附剂有氧化铝、氧化镁、硅胶、纤维素、碳酸钙和活性炭等。实验室一般使用氧化铝为吸附剂，氧化铝是极性大、活性高、吸附能力强的极性物质。通常氧化铝吸附剂分酸性、中性和碱性三种。酸性氧化铝是用1%的盐酸浸泡后，用蒸馏水洗至 pH 值为 4～4.5，用于分离酸性有机物质；中性氧化铝的 pH 值为 7～7.5，适用于分离醛、酮、醌、酯等中性有机物质；碱性氧化铝的 pH 值为 9～10，适用于分离碱性有机物质，如生物碱、胺等。

吸附剂在使用前一般要经过纯化和活化处理，其颗粒大小均匀。吸附剂颗粒越小，比表面积就越大，吸附能力就越高，组分在流动相和固定相之间达到平衡就越快，色带就越窄；但颗粒太小，流动相的流动受阻而使流动变慢。通常选用 100～150 目的吸附剂颗粒为宜。

吸附剂的含水量也影响吸附剂的活性。通常含水量越高，吸附剂的吸附能力越弱；相反，含水量越低，吸附能力越强。含水量低的氧化铝、硅胶和活性炭为强吸附剂，碳酸钙、磷酸钙、氧化镁属于中等吸附剂，而蔗糖、淀粉、滑石粉属于弱吸附剂。

一般吸附剂的吸附能力顺序排列为：酸、碱＞醇、胺、硫醇＞酯、醛、酮＞芳香族化合物＞卤代物＞醚＞烯＞饱和烃。

2. 洗脱剂

在柱色谱分离中，洗脱剂的选择也是非常重要的。通常根据被分离混合物中各组分的极性、溶解度和吸附剂活性来选择洗脱剂。洗脱剂的极性不能大于被分离混合物中各组分的极性，否则会使洗脱剂吸附在固定相上，迫使样品一直保留在流动相中。在这种情况下，组分在色谱柱中移动得太快，没有机会建立起分离所要达到的化学平衡，从而影响分离效果。另外，所选择的洗脱剂必须能够溶解样品中的各组分，如果被分离的样品不溶于洗脱剂，那么各组分可能会牢固地吸附在固定相上，而不随流动相移动或移动很慢。

一般洗脱剂的选择是通过薄层色谱实验确定的，能将样品中各组分完全分开的展开剂可作为柱色谱的洗脱剂。有时单纯一种洗脱剂达不到所要求的分离效果，可考虑选用混合洗脱剂。首先使用极性小的溶剂，使吸附能力弱、解吸能力强的组分先分离出来，然后加大洗脱剂的极性，使极性不同的化合物按极性由小到大的顺序从色谱柱中洗脱出来。

一般洗脱剂的极性顺序排列为：石油醚、己烷＜环己烷＜四氯化碳＜二硫化碳＜甲苯＜苯＜二氯甲烷＜氯仿＜乙酸乙酯＜正丁醇＜丙酮＜丙醇＜乙醇＜甲醇＜水＜吡啶＜乙酸。

3. 装柱

装柱是柱色谱中非常关键的操作，装柱的好坏直接影响分离效果。装柱前，要将色谱柱洗干净并干燥，然后将色谱柱垂直地固定在铁架台上。如果色谱柱下端没有砂芯横隔，就取少许脱脂棉或玻璃棉平铺在柱底，并在上面铺上一层0.5～1cm厚的石英砂或细沙，然后进行装柱。装柱的方法有湿法装柱和干法装柱两种。

(1) 湿法装柱

湿法装柱是将吸附剂用极性最低的洗脱剂调成糊状，在柱内先加入约3/4柱高的洗脱剂，再用绑有橡皮塞的玻璃棒边敲打柱身边将调好的吸附剂倒入柱中（使装入的吸附剂紧密均匀、没有气泡，顶层水平），同时打开柱下端活塞，用干燥、洁净的锥形瓶接收洗脱剂。当装入的吸附剂有一定的高度时，洗脱剂流下的速度变慢，用收集的洗脱剂转移残留的吸附剂，并将柱内壁黏附的吸附剂淋洗下来，至吸附剂约占柱高的2/3。柱子填充完后，在吸附剂上端覆盖一层约0.5cm厚的石英砂或覆盖一片比柱内径略小的圆形滤纸。在整个装柱过程中，柱内洗脱剂的高度始终不能低于吸附剂最上端，否则柱内会出现裂痕和气泡。

(2) 干法装柱

色谱柱上端放置一干燥的漏斗，将吸附剂加入漏斗中，使吸附剂成细流连续地装入柱中，同样也要轻轻敲打色谱柱柱身，使其填充紧密均匀，再加入洗脱剂润湿。也可先加入3/4的洗脱剂，然后倒入干的吸附剂。氧化铝和硅胶的溶剂化作用易使柱内形成细缝，所以氧化铝和硅胶不适合干法装柱。

4. 加样及洗脱

柱色谱所用样品要进行预处理，固体样品应用少量的溶剂完全溶解后再加到柱中，液体样品可以直接加入色谱柱中（浓度低可旋转浓缩后再加样）。在加入样品时，先将柱内洗脱剂排至刚好与吸附剂表面相切，用长滴管尽量靠近吸附剂表面沿管壁将样品一次加完，并加入少量的洗脱剂将壁上的样品冲洗下来。打开下旋塞，使样品进入吸附剂层，当样品的液面和吸附剂表面平齐时，加入洗脱剂洗脱。当样品量小时，可用滴管加入洗脱剂洗脱；当样品量大时，用装有洗脱剂的滴液漏斗平稳地加入洗脱剂洗脱。

柱色谱分离效果与洗脱剂的流速也密切相关。洗脱过程中，样品在色谱柱内的下移速度不能太快，否则样品混合物不能充分分离；洗脱剂的流速越慢，则样品在色谱柱中的停留时间越长，各组分在固定相和流动相之间能得到充分的吸附和解吸，分离达到理想效果。但样品在柱内的下移速度也不能太慢，时间太长某些组分结构可能被破坏，使色谱带扩散，反而影响分离效果。因此，洗脱速度根据实际情况要适中。

【主要试剂及仪器】

试剂：微晶纤维素粉（柱色谱用）、乙醇、靛红（又名酸性靛蓝，深蓝色粉末，有铜样光泽）和罗丹明 B（绿色结晶或红紫色粉末，其水溶液为蓝红色，醇溶液有红色荧光）混合溶液、水。

仪器：色谱柱（10cm×1cm）、50mL 烧杯 4 个、玻璃棒、滴管、125mL 滴瓶 1 个、量筒。

【实验内容】

1. 装柱

称取 1.2g 微晶纤维素粉于洁净烧杯中，加入 20mL 乙醇浸润。取一支带有砂芯的色谱柱，如没有砂芯，可取少许脱脂棉放入色谱柱底部，用玻璃棒压实。将色谱柱垂直固定于铁架台上，关闭活塞，将浸润的微晶纤维素粉边搅拌边装入色谱柱中，黏附在烧杯壁和色谱柱上部的微晶纤维素粉可用少量乙醇冲洗。当微晶纤维素在色谱柱中有一定的沉积高度（约 1cm）时，打开活塞，并控制液体流速约 1 滴/s，同时用绑有橡皮塞的玻璃棒轻轻敲打柱身，通过流动相的流动使柱内固定相填装均匀、松紧适当，且表面平整。

2. 加样

当色谱柱中的洗脱剂液面下降至与固定相平面相切时，小心加入靛红和罗丹明 B 混合液 2～3 滴（滴加前应充分摇匀），使其被固定相吸附。

3. 洗脱

均匀加入 95%乙醇，始终保持洗脱剂液面覆盖着固定相进行洗脱。待有一种染料完全被洗脱下来时，将洗脱剂改换为水继续洗脱。待第二种染料全部被洗脱下来，即分离完全，可停止色谱操作。两种染料分别收集于不同的烧杯中。

【注意事项】

1. 洗脱剂使用次序不能颠倒，先用极性小的洗脱剂，后逐渐加大洗脱剂的极性。

2. 如果装柱时吸附剂的顶面不水平或有气泡，会造成沟流现象。

3. 吸附剂要均匀装入管内，装柱时要轻轻地不断敲打柱子，以除尽气泡，不留裂痕，防止内部造成沟流现象，影响分离效果。但不要过分敲击，否则太紧密而流速太慢。

4. 洗脱过程中，样品在色谱柱中下移的速度要适中，不能太快也不能太慢。太快分离效果不明显；太慢成分易被破坏，使色谱带扩散，也影响分离效果。若洗脱下移速度太慢，可适当加压或用水泵减压。

【数据记录与处理】

1. 先洗脱出的颜色是______，物质是______。

2. 后洗脱出的颜色是______，物质是______。

【思考题】

1. 为什么靛红比罗丹明 B 在色谱柱上的吸附更牢固？

2. 为什么极性大的组分要用极性较大的溶剂洗脱？
3. 本实验中的固定相和流动相分别是什么？
4. 为何洗脱剂洗脱的速度不能太快也不能太慢？

实验九　熔点的测定

【预习提示】

1. 什么是熔点？什么是熔距？
2. 熔点测定具有什么意义？
3. 毛细管法测定熔点的原理及操作方法。

【实验目的与要求】

1. 了解熔点测定的原理及意义。
2. 掌握熔点测定的操作技术。

【实验原理】

熔点是指在一个大气压下，化合物的固-液两相平衡共存时的温度。一般纯净的固体有机化合物都有固定的熔点，在一定压力下，固-液两态之间的变化是非常敏锐的，其熔距一般不超过0.5～1℃，从始熔（开始熔化）到全熔（完全熔化）的温度范围称为熔距（熔程）。由拉乌尔定律可知，在一定的温度和压力下，在溶剂中加入溶质，则溶剂蒸气分压降低，所以，如果样品中含有杂质，则其熔点比纯物质的熔点低。需要注意的是，如果有杂质存在，物质在熔化过程中，固相和液相平衡时的相对量也会发生改变，因此相平衡不是一个点，而是从初熔点（最低共熔点）到全熔点一段，熔距明显变长，熔点相对降低。因此，在测定熔点时一定要记录初熔和全熔的温度。

加热纯的固体有机化合物时，如温度低于熔点，固体物质不会熔融，只有温度上升到熔点时，才开始有少量液滴出现，此后固-液两相平衡。继续加热，越来越多的固相转变为液相，此时两相仍为平衡，且温度不变。直至所有固体都转变为液体后，继续加热物质，其温度会线性上升。因此要精确测定有机化合物的熔点，在接近熔点时，加热速度一定要缓慢。一般加热速度控制在1℃/min以内，可使整个熔化过程尽可能接近于固-液两相平衡条件。

有机化合物的熔点一般在300℃以下，比较容易测定。因此，熔点是实验室鉴定固体有机化合物的重要物理常数依据，通过测定熔点，不仅可以初步推断被测物质为何种化合物，而且可以判断有机化合物的纯度。如果测得未知物的熔点与某已知物质的熔点相同或接近时，可将该已知物与未知物以1∶9、1∶1、9∶1这三种比例混合，再分别测定混合物的熔点。如果测得混合物的熔点值下降（少数情况下熔点值上升），且熔距加长，可推断两者为不同化合物。如果测得混合物的熔点值与已知物质的熔点值相同，则两者为同一物质。

【主要试剂及仪器】

试剂：尿素、甘油。

仪器：铁架台、b形管、毛细管、酒精灯、温度计、表面皿、带缺口木塞、显微熔点测定仪。

【实验内容】

1. 毛细管法

熔点测定常用毛细管法和显微熔点测定法两种方法，其中毛细管法是最经典也是非常简便的一种方法，是国家标准中规定测定结晶或粉末状有机试剂熔点的通用方法。在实验室实际操作中，用毛细管法测定的熔点值不是一个温度点，而是一个熔化范围（熔距），由于毛细管壁的热传导，所测熔点值通常比真实的熔点值略高。毛细管法测熔点装置见图2-19。

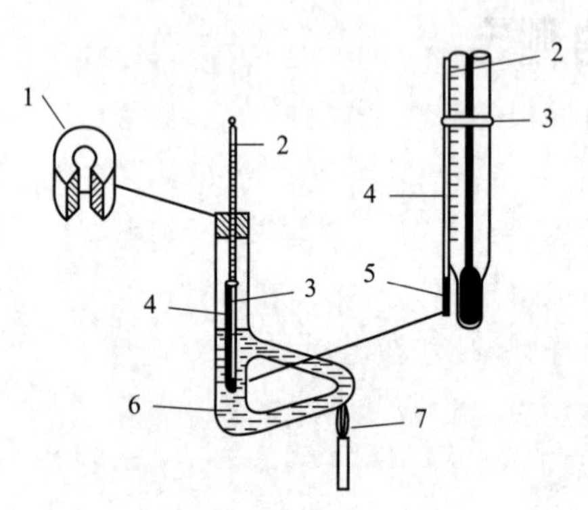

图2-19　毛细管法测熔点装置

1—带缺口木塞；2—温度计；3—橡皮圈；4—毛细管；5—样品；6—载热体；7—灯焰

毛细管法测定熔点步骤如下。

（1）毛细管口熔封

将洁净的毛细管向上倾斜45°角于酒精灯火焰中，边烧边不停均匀转动，使毛细管的顶端受热均匀，直到顶端熔化为一光亮小球，说明已经完成熔封。

（2）样品的处理与填装

测定熔点前，样品要进行处理。取少量干燥待测样品，置于洁净干燥的表面皿中，用玻璃棒将其研成细粉末并聚成小堆。装样时，将毛细管开口端插入细粉末堆中，样品便被挤入毛细管中，使填装的样品高度为2～3mm。然后让开口一端朝上，将毛细管从长约40cm的玻璃管上端自由落下，使样品粉末落入管底，重复几次操作，使样品结实紧密地装入管底为止。擦拭掉毛细管外壁的样品粉末，以防污染浴液。

（3）组装仪器

b形管又叫Thiele管、熔点测定管。将b形管夹在铁架台上，向b形管中装入甘油至b形管支管口为宜。管口配一个带缺口的单孔软木塞。将毛细管中下部用甘油润湿后，使其紧附在温度计旁，样品部分应靠在温度计水银球的中部。并用橡皮圈将毛细管紧固在温度计上。注意使橡皮圈位于距甘油液面1cm以上的位置。将黏附有毛细管的温度计小心地插入b形管中，插入的深度以水银球恰在b形管上下支管的正中间部位，温度计刻度面向观察者前方。

（4）测定熔点

加热时火焰须与b形管的倾斜部分接触。初始加热时，可按3～4℃/min的速度升高温度。当温度升高至与待测样品的熔点相差10～15℃时，改用小火缓慢而均匀地加热，使温度以1～2℃/min的速度上升，接近熔点时，使温度每分钟上升0.5℃左右（掌握升温速度是准确测定熔点的关键）。这么做一方面是为了保证有充分的时间让热量从管外传至管内，以使固体熔化，另一方面因观察者不能同时观察温度计所示读数和样品的变化情况，只有缓慢加热，才能使此项误差减小。加热过程中要密切观察样品的变化，当样品在毛细管壁开始塌落和有润湿现象，样品表面有凹面形成并出现小液滴时，表明样品开始熔化，此时的温度即为初熔点；固体全部消失，样品呈透明液体时的温度即为全熔点，记下初熔点和全熔点的温度计读数，由始熔到全熔的温度范围即为此样品的熔化范围，即该化合物的熔距。此时可熄灭或移除酒精灯，取出温度计，拿下并弃去毛细管（不要乱扔，防止甘油污染台面）。待热浴液温度下降至熔点30℃以下，再换上新的毛细管进行下一次测定。不能将测定过的毛细管冷却后再用，因为有时某些物质会发生部分分解，或转变成具有不同熔点的其他结晶形式。

测定已知物的熔点时，至少要有两次重复的数据，且两次测定数据的误差不能大于±1℃。

测定未知物的熔点时，应先对样品粗测一次，加热速度可以稍快，以5～6℃/min的速度上升，找出大概熔距后，待热浴液温度下降至熔点30℃以下，再取另外两根装好样品的新毛细管进行两次精密测定。两次精密测定数据的误差同样不能大于±1℃。

2. 显微熔点测定法

用毛细管法测定熔点，其优点是实验装置简单、方法简便，但缺点是不能观察晶体在加热过程中的变化情况。为了克服这一缺点，可用显微熔点测定仪测定熔点。这种熔点测定装置的优点是可测微量（2～3颗小结晶）及高熔点（至350℃）试样的熔点，可观察晶体在加热过程中的变化情况，如结晶的失水以及多晶型物质的晶型转化、升华和分解等。

显微熔点测定仪的型号有很多，但操作方法基本相似。如图2-20所示，SWG X-4B显微熔点测定仪采用显微镜观察方法，既可用毛细管法测定，又可用载玻片-盖玻片法（热台法）测定。SWG X-4B显微熔点测定仪的操作步骤如下。

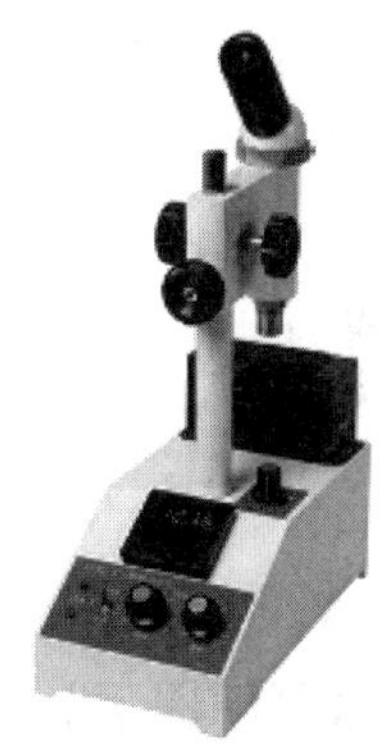

图2-20　SWG X-4B显微熔点测定仪

① 将干燥待测样品研成粉末，装入毛细管内2～3mm（一长玻璃管内上下振动，装实），也可以用载玻片或盖玻片测定。

② 将毛细管平放入热台中心，打开电源开关（背面）。松开显微镜的升降手轮，参考显微镜的工作距离，上下调节显微镜，直到从目镜中能看到熔点热台中央的待测物品轮廓时锁紧该手轮；然后调节调焦手轮，直到能清晰地看到待测样品的像。

③ 将控制面板的按钮推至加热，顺时针旋开粗调开关，开始升温。根据待测样品的熔点高低，通过调节粗调和微调旋钮来控制升温速度，距熔点10℃左右，升温速度为1℃/min。

④ 观察被测样品的熔化过程，记录初熔和全熔时的温度，取下毛细管，完成一次测量。

⑤ 重复测量前，将按钮推至冷风，即打开热台降温风扇，使温度降至待测样品熔点值40℃以下时，再放入样品，进行重复测量。

⑥ 测试完毕，应切断电源，当热台冷却到室温时，盖上遮布。

【注意事项】

1. 加热的快慢会影响熔点的测定，一定要注意加热的速度。

2. 可以根据测试样品的熔点合理设置初始温度，以节约后面观察过程的加热时间。

3. 取放盖玻片和载玻片的时候需要用镊子，禁止用手拿载玻片，防止烫伤，同时要小心取放载玻片和盖玻片，防止掉入仪器缝隙。

4. 药品量的大小对熔点的观察影响很大。药品量过大，不易观察到药品的初熔，造成测量误差较大。因此实验过程中取用的药品量不宜过大，用镊子夹取少量即可。

【数据记录与处理】

熔点测定数据记录见表2-8。

表 2-8 熔点测定数据记录

次数	初熔点/℃	全熔点/℃	熔距/℃
1			
2			
3			

【思考题】

1. 测定熔点时，若有以下情况会对测定结果产生什么影响？①毛细管底部未完全封闭；②样品未完全干燥或含有杂质；③样品研得不细或装得不紧密；④加热速度太快。

2. 是否可以用第一次熔点测定时已用过的毛细管再做第二次测定？为什么？

3. 加热速度对测定结果有哪些影响？

4. 测过的样品能否重测？熔距短是否就一定是纯物质？

实验十 沸点的测定

【预习提示】

1. 什么是沸点？沸点测定具有什么意义？

2. 预习沸点测定相关的基本知识和操作。

【实验目的与要求】

1. 了解沸点测定的意义。

2. 掌握微量法测定沸点的原理和操作方法。

【实验原理】

当液态物质受热时，分子由于运动而从液体表面逃逸出来，形成蒸气压。随着温度升高、蒸气压增大，待蒸气压和大气压或所给压力相等时，液体沸腾，这时的温度称为该液体的沸点。每种纯液态有机化合物在一定压力下均具有固定的沸点，或者一个温度变化范围。在蒸馏过程中，馏出第一滴馏分时的温度与馏出最后一滴馏分时的温度之差即为沸程，沸程一般较稳定，且比较小，不超过 0.5～1℃。沸程可衡量液体物质的纯度，纯度越高，沸程越小，液体化合物不纯时，沸程会增大(共沸混合物例外)。因此，测定样品的沸点可用来鉴定液体化合物或判断其纯度。

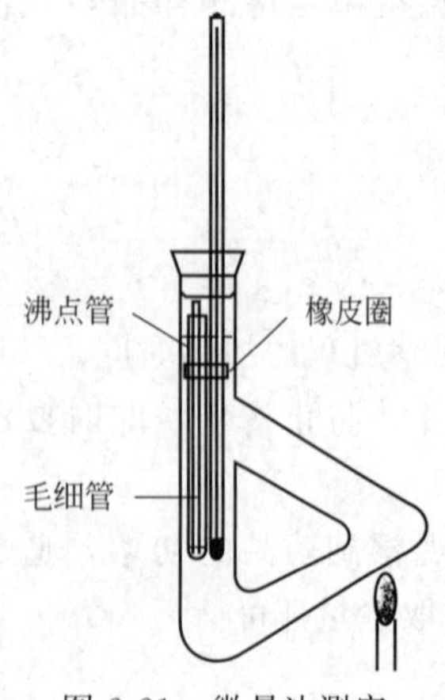

图 2-21 微量法测定沸点的装置

液体化合物的沸点测定法分为常量法和微量法两种。用常量法测定液体化合物沸点时，需要的样品量在 10mL 以上，用量较大。如果仅有少量样品（甚至少至几滴），选用微量法测定可以得到较满意的结果。本实验介绍微量法测定沸点，微量法测定沸点的装置见图 2-21。

【主要试剂及仪器】

试剂：无水乙醇、95%的乙醇、甘油。

仪器：沸点管、毛细管、温度计、橡皮圈、b形管、铁架台、酒精灯。

【实验内容】

1. 沸点管的准备及样品的填装

取一根内径约5mm、长6～8cm的沸点管。另取一根长约8cm、内径约1mm且上端封闭开口向下的毛细管作为内管。分别以无水乙醇和95%的乙醇为样品进行测定。

装样时先使沸点管略微温热，然后迅速地把开口一端插入待测的液体化合物中，这样利用大气压使少量液体吸入管内，然后将沸点管调转直立，使液体流到管底，样品高度为6～8mm，也可用细滴管把样品（2～3滴）装入沸点管，之后插入内管，最后将沸点管用橡胶圈固定在温度计上（图2-21），像熔点测定一样，把沸点管和温度计放入装有浴液的b形管内。

2. 沸点的测定

缓慢地加热热浴装置，使温度均匀地上升，当温度升高到样品沸点附近的时候，可以看到内管中有连串的小气泡不断地逸出，此时应停止加热，让浴温自行下降，随着温度的下降，气泡逸出速度放慢，且数量逐渐减少，当最后一个气泡将要缩入内管时，这时毛细管内液体的蒸气压与外界压力相等，此时的温度即为该液体的沸点，记录下这一温度。弃去沸点管中的液体，重新在其中装入样品，重复以上操作。

【注意事项】

1. 测定沸点时，如浴温超过样品沸点仍未观察到一连串的小气泡逸出，可能是毛细管未封闭好，应停止加热，更换毛细管后重新测定。

2. 样品量不宜过少，加热速度不宜过快，以防液体全部气化。

3. 为了测定数据的准确性，操作时观察现象要仔细、及时。

4. 沸点测定时，注意使温度计水银球位于b形管上下两叉口之间。

5. 控制升温速度，在浴温距粗测沸点10～15℃时，减缓加热速度，控制温度的上升速度在1～2℃/min的范围内，进行精确测定，可重复测定几次，几次测定的温度数据的误差应在±1℃以内。

【数据记录与处理】

沸点测定数据记录见表2-9。

表2-9 沸点测定数据记录 单位：℃

样品	1	2	3	平均值
无水乙醇				
95%的乙醇				

【思考题】

1. 如果加热速度过快，测定出来的沸点是否正确？

2. 为什么把最后一个气泡刚欲缩回至内管的瞬间温度作为该被测样品的沸点？

3. 微量法沸点测定与常量法沸点测定的结果有何不同？

实验十一 折射率的测定

【预习提示】

1. 折射率的定义。
2. 影响折射率的因素有哪些？
3. 测定液体化合物折射率有何用途？

【实验目的与要求】

1. 了解测定化合物折射率的意义。熟悉测定折射率的原理及阿贝折射仪的基本构造。
2. 掌握折射仪的使用方法。

【实验原理】

1. 基本原理

折射率是物质的重要光学常数之一，可借折射率来了解某液体物质的光学性能、纯度和浓度等。测定折射率常用到阿贝折射仪，阿贝折射仪是药物鉴定中常用的分析仪器，主要用于测定透明液体的折射率。

物质的折射率与入射光线的波长有关，也随温度的变化而变化，一般来说，温度每上升1℃，折射率会下降 $(3.5\sim5.5)\times10^{-4}$，折射率常用 n_D^t 表示。

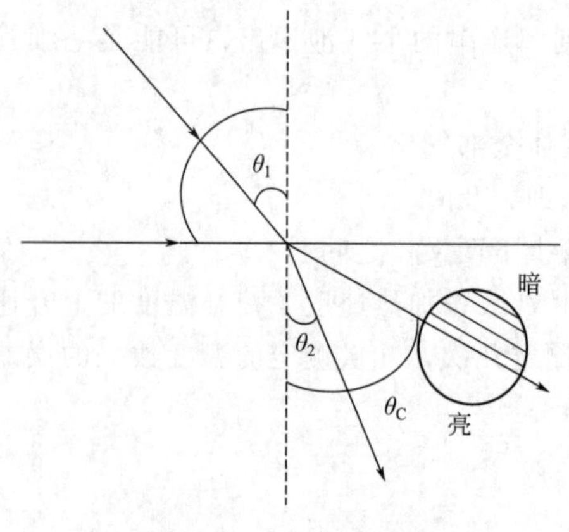

图 2-22 光的折射现象

光在不同介质中的传播速度是不相同的，且光路会发生改变。光线从一种介质进入另一种介质时，如果它的传播方向不与两种介质的界面垂直，则光的传播方向会发生改变，这种现象就称为光的折射现象，如图 2-22 所示。光在发生折射时，遵循折射定律：

$$n_1\sin\theta_1=n_2\sin\theta_2$$

显然，若 $n_1<n_2$，则 $\theta_1>\theta_2$。其中绝对折射率较大的介质称为光密介质，较小的称为光疏介质。当光线从光疏介质 1 进入光密介质 2 时，折射角 θ_2 恒小于入射角 θ_1，且 θ_2 随 θ_1 的增大而增大，当入射角 θ_1 增大到 90°时，折射角 θ_2 也增大到最大，此时的折射角 θ_C 称为临界角。若介质 2 为棱镜，则介质 2 的折射率为 $n_2=n_{棱镜}$（已知），如 $\theta_1=90°$ 时，$\sin\theta_1=1$，则 $n_1=n_{棱镜}\sin\theta_C$。

2. 仪器工作原理

图 2-23 是双目阿贝折射仪的结构，图 2-24 是单目阿贝折射仪的结构。阿贝折射仪的中心部件是由两块直角棱镜组成的棱镜组，下面一块是可以启闭的辅助棱镜，其斜面是磨砂的，液体试样可夹在辅助棱镜与测量棱镜之间，形成一薄层。光由光源再经反射镜反射到辅助棱镜，磨砂的斜面发生漫反射。

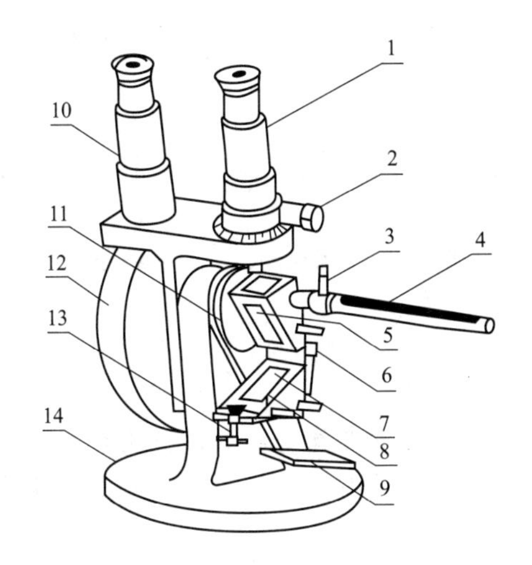

图 2-23　双目阿贝折射仪的结构

1—测量镜筒；2—阿米西棱镜手轮；3—恒温器接头；4—温度计；5—测量棱镜；6—铰链；7—辅助棱镜；8—加样孔；9—反射镜；10—读数镜筒；11—转轴；12—刻度盘罩；13—棱镜锁紧扳手；14—底座

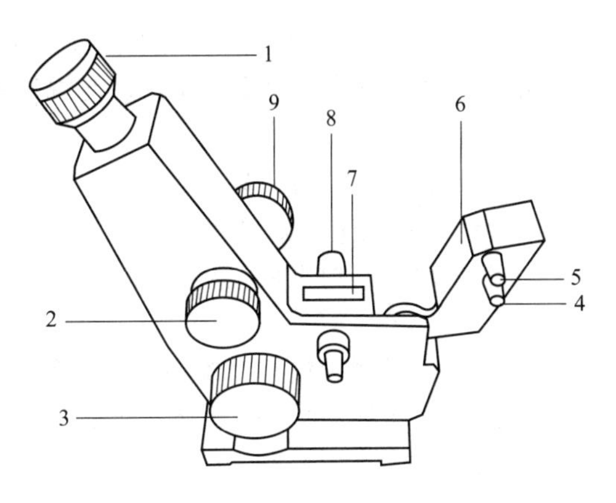

图 2-24　单目阿贝折射仪的结构

1—目镜；2—消除色散旋钮；3—棱镜转动旋钮；4—恒温水进水口；5—恒温水出水口；6—进光棱镜面；7—折射棱镜面；8—温度计接口；9—棱镜锁紧旋钮

入射光线以不同方向从液体试样层进入测量棱镜，从测量棱镜的直角边上才可观察到临界折射现象。转动棱镜组转轴的旋钮，调节棱镜组的角度，使临界线恰好落在测量望远镜视野的 X 形准丝交点上。刻度盘与棱镜组的转轴是同轴的，因此与试样折射率相应的临界角位置可通过刻度盘反映出来。刻度盘上的示值有两行，刻度视野图见图 2-25，一行数值是 1.3000～1.7000，它是在以日光为光源的条件下，将折射率的测量值直接换算成相当于钠光 D 线的折射率；另一行数值为 0～95%，它是工业上用折射仪测量固体物质（蔗糖）在水中浓度的标准。为使操作方便，阿贝折射仪光源并不是采用单色光，而是采用日光。日光通过棱镜时其不同波长的光的折射率不同，会产生色散，使临界线边缘模糊。因此在测量目镜的镜筒下面设计了一套消色散棱镜（Amici 棱镜），旋转消色散手柄，就可以消除色散现象。

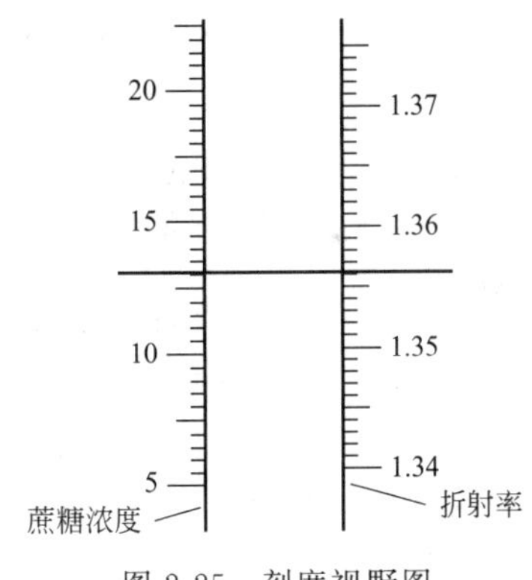

图 2-25　刻度视野图

3. 阿贝折射仪的使用方法

(1) 双目阿贝折射仪的使用方法

① 仪器的安装。将折射仪置于光线较好或靠窗的桌子上。但不要使仪器置于直照强烈的日光中，以避免液体试样迅速蒸发。用橡皮管将测量棱镜和辅助棱镜上的进水口与超级恒温槽串联起来，在折射仪对应的口连接上温度计。

② 校准仪器（用蒸馏水校准）。折射仪刻度盘上标尺的零点有时会发生移动，因此仪器在使用前，要先进行校正。一般采用蒸馏水（$n_D^{20}=1.3330$）或标准玻璃块（标准玻璃块标有折射率）进行校正。

③ 加样。打开锁钮，开启辅助棱镜，使其磨砂面处于水平位置，然后用滴定管小心滴加 2～3 滴无水乙醇或丙酮清洗镜面，分别用擦镜纸顺着某一方向擦干净。待镜面干燥后，用胶头滴管小心滴加 2～3 滴试样于辅助棱镜的毛玻璃镜面上，闭合辅助棱镜，旋紧锁钮。

若试样容易挥发，则可在两棱镜接近闭合时，从加液小槽中加入试样，然后闭合两棱镜，锁紧锁钮。

④ 对光。转动手柄，使刻度盘标尺上的示值为最小，然后调节反射镜，使入射光进入棱镜组，同时从测量望远镜中观察，使视场最亮。反射镜调好后，调节目镜，使视场准丝最清晰。

⑤ 粗调。转动棱镜转动旋钮手柄，使刻度盘标尺上的示值逐渐增大，直至观察到视场中出现彩色光带或黑白临界线。

⑥ 消色散。出现黑白临界线后，转动消色散手柄，使视场内呈现出一条清晰的明暗临界线。

⑦ 精调。微调棱镜转动旋钮手柄，使临界线恰好处于 X 形准丝交点上，若此时又呈微色散，必须重新微调消色散手柄，使临界线明暗清晰。调节过程中在右边目镜看到的图像颜色变化见图 2-26。

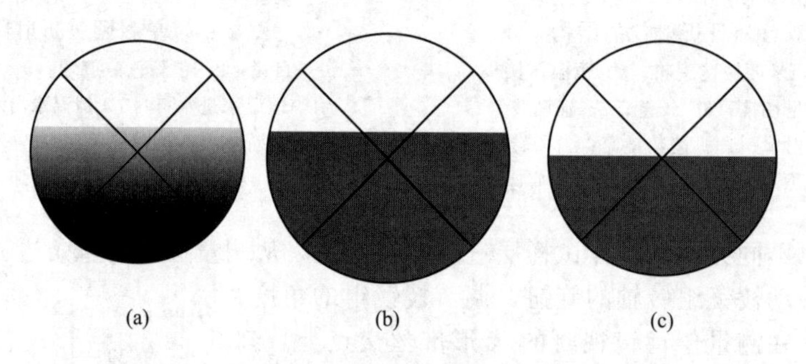

图 2-26 目镜视野图

(a) 未调节棱镜转动旋钮和消除色散旋钮前，在右边目镜看到的图像，此时颜色是发散的；(b) 调节棱镜转动旋钮直到出现有明显的分界线；(c) 调节测试旋扭使分界线经过交叉点为止并在左边目镜中读数

⑧ 读数。为保持刻度盘的清洁，折射仪的刻度盘一般装在罩内，读数时先打开罩壳上方的小窗，使光线能射入，然后从读数望远镜中读出标尺上对应的折射率值。由于眼睛在判断临界线是否处于准丝点交点上时容易产生疲劳，为减少人为偶然误差，应转动棱镜转动旋钮手柄，重复测定三次，三个读数相差要小于 0.0002，然后取三次测量值的平均值。试样的成分对折射率的影响是极其灵敏的，在测定折射率时，沾污或试样中易挥发成分的挥发，会使试样组分发生微小的改变，导致测量读数不准，因此测一个试样应重复取三次样，测定这三个样品的数据，再取其平均值。

(2) 单目阿贝折射仪的使用方法

① 在测定前必须用少许乙醇、乙醚或丙酮将进光棱镜及折光棱镜擦洗干净，以防残余的其他物质影响测定精确度。

② 采用蒸馏水或标准玻璃块校正仪器。

③ 将棱镜擦洗干净后，滴加 2～3 滴试样于进光棱镜面上，旋转棱镜手柄闭合两棱镜，要求液体均匀无气泡。

④ 调节反光镜，同时从测量望远镜中观察视场，使镜筒内视场最亮。并调节目镜，使视场准丝最清晰。

⑤ 调节棱镜转动旋钮手柄使棱镜转动，在测量镜筒中将观察到黑白分界线出现，若有彩色，则转动色散手轮消除，使分界线黑白分明，直至视场中黑白分界线与叉丝交点重合，观察读数棱镜视场右边所指示刻度值并读数，即为测出的折射率。

【主要试剂及仪器】

试剂：蒸馏水、无水乙醇、丙酮、乙酸乙酯。

仪器：阿贝折射仪、胶头滴管、擦镜纸。

【实验内容】

① 记录室温。若需测量在不同温度时液体的折射率，可将温度计旋入温度计插座内，并接上恒温器，调节至所需要的温度，待温度稳定后，按上述步骤进行测量。

② 仪器校正。采用蒸馏水（$n_D^{20}=1.3330$）进行校正。先用无水乙醇或丙酮擦洗仪器的进光棱镜和折光棱镜，再滴加2～3滴蒸馏水于进光棱镜面上，按上述仪器使用方法测定蒸馏水的折射率，测试三次，将三次结果的平均值与蒸馏水标准值比较，测出仪器误差Δn。

③ 用无水乙醇或丙酮将进光棱镜和折光棱镜擦洗干净。

④ 按上述仪器使用方法测定乙醇的折射率，重复测量三次，求出折射率的平均值，并用误差进行校正。

⑤ 重复以上实验步骤，换丙酮、乙酸乙酯等测试溶液，测定对应的折射率值。

【注意事项】

1. 阿贝折射仪的棱镜质地较软，用滴管滴加待测液时，切勿让胶头滴管的尖端碰到棱镜面上，以免将阿贝折射仪的棱镜划伤。并合棱镜时，应防止待测液层中存有气泡。

2. 清洗进光棱镜和折光棱镜，擦拭镜面时，只能采用擦镜纸轻轻擦拭，并且只能沿着一个方向擦拭，但切勿用滤纸，擦拭完毕也要用乙醇、丙酮或乙醚清洗镜面，等干燥后才能关闭棱镜。

3. 实验前，应首先用蒸馏水或标准玻璃块来校正阿贝折射仪的读数。

4. 使用阿贝折射仪测定固体的折射率时，接触液溴代萘的用量需适当，不能涂得太多，过多待测玻璃或固体容易滑下或损坏。

5. 阿贝折射仪不能测试酸性、碱性或腐蚀性液体的折射率。

6. 实验后，用清洁液（如乙醚、无水乙醇或丙酮等易挥发的液体）擦洗棱镜，擦干后整理放妥。

【数据记录与处理】

将测定的不同物质折射率填入表2-10和表2-11。

表 2-10 蒸馏水校正仪器误差

实验温度：$t=$______℃；$n_{D,水(理论)}^{t}=$______

蒸馏水	1	2	3	$n_{平均}$	Δn
折射率					

表 2-11 溶液折射率的数据

项目	物质折射率 n		
	乙醇	丙酮	乙酸乙酯
1			
2			
3			
$n_{平均}$			
$n_{校正}$			

【思考题】

1. 测定有机化合物折射率的意义是什么？
2. 影响折射率的因素有哪些？
3. 假如测得松节油的折射率为 $n_D^{30}=1.4710$，在25℃时其折射率的近似值是多少？

实验十二 旋光度的测定

【预习提示】

1. 预习旋光度测定的相关知识及操作。
2. 旋光度测定的用途有哪些？
3. 影响旋光度的因素有哪些？

【实验目的与要求】

1. 了解旋光仪的构造和旋光度的测定原理。
2. 掌握旋光仪的使用方法和比旋光度的计算方法。

【实验原理】

当一束单一的平面偏振光通过手性物质时，其振动方向会发生改变，此时光的振动面旋转一定的角度，这种现象称为旋光现象。物质的这种使偏振光的振动面旋转的性质叫做旋光性，具有旋光性的物质叫做旋光性物质或旋光物质。许多天然有机物都具有旋光性。由于旋光物质使偏振光的振动面旋转时，可以右旋（顺时针方向，记做“+”），也可以左旋（逆时针方向，记做“−”），所以旋光物质又可分为右旋物质和左旋物质。

一种物质的旋光度和旋光方向可用它的比旋光度来表示。溶液的比旋光度与旋光度的关系为：

$$[a]_D^t=\frac{a}{\rho l}$$

式中，$[a]_D^t$ 为比旋光度；t 为测定时的温度；D表示钠光（波长=589.3nm）；a 为密度 ρ 时的旋光度；ρ 为溶液的密度，g/mL；l 为样品管的长度，dm。

如果被测旋光性物质为纯液体，则：

$$[a]_D^t=\frac{a}{dl}$$

式中，d 为纯液体的密度，g/mL。

旋光仪用于测定旋光性化合物的旋光方向及旋光度，此方法可用于检测旋光性物质的纯度，也可以用来鉴定物质。

旋光仪的结构及工作原理见图2-27。单色光源（一般用钠光灯）发出的光，通过起偏镜（尼可尔棱镜）后，光转变为平面偏振光，简称偏振光。当偏振光通过装有旋光性物质的样品管时，由于旋光性物质对光具有一定的旋光性，其振动平面会旋转一定的角度。调节附有刻度的检偏镜，该检偏镜也是一个尼可尔棱镜，可使偏振光通过，检偏镜所旋转的度数大小显示在刻度盘上，读出刻度盘上的读数，即样品的实测旋光度 a。

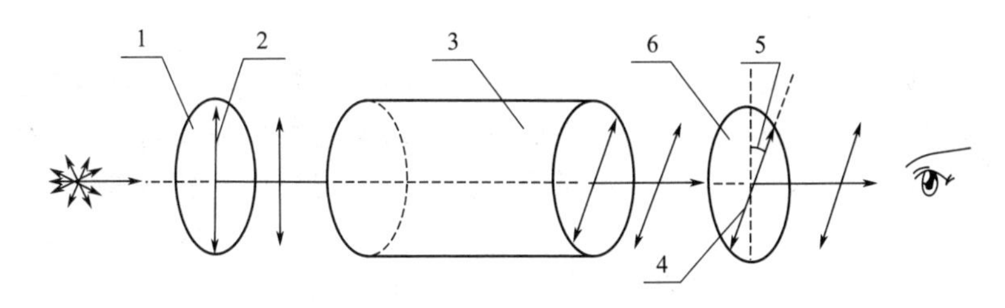

图 2-27 旋光仪的结构及工作原理

1—起偏镜；2—起偏镜偏振化方向；3—盛液管；4—检偏镜偏振化方向；5—旋光角；6—检偏镜

为准确判断旋光度的大小，测定时通常在视野中分出三分视场。从目镜中可观察到的旋光仪的三分视场图见图 2-28。

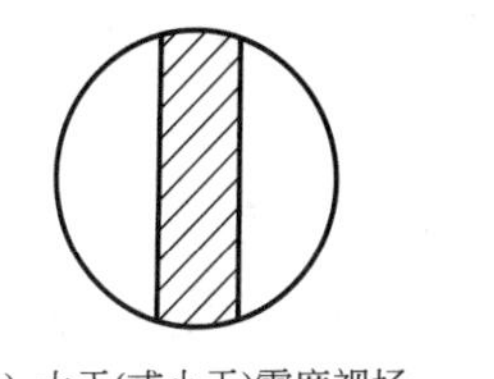

(a) 大于(或小于)零度视场

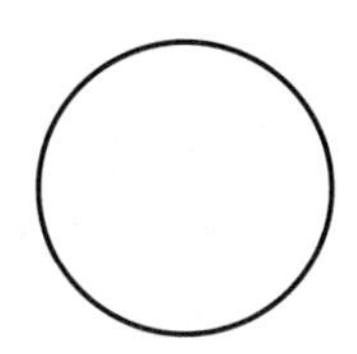

(b) 零度视场

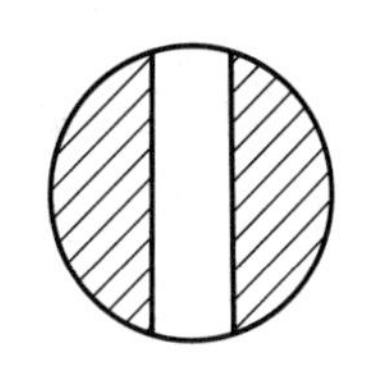

(c) 小于(或大于)零度视场

图 2-28 旋光仪的三分视场

在测定物质的旋光度时，若检偏镜的偏振面与起偏镜的偏振面平行时，可观察到三分视场的中间较暗，两旁较明亮，如图 2-28(a) 所示；当检偏镜的偏振面与通过棱镜的光的偏振面平行时，通过目镜可观察到三分视场的中间明亮，两旁较暗，如图 2-28(c) 所示；只有当检偏镜的偏振面处于 $1/2\varphi$（半暗角）的角度时，通过目镜可观察到明暗相等的均一视场，如图 2-28(b) 所示。测定物质的旋光度时，要调节视场内明暗相等的均一视场，以使观察结果准确。测定时，一般选取较小的半暗角较好，因为人的眼睛对弱照度的变化比较敏感，且视野的照度随半暗角的减小而变弱，所以在测定中旋光度测量值在几度到几十度的测量区间比较准确。

测定时，旋转调节手轮，调整检偏镜刻度盘，调节至视场成明暗相等的均一视场，最后读取刻度盘上所示的刻度值。

【主要试剂及仪器】

试剂：蒸馏水、10%葡萄糖溶液、浓度未知的葡萄糖溶液。

仪器：旋光仪。

【实验内容】

1．预热仪器

将旋光仪插上电源，开机预热 5～10min，使钠光灯发光稳定。

2．装液

将盛液管清洗干净后，用少量蒸馏水润洗 2～3 次，向测定管中注入蒸馏水，并使管口蒸馏水液面呈凸面。将护片玻璃沿管口边缘迅速平推盖好，以免管内留存有气泡，装上橡皮垫圈，再适当拧紧螺帽至测定管不漏水，如果太紧会使玻片产生应力，影响测定准确度。最后用洁净的软布擦净盛液管外壁，如盛液管内有气泡（气泡不能太大），应将气泡赶至管颈凸出处。

3. 旋光仪的零点校正

旋光仪接通电源，钠光灯发光稳定后（至少 5min），将装满蒸馏水的盛液管放入旋光仪中，先校正目镜的焦距，使视野清晰，再旋转手轮，缓慢调整检偏镜刻度盘，使视场中三分视场的明暗程度一致，读取刻度盘上所示的刻度值。按上述操作反复操作三次，取其平均值作为零点或零点偏差值。

旋光仪采用双游标卡尺读数，以消除仪器刻度盘的偏差。刻度盘分成左右两个半圆，分别标出 0°～180°，固定游标分成 20 等份。读数时，先读整数值，即游标的 0 刻度落在刻度盘上的位置；再读小数位，可用游标卡尺的刻度盘画线重合的方法，读出游标卡尺上的数值（可读出两位小数）。如图 2-29 所示，游标的 0 刻度指在刻度盘的 9 与 10 之间，且游标的第 6 格与刻度盘某一格恰好完全对齐，因此其读数为 $a=+(9.00°+0.05°\times 6)=9.30°$。

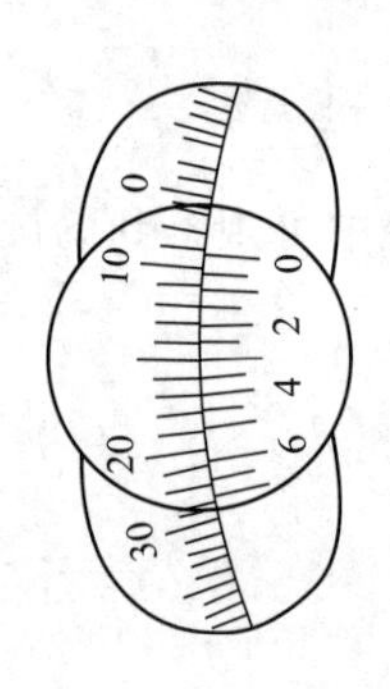

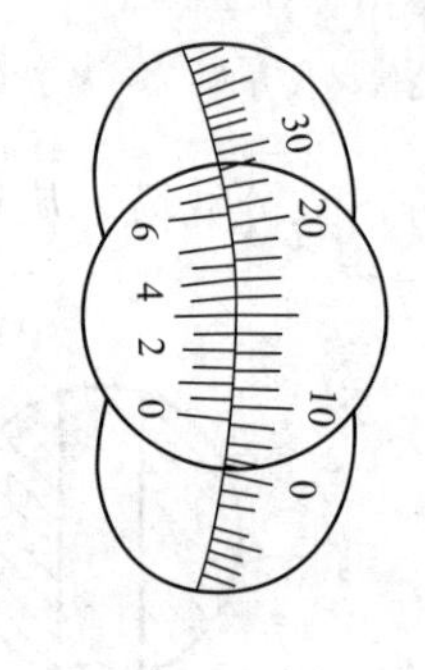

图 2-29　刻度盘旋光仪的双游标卡尺读数

4. 样品旋光度的测定

将盛液管清洗干净后，用待测液润洗 2～3 次，按上述方法向测定管中注入待测液，擦拭干管壁，将装满待测液的样品管放入旋光仪内，关闭旋光管槽的盖，旋转粗调和微调旋钮，调至视场内明暗相等，按游标卡尺读数原理记下读数，同一样品重复测定 3 次，取其平均值，即为旋光度的测量值，用测量值减去零点值，即为该样品校正后真正的旋光度。例如，仪器的零点值为 $-0.05°$，样品旋光度的测量值为 $+9.65°$，则样品真正的旋光度为 $a=+9.65°-(-0.05°)=+9.70°$。

5. 测定项目

① 用 1dm 或 2dm 长的样品管测定某已知浓度的葡萄糖溶液的旋光度，根据比旋光度与旋光度之间的关系，计算其比旋光度。

② 用同样长度的样品管测定未知浓度的葡萄糖溶液的旋光度，由葡萄糖的比旋光度计算未知溶液的浓度。

③ 测定完毕后，关闭电源，将样品管洗净擦干，放入指定位置。

【注意事项】

1. 样品管应轻拿轻放，注意不要打碎。

2. 所有镜片，包括样品管两头的护片玻璃都不能用手直接擦拭，应用柔软的绒布或镜头纸进行擦拭，以免影响测试结果。

3. 只能在同一方向转动刻度盘手轮时读取旋光度示值，而不能在来回转动刻度盘手轮时读取示值，以免产生回程误差。

【数据记录与处理】

1. 葡萄糖溶液的旋光度测定数据记录见表 2-12。

表 2-12　葡萄糖溶液的旋光度测定数据记录

项目	1	2	3
$a_{蒸馏水}$			
$\overline{a}_{蒸馏水}$			

续表

项目	1	2	3
$a_{1(已知浓度葡萄糖)}$			
$a_{1校正}$			
$\overline{a}_1$			
$[a]_D^t$			
$a_{2(未知浓度葡萄糖)}$			
$a_{2校正}$			
$\overline{a}_2$			
$\rho_{未知浓度葡萄糖}$			

2. 计算未知浓度葡萄糖溶液的浓度。

【思考题】

1. 已知葡萄糖在水中的比旋光度为+52.69°，将某一浓度葡萄糖溶液放在1dm长的样品管中，在20℃时，测得其旋光度为+2.80°，试计算该葡萄糖溶液的浓度是多少。

2. 测定溶液旋光度的意义有哪些？

3. 影响旋光度的因素有哪些？

第三章 天然产物的提取实验

实验十三 从茶叶中提取咖啡因

【预习提示】

1. 索氏提取器的使用。
2. 升华的定义及操作。

【实验目的与要求】

1. 学习从茶叶中提取咖啡因的基本原理和方法，了解咖啡因的一般性质。
2. 掌握用索氏提取器提取有机物的原理和方法。
3. 熟练掌握过滤、蒸馏、升华、熔点测定等实验操作技术。

【实验原理】

1. 咖啡因的主要性质和用途

咖啡因又称咖啡碱、茶素，1820 年由林格最初从咖啡豆中提取得到，其后在茶叶、冬青茶中亦有发现；1895～1899 年由易・费斯歇及其学生首先完成合成过程。工业生产上，我国在 1950 年从茶叶中提取到了咖啡因，1958 年开始采用合成法生产咖啡因。

咖啡因具有刺激心脏、兴奋大脑神经和利尿等作用，因此，临床上常将其作为中枢神经兴奋药；它也是复方阿司匹林（APC）等药物的组分之一。

2. 提取原理和方法

通过提取，可将所需要的成分尽可能多地提取出来，而不要的成分尽可能少地提取。一般常见的提取法有溶剂提取法、水蒸气蒸馏法、升华法等；分离法有溶剂分离法、萃取法、盐析法、离子交换法、透析法、层析法等，在实际操作中，经常需要将数种提取分离法配合使用，才能达到预期的目的。

往往利用适当的溶剂（如氯仿、乙醇、苯、二氯甲烷等）提取茶叶中的咖啡因。咖啡因的溶解性：1g 咖啡因可溶于 46mL 水、5.5mL 热水（80℃）、1.5mL 沸水、66mL 乙醇、

22mL 热乙醇（60℃）、50mL 丙酮、5.5mL 氯仿、530mL 乙醚、100mL 苯、22mL 沸苯。咖啡因极易溶于吡咯及含 4%水的四氢呋喃。

本实验采用乙醇为溶剂，在索氏提取器中连续抽提，然后蒸去溶剂，即得粗咖啡因。

索氏提取器的原理：利用溶剂回流和虹吸，使固体物质每一次都能被纯的溶剂所萃取，因而效率高。

本实验采用 95%乙醇进行索氏提取粗提，采用升华法进行精制。

物质自固态不经过液态而直接转变成蒸气的过程，称为升华。升华是提纯某些固体化合物的方法之一。其基本原理是利用固体的不同蒸气压，将不纯样品在熔点以下加热，使其从固态直接转变为蒸气，然后蒸气遇冷直接凝结（结晶）成固体，而没有液态中间过程出现的两步操作。

升华往往可以得到高纯度的化合物。利用升华可除去不挥发杂质或分离不同挥发度的固体混合物，但是被升华的物质在低于熔点下，必须具有相当高的蒸气压（高于 20mmHg），只有少数物质具备这种性质，所以该纯化方法的应用受到了限制。升华操作时间长，固体冷凝物处理困难，损失大，一般用于少量物质（1～2g）的纯化。

咖啡因在 100℃时即失去结晶水，并开始升华，120℃升华显著，至 178℃时升华很快。无水咖啡因的熔点为 234.5℃。因此可以利用升华的方法对粗提的咖啡因产品进行精准纯化。

【主要试剂及仪器】

试剂：茶叶末（10g/组）、95%乙醇、生石灰。

仪器：电热套、索氏提取器一套、锥形瓶一只、旋转蒸发仪一套、大、小两只瓷质蒸发皿、玻璃漏斗、脱脂棉少量、大号缝衣针、滤纸、沙子、标签纸、烧杯。

【实验内容】

1. 索氏提取器抽提

在 250mL 圆底烧瓶中加沸石后上接索氏提取器，将装有 10g 茶叶末（研细）的纸套筒（凹面朝上）放入索氏提取器中，搭建完成的装置如图 3-1 所示。加入适量的 95%乙醇进行第一次浸提，注意观察虹吸现象（以乙醇的量比刚好实现虹吸要多出 20mL 左右为准）。

装上冷凝管，接通冷凝水后加热蒸馏烧瓶，连续提取至提取液变得很淡时（约发生 10 次虹吸），可在提取器内的液体刚虹吸下去时，立即停止加热。

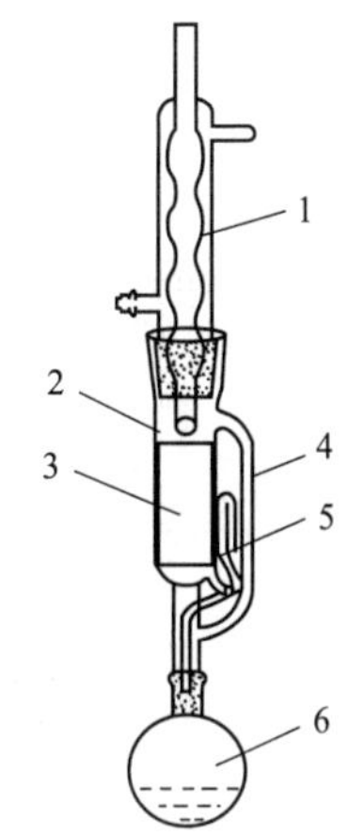

图 3-1　索氏提取器
1—冷凝管；2—提取器；3—滤纸筒；4—侧管；5—虹吸管；6—蒸馏烧瓶

2. 浓缩

将上述获得的提取液转移到旋转蒸发仪的蒸馏瓶中集中浓缩，待剩余液为 20mL 左右时即可停止蒸馏，得浓缩粗咖啡因液。也可搭建简单蒸馏装置，蒸出乙醇从而进行浓缩。

3. 中和

将浓缩粗咖啡因液倒入蒸发皿中。烧瓶用少量的乙醇荡洗，并入蒸发皿，加入 3g 生石灰粉，搅拌均匀。

4. 焙炒除水

可在一个小烧杯中放入小半杯的水，烧杯放在电热套中加热，然后将装有粗咖啡因浓缩液的蒸发皿置于烧杯口，利用蒸气浴来加热蒸发皿。将蒸发皿中粗咖啡因浓缩液在蒸气浴上边加热边搅拌，至蒸干至小块状。将蒸发皿放在石棉网上，块状固体要用玻璃塞研细。注意不能用明火，刚开始加热不能太快，否则会暴沸。

将瓷质大蒸发皿中装入细沙，置于电热套中加热，温度计埋入沙中监测温度，使沙浴的细沙温度不超过 150℃。瓷质小蒸发皿放在瓷质大蒸发皿的沙浴中继续小火焙炒，除尽水分，粉末一定要足够干燥。

5. 升华

如图 3-2 所示，仅将加热方式改为沙浴加热。把放有样品的蒸发皿上盖上一张已刺有许多小孔的滤纸，然后放在预先加热的沙浴中，再用一个颈部塞有脱脂棉的玻璃漏斗盖在滤纸上，搭好装置进行升华。漏斗颈部的棉花要塞紧，以防升华的蒸气逸散到空气中造成损失。滤纸要有足够的孔洞面积，以利于蒸气升腾，且应使滤纸孔洞毛刺口朝上。在纸上出现白色毛状结晶时，停止加热。

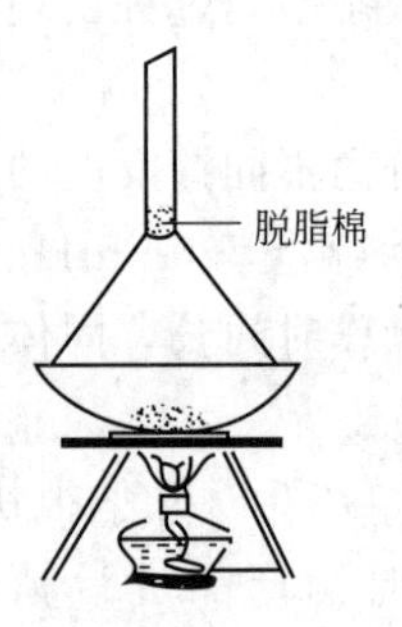

图 3-2 简易升华装置

升华初期，漏斗壁上会有水汽产生，应用棉花擦干。冷却至 100℃左右，揭开漏斗和滤纸，仔细地把附在纸上及器皿周围的咖啡因用小刀刮下，残渣经拌和后用较大的火再加热片刻，使升华完毕。当出现褐色烟雾，立即停止加热。热的蒸发皿不能直接放到桌面上，以免烫坏桌面。合并两次收集的咖啡因，称重后测定熔点。

6. 产品检测

无水咖啡因的熔点为 234.5℃，178℃时快速升华。咖啡因的检测通常采用紫外分光光度法，也可以采用高效液相色谱法和红外光谱法。

咖啡因的红外光谱图和核磁氢谱图分别如图 3-3 和图 3-4 所示。

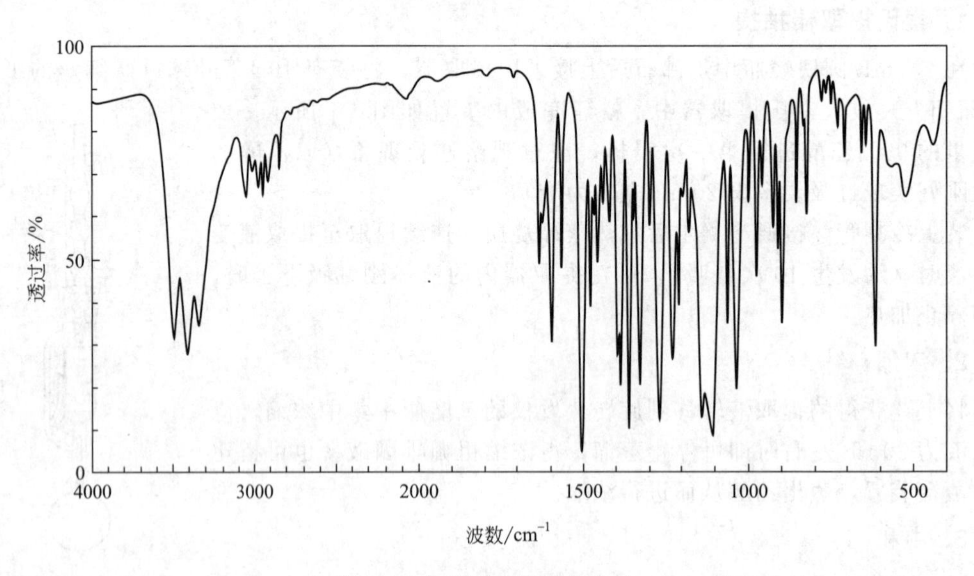

图 3-3 咖啡因的红外光谱图

【注意事项】

1. 索氏提取器为配套仪器，其任一部件损坏将会导致整套仪器的报废，特别是虹吸管

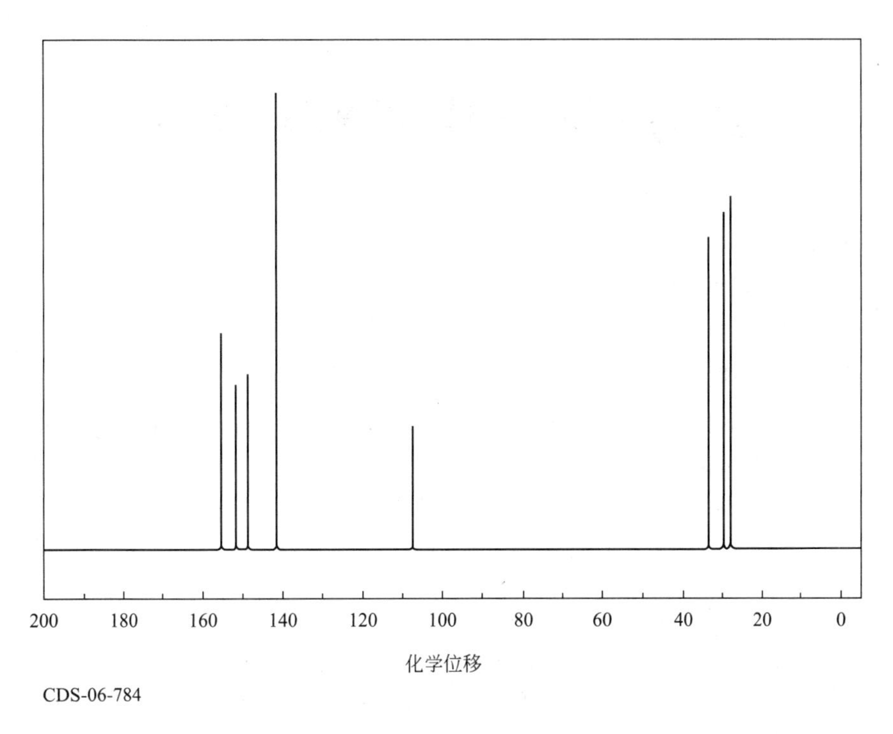

图 3-4　咖啡因的核磁氢谱图

极易折断，所以在安装仪器和实验过程中须特别小心。

2. 用滤纸包茶叶末时要严实，防止茶叶末漏出而堵塞虹吸管；滤纸包大小要合适，既能紧贴套管内壁，又能方便取放，且其高度不能超出虹吸管高度。纸套筒折成凹形，以保证回流液均匀浸润被萃取物。若套筒内萃取液色浅，即可停止萃取。

3. 升华初期，漏斗壁上会有水汽产生，应用棉花擦干。当出现褐色烟雾，立即停止加热。热的蒸发皿不能直接放到桌面上，以免烫坏桌面。

4. 升华操作是本实验成败的关键。升华过程中，始终需用小火间接加热。温度太低，升华速度较慢，温度太高，易使产物发黄（分解）。

5. 浓缩萃取液时瓶中乙醇不可蒸得太干，否则因残液很黏而难于转移，造成损失。拌入生石灰要均匀，生石灰除可吸水外，还可中和除去部分酸性杂质（如鞣酸）。

【数据记录与处理】

产品的外观：______________

产品的质量：______________

产品的熔点：______________

【思考题】

1. 为什么用茶叶末而不用完整茶叶？

2. 索氏提取器的萃取原理是什么？与一般浸泡萃取相比它有哪些优点？

3. 除可用乙醇萃取咖啡因外，还可采用哪些溶剂萃取？

实验十四 从黄连中提取黄连素

【预习提示】

1. 从中草药中提取生物碱的原理和方法。
2. 索氏提取器抽提的方法。

【实验目的与要求】

1. 学习从中草药中提取生物碱的原理和方法，进一步练习索氏提取器连续抽提的方法。
2. 进一步熟练和掌握减压蒸馏操作。
3. 掌握利用重结晶法对物质进行分离提纯的操作。

【实验原理】

1. 黄连的主要性质和用途

黄连是我国著名药材之一，黄连中含有多种生物碱，除以黄连素（俗称小檗碱，berberine）为主要有效成分外，还含有黄连碱、甲基黄连碱、棕榈碱和非洲防已碱等。黄连中黄连素的含量为4％～10％。含黄连素的植物很多，如黄柏、三颗针、伏牛花（川滇小檗的花）、白屈菜、南天竹等均可作为提取黄连素的原料，但以黄连和黄柏含量为高。

黄连素俗称小檗碱，是中药黄连等的主要有效成分，抗菌能力很强。黄连素是一种具有多种功效的常用中药，对急性结膜炎、口疮、急性细菌性痢疾、急性肠胃炎等均有很好的疗效。

2. 提取原理和方法

黄连素存在下列三种互变异构体：

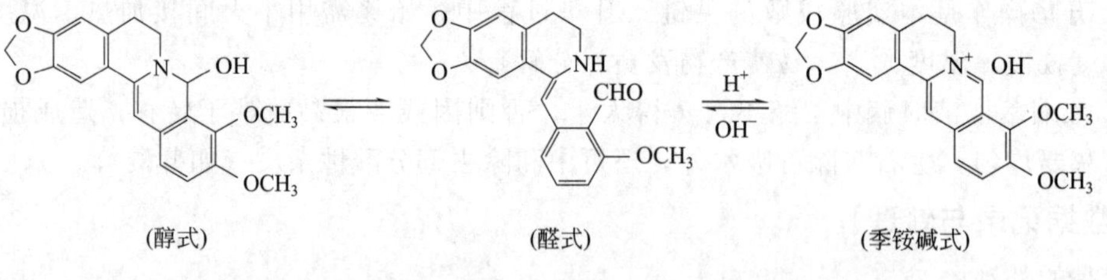

(醇式) (醛式) (季铵碱式)

但在自然界中黄连素多以季铵碱的形式存在。

黄连素是黄色的针状结晶，微溶于水和乙醇，较易溶于热水和热乙醇中，几乎不溶于乙醚。黄连素盐酸盐难溶于冷水、易溶于热水，而黄连素硫酸盐则易溶于水中。

本实验中黄连素的提取原理和茶叶中咖啡因的提取在前期是类似的，利用黄连素的溶解性能选取适当溶剂，在索氏提取器中连续抽提，然后蒸去溶剂，即得黄连素粗品。后期利用黄连素盐酸盐难溶于冷水的性质进一步纯化。

【主要试剂及仪器】

试剂：黄连、95％乙醇、浓盐酸、醋酸、pH试纸、冰块、石灰乳、丙酮、浓硫酸、浓硝酸、30％ NaOH。

仪器：索氏提取器一套、减压蒸馏装置、烧杯、布氏漏斗、抽滤瓶、电炉、蒸发皿、温度计、量筒、滤纸和滤纸筒、电子天平、恒温水浴锅。

【实验内容】

1. 索氏提取器抽提

在 250mL 圆底烧瓶中加沸石后上接索氏提取器，将装有 10g 已磨细的黄连粉末（或碎片）的纸套筒（凹面朝上）放入索氏提取器中，加入适量的 95%乙醇进行第一次浸提，注意观察虹吸现象（以乙醇的量比刚好实现虹吸要多出 20mL 左右为准）。

装上冷凝管，接通冷凝水后加热蒸馏烧瓶，连续提取至提取液变得很淡时，可在提取器内的液体刚虹吸下去时，立即停止加热。连续抽提需要 1～1.5h。

2. 浓缩

蒸馏烧瓶中补加沸石，搭建减压蒸馏装置，蒸出乙醇进行浓缩。至烧瓶中残留物呈棕红色糖浆状停止蒸馏，得到黄连素的浓缩液。

3. 除杂

黄连素的浓缩液转移到烧杯中，加入 1%醋酸 20～30mL，加热至溶解，并趁热抽滤，除去不溶于酸的杂质。

4. 盐酸盐的析出

向滤液中滴加 8～10mL 浓盐酸，至溶液浑浊为止。冷却后将装有滤液的烧杯放置到冰水浴中冷却，即有黄色针状的黄连素盐酸盐析出。抽滤，将得到的结晶用冰水洗涤两次，再用丙酮洗涤一次即得黄连素盐酸盐粗品。

5. 重结晶

将粗产品（未干燥）放入 100mL 烧杯中，加入 90℃以上热水至刚好溶解完，滤液用盐酸调节 pH 值为 2～3，室温下放置过夜（12h 左右），即有较多橙黄色结晶析出，抽滤，滤渣用少量冷水洗涤两次，50～60℃烘干即得成品。

6. 定性检测

黄连素被硝酸等氧化剂氧化，转变为樱红色的氧化黄连素。可取实验粗品少许，加 2mL 浓硫酸溶解后，加几滴浓硝酸，观察溶液颜色的变化，最后溶液呈樱红色可间接说明粗品含黄连素。

黄连素在强碱中部分转化为醛式黄连素，在此条件下再加几滴丙酮，即可发生缩合反应，生成黄色沉淀（丙酮与醛式黄连素的缩合产物）。

可取实验粗品少许，加 5～10mL 水加热溶解后加几滴 30% NaOH 溶液至呈碱性，溶液过滤后得澄清橙色滤液，在滤液中加几滴丙酮，可观察到溶液变浑浊，生成黄色沉淀可间接说明粗品含黄连素。

黄连素的熔点为 204～206℃。

硫酸黄连素的红外光谱图和核磁氢谱图分别如图 3-5 和图 3-6 所示。

【注意事项】

1. 使用索氏提取器时应注意虹吸管的安全，包黄连素的滤纸包的高度不能超过虹吸管最高处。

2. 盐酸盐有明显的黄色固体析出，若晶体不明显可以再次结晶或者在重结晶过程中观察晶形。

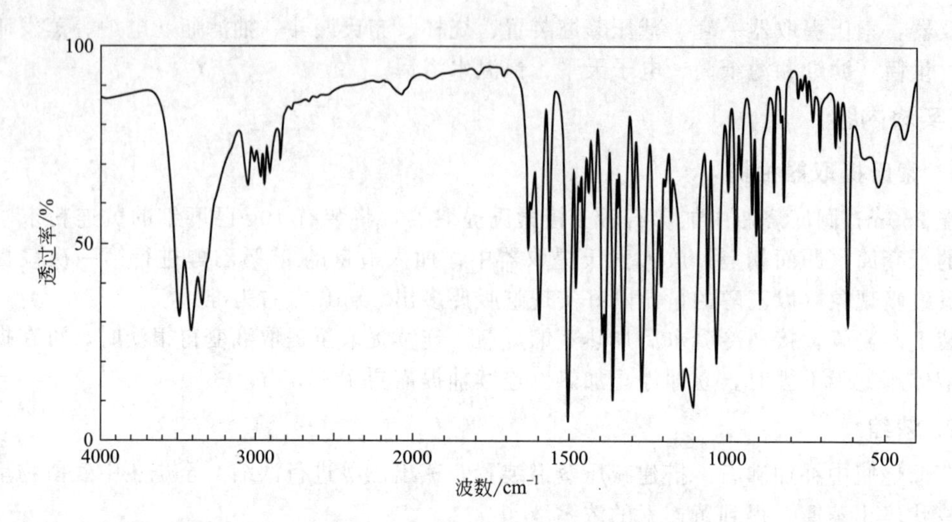

图 3-5 硫酸黄连素的红外光谱图

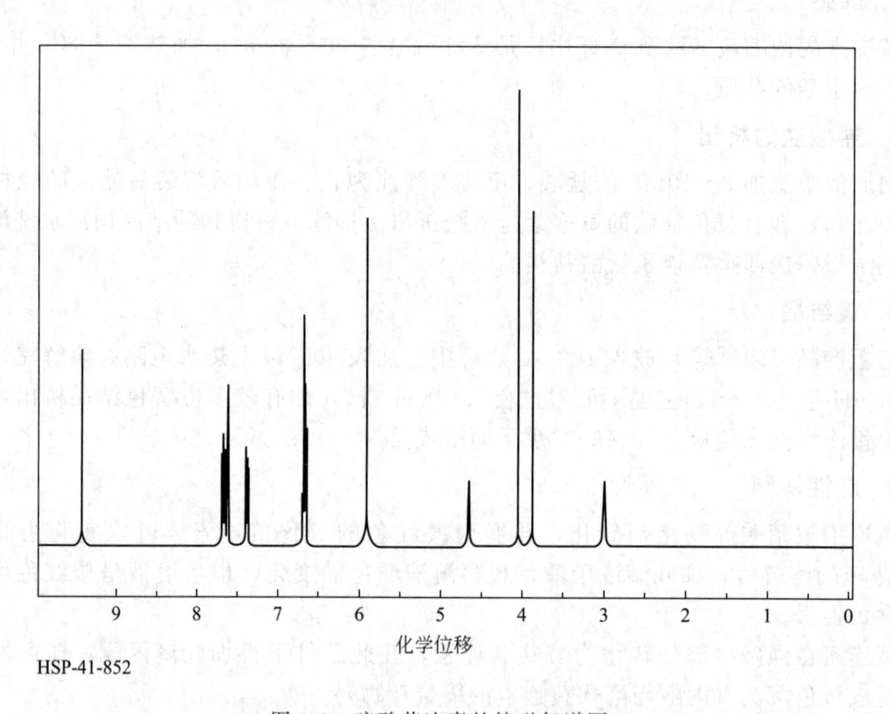

图 3-6 硫酸黄连素的核磁氢谱图

3. 黄连素的提取还可以采用硫酸浸提法：取黄连、黄柏破碎成粉，用 0.5%硫酸水溶液浸泡 24h，经常予以搅拌。将浸泡液进行过滤，滤液为黄连素的硫酸盐，加石灰乳，调节滤液 pH 值至 8～9，使硫酸根与石灰中和生成硫酸钙沉淀，药材中其他杂质也随之沉淀：吸取上层清液以供盐析。

【数据记录与处理】

产品的外观：________

产品的质量：________

产品的收率：________

【思考题】

1. 是否可以用水作黄连素的提取溶剂？如果可以为什么通常用乙醇而不用水？

2. 硫酸浸提法中，从黄连中提取黄连素用石灰乳调节 pH 值，为什么不能用氢氧化钠（钾）代替？

3. 民间有句俗话：哑巴吃黄连，有苦说不出。味苦的黄连正因为它苦的成分而具有高的医用价值。请问这个成分是什么？水煮黄连的溶液是什么颜色？

实验十五 从橙皮中提取柠檬烯

【预习提示】

1. 水蒸气蒸馏的定义、原理和方法。

2. 旋光度和熔点的测定方法。

【实验目的与要求】

1. 学习水蒸气蒸馏法提取植物中挥发性有机物的基本原理和方法。

2. 掌握用水蒸气蒸馏法提取柠檬烯的实验方法和原理。

3. 进一步熟练分液、旋光度测定、熔点测定等实验操作技术。

【实验原理】

1. 柠檬烯的主要性质和用途

柠檬烯是一种单环萜类，分子中有一个手性中心。其 *S*-(－)-异构体存在于松针油、薄荷油中；*R*-(＋)-异构体存在于柠檬油、橙皮油中；外消旋体存在于香茅油中。

柠檬烯在工业生产上用作香料的原料，用于调制化妆品、皂用及洗涤剂用香精。柠檬烯还具有医用价值，动物实验显示其具有良好的镇咳、祛痰、抑菌作用，复方柠檬烯在临床上用于利胆、溶石、促消化液分泌和排除肠内积气。另外，在新型医药应用方面，国外已有功效显著的 D-柠檬烯减肥药问世。

2. 提取原理和方法

植物的花、叶、茎、根或果实中常常含有药用或有香味的挥发性有机物，可以将其提取出来方便进一步的生产加工和应用。通常的提取方法有水蒸气蒸馏法、浸提法、挤压法、溶剂抽提法等。

在工业上经常用水蒸气蒸馏的方法来收集精油，柠檬、橙子和柚子等水果果皮通过水蒸气蒸馏得到的精油，其主要成分（90％以上）是柠檬烯。

实验即采用水蒸气蒸馏法，从橙子皮中将植物精油柠檬烯提取出来，再用二氯甲烷萃取，蒸去二氯甲烷以获得精油。然后测定其折射率、比旋光度，分析其中柠檬烯的含量。

【主要试剂及仪器】

实验材料和试剂：橙子皮、自来水、二氯甲烷、乙醇、无水硫酸钠。

仪器：电热套、具支单口圆底烧瓶、三口圆底烧瓶、安全管、T 形管、螺旋夹、导气管、玻璃塞、蒸馏弯头、冷凝管、尾接管、单口圆底烧瓶、分液漏斗、具塞锥形瓶、移液枪、容量瓶、升降台、打浆机、旋转蒸发仪、水泵。

【实验内容】

1. 水蒸气蒸馏

将 2～3 个橙子的橙皮略撕碎放入打浆机，再加入约 20mL 水打成橙子皮浆，投入 250mL 三口圆底烧瓶中，按照图 3-7 安装水蒸气蒸馏装置。图 3-8 是金属水蒸气发生装置示意图。

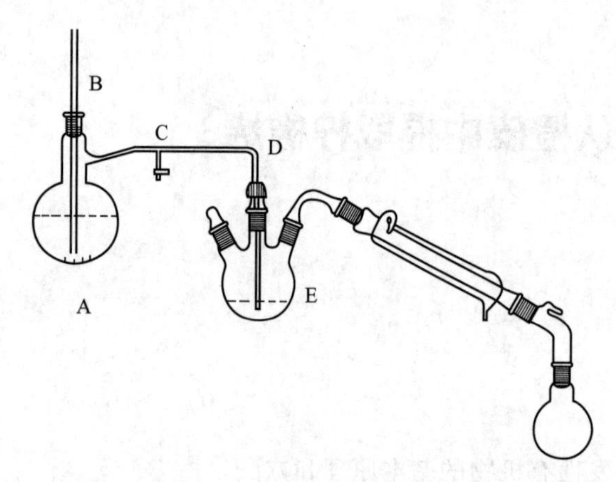

图 3-7 水蒸气蒸馏装置

A—水蒸气发生器；B—安全管；C—三通管；
D—水蒸气导入管；E—蒸馏烧瓶

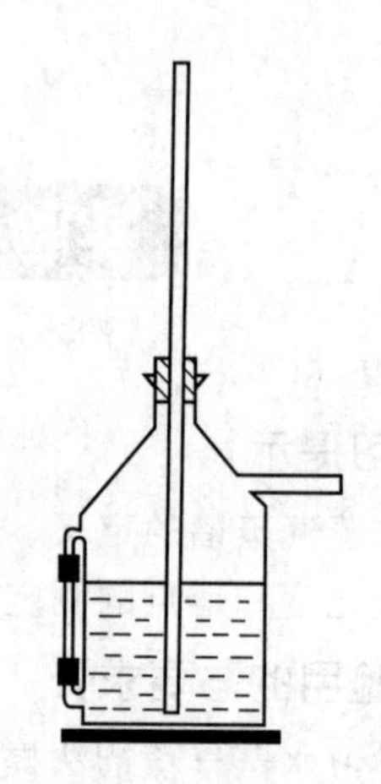

图 3-8 金属水蒸气发生装置

先松开弹簧夹，加热水蒸气发生器至水沸腾，三通管的支管口有大量水蒸气冒出时夹紧弹簧夹，开冷凝水，水蒸气蒸馏即开始进行。仔细观察，可观察到在馏出液的水面上有一层很薄的油层。当观察到尾接管处馏出液上方没有油珠，即可松开弹簧夹，然后停止加热。

2. 分液与萃取

将馏出液加入分液漏斗中，每次用 10mL 二氯甲烷萃取 3 次，合并萃取液，置于干燥的 50mL 具塞锥形瓶中，加入适量无水硫酸钠干燥 30min 以上。

将干燥好的溶液滤入 50mL 蒸馏烧瓶中，在旋转蒸发仪冷凝管凹槽中放置冰块，采用旋转蒸发仪进行减压蒸馏，以除去残留的二氯甲烷。最后瓶中只留下少量橙黄色液体，这些橙黄色液体即为橙子皮精油。

3. 产品检测

测定橙子皮精油的折射率。

用移液枪取 0.5～1mL 所得精油至 25mL 容量瓶中，用乙醇定容，测其旋光度并计算比旋光度。

右旋柠檬烯的相对密度为 0.842，常压下沸点为 175.5～177℃，折射率（20℃测定）为 1.471～1.474，比旋光度为＋123.8°。

【注意事项】

1. 橙皮最好是新鲜的，如果没有，干的亦可，但效果较差。
2. 也可用 500mL 单口圆底烧瓶加入橙皮浆后补加 250mL 水，直接进行水蒸气蒸馏。
3. 萃取需要在通风橱中进行。

【数据记录与处理】

产品的性状：____________

产品的折射率：____________

纯柠檬烯的旋光度：____________

产品的旋光度：____________

【思考题】

1. 发现橙皮颗粒堵住水蒸气导入管，安全管内液体迅速上升，应该怎么办？
2. 不用萃取步骤，可否直接将馏分进行旋蒸分离提纯柠檬烯？为什么？

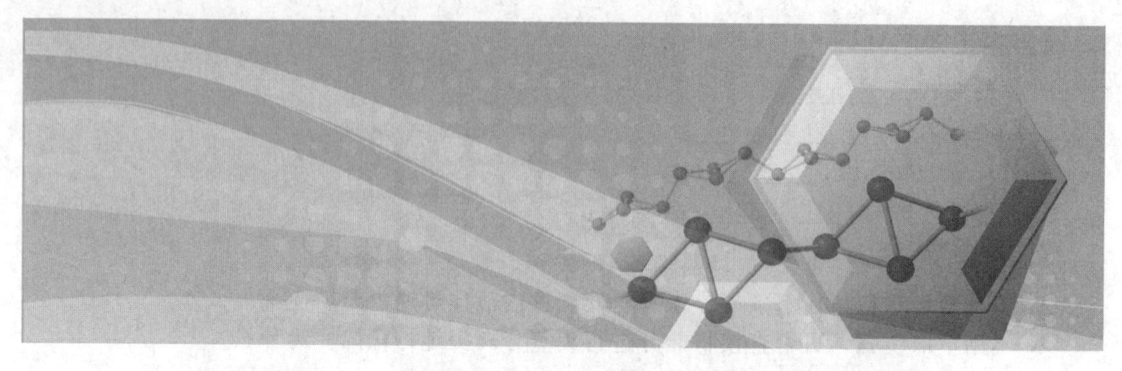

第四章 有机化合物的性质实验

实验十六 醇、酚的性质及鉴定

【预习提示】

1. 预习醇分别与卢卡斯试剂、氢氧化铜及高锰酸钾等试剂反应的原理。
2. 预习酚的特征反应。

【实验目的与要求】

1. 熟悉醇和酚的化学性质及差异。
2. 掌握醇和酚的化学鉴定方法。

【实验原理】

醇和酚的分子结构中都含有羟基（—OH），但是醇中的羟基是与脂肪烃基相连的（称为醇羟基），酚中的羟基是与芳环直接相连的（常称为酚羟基）。由于羟基所连的烃基结构不同，且酚羟基与芳环之间存在着 p-π 共轭现象，因此，醇和酚在化学性质上有很多差异。

1. 醇与金属钠反应

醇羟基的氢活泼，醇与水相似，能与活泼金属钠、钾、镁等反应。

$$2ROH + 2Na \longrightarrow 2RONa + H_2\uparrow$$

2. 醇的氧化

伯醇、仲醇能被高锰酸钾、重铬酸钾或铬酸等氧化剂氧化。当用高锰酸钾、重铬酸钾氧化伯醇或仲醇时，伯醇先被氧化成醛，醛继续被氧化成羧酸；仲醇则被氧化成酮；而叔醇在同样条件下不被氧化。

$$RCH_2OH \xrightarrow{KMnO_4/H^+} RCHO \xrightarrow{KMnO_4/H^+} RCOOH$$

$$RCHOHR' \xrightarrow{KMnO_4/H^+} R\overset{\overset{\displaystyle O}{\|}}{C}R'$$

3. 醇与卢卡斯（Lucas）试剂反应

含 6 个以下碳原子的一元醇能溶于卢卡斯试剂（$ZnCl_2$ 的浓盐酸溶液），但反应所生成的氯代烷却不溶于卢卡斯试剂，呈油状物析出。当伯醇、仲醇、叔醇分别与卢卡斯试剂反应时，由于反应是在极性介质和浓酸中进行的，所以反应主要按 S_N1 历程进行，叔醇立即反应；仲醇反应较缓慢，数分钟后才有现象；而伯醇在常温下不反应，但加热可反应。因此醇与卢卡斯（Lucas）试剂反应常用于 6 个碳以下的伯醇、仲醇、叔醇的鉴别。

$$R_3COH + HCl \xrightarrow[20℃]{ZnCl_2} \underset{\text{立即分层}}{R_3CCl} + H_2O$$

$$R_2CHOH + HCl \xrightarrow[20℃]{ZnCl_2} \underset{\text{10min 后分层}}{R_2CHCl} + H_2O$$

$$RCH_2OH + HCl \xrightarrow[\triangle]{ZnCl_2} \underset{\text{常温下不反应}}{RCH_2Cl} + H_2O$$

4. 醇与硝酸铈铵试剂反应

10 个碳以下的醇与硝酸铈铵试剂反应可生成琥珀色或红色配合物，可鉴定 10 个碳以下的醇。

$$ROH + \underset{\text{橘黄色}}{(NH_4)_2Ce(NO_3)_6} \longrightarrow \underset{\text{琥珀色或红色}}{(NH_4)_2Ce(OR)(NO_3)_5} + HNO_3$$

5. 酚与三氯化铁的显色反应

不同的酚与三氯化铁反应呈现不同的颜色。例如，甲基苯酚呈蓝色；苯酚、1,3-苯二酚、间苯三酚与三氯化铁溶液反应，均显紫色；邻苯二酚、对苯二酚均呈绿色；1,2,3-苯三酚呈红色；α-萘酚为紫色沉淀；β-萘酚为绿色沉淀。此显色反应常用以鉴别酚类的存在。

$$6C_6H_5OH + FeCl_3 \longrightarrow \underset{\text{紫色}}{H_3[Fe(OC_6H_5)_6]} + 3HCl$$

6. 酚与溴水反应

酚类可使溴水褪色，有些酚还能与溴水反应产生沉淀。

【主要试剂及仪器】

试剂：无水乙醇、钠、硝酸铈铵、正丁醇、仲丁醇、叔丁醇、甘油、乙二醇、95%乙醇、5% NaOH、5% $CuSO_4$、1% $FeCl_3$、苯甲醇、环己醇、饱和的苯酚溶液、饱和碳酸氢钠、2mol/L HNO_3、浓 HCl、无水 $ZnCl_2$、饱和溴水、对苯二酚、α-萘酚、3mol/L H_2SO_4、5% Na_2CO_3、0.5% $KMnO_4$、卢卡斯试剂、广泛 pH 试纸、酚酞指示剂等。

仪器：试管、试管夹、酒精灯、烧杯、药匙、镊子、表面皿、吸量管、洗耳球、胶头滴管、玻璃棒等。

【实验内容】

1. 醇的性质

（1）醇在水中的溶解性

取 3 支洁净的试管，各加入 2mL 水，然后分别滴加无水乙醇、正丁醇、正己醇各 10 滴，充分振荡后静置，观察醇的溶解情况，并解释说明原因。

（2）醇钠的生成及水解

取1支洁净干燥[1]的试管，向试管中加入20滴无水乙醇，然后用镊子夹取一米粒大小的金属钠（用滤纸擦干）加入其中，用玻璃塞堵住试管口，待试管内的气体平稳放出，将试管口靠近酒精灯火焰，移开活塞，观察现象。待金属钠反应完全，向试管内加入5mL水并振荡，加入酚酞指示剂，观察现象并解释原因，写出相关化学反应方程式。

（3）与卢卡斯试剂反应

取3支洁净干燥的试管，各加入10滴正丁醇、仲丁醇、叔丁醇，再分别加入2mL卢卡斯[2]试剂，并用玻璃塞塞住管口，充分振荡后静置（温度保持在25～27℃），观察3支试管中溶液的变化，记录混合物出现浑浊及分层的时间，将无现象的试管放入温水浴（35～50℃）中加热[3]并振荡后静置，观察现象。比较三类醇与卢卡斯试剂反应进行的难易程度，并写出相关化学反应方程式。

（4）醇的氧化反应

取3支洁净的试管，分别加入10滴正丁醇、仲丁醇、叔丁醇，再各加10滴0.5% $KMnO_4$溶液和10滴5% Na_2CO_3溶液，充分振荡后于温水浴中微热，观察试管中溶液颜色的变化，并比较三类醇的反应速率，写出相关化学反应方程式。

（5）多元醇与氢氧化铜的反应

取3支洁净的试管，各加入4滴5% $CuSO_4$溶液和8滴5% NaOH溶液，并摇匀配制成氢氧化铜溶液。待反应稳定后向试管中分别加入4滴95%乙醇、10%乙二醇和10%甘油，振荡摇匀，观察现象，写出相关化学反应方程式。

（6）与硝酸铈铵试剂[4]反应

取4支洁净干燥的试管，向试管中分别加入5滴乙醇、甘油、苯甲醇和环己醇，加5mL水或二氧六环[5]制成溶液，然后各加入8滴硝酸铈铵试剂，振荡摇匀，观察溶液颜色变化，并解释原因。

2. 酚的性质

（1）酚的弱酸性

① 取1支洁净的试管，向试管中加入4mL饱和的苯酚溶液，并用洁净的玻璃棒蘸取苯酚溶液滴在pH试纸上测其酸性。然后向饱和的苯酚溶液中逐滴滴加5%氢氧化钠溶液，边滴边振荡，直至溶液澄清。然后向试管中逐滴加入3mol/L的H_2SO_4溶液，观察现象并写出相关化学反应方程式，并加以解释。

② 取1支洁净的试管，向试管中加入10滴饱和苯酚溶液，再加入20滴饱和碳酸氢钠溶液，振荡摇匀，观察现象，并解释原因。

（2）与溴水反应

取1支洁净的试管，向试管中加入2滴饱和的苯酚溶液，并加1mL水稀释，然后逐滴加入饱和溴水，观察现象。继续滴加过量的饱和溴水，又会有什么现象产生？写出相关化学反应方程式，并解释原因。

（3）与三氯化铁作用[6]

取3支洁净的试管，向试管中分别加入5滴1%苯酚溶液、1%对苯二酚溶液、1% α-萘酚溶液，然后各加入2滴1% $FeCl_3$溶液，振荡并观察颜色变化，并解释原因。

（4）苯酚的氧化反应

取1支洁净的试管，向试管中加入8滴饱和的苯酚溶液，并滴加4滴5%碳酸钠溶液和2滴0.5% $KMnO_4$溶液，振荡摇匀后，观察试管中溶液的变化，写出相关化学反应方程式，并解释原因。

【注释】

[1] 醇与金属钠反应的试管一定要干燥，否则水易与金属钠反应。

[2] 卢卡斯试剂的配制：称取 35g 无水氯化锌于蒸发皿中强热熔融，稍冷后放置于干燥器中冷却至室温，然后取出捣碎，溶于 30mL 浓盐酸中，溶解过程中边加边搅拌。冷却后，存储于玻璃瓶中，并用瓶塞盖紧。

[3] 低级醇沸点较低，加热温度不能过高，以免挥发。

[4] 硝酸铈铵试剂的配制：称取 50g 硝酸铈铵于烧杯中，加入 125mL 2mol/L 的硝酸，加热溶解后冷却待用。

[5] 苯甲醇、环己醇的水溶性较小，可加二氧六环。

[6] 大多数间位、对位羟基苯甲酸和硝基酚不与三氯化铁发生显色反应。

【思考题】

1. 乙醇和钠的反应中，为何用无水乙醇而不用 95%的乙醇？
2. 如何鉴别醇类和酚类？
3. 卢卡斯试剂是否能鉴别 6 个碳原子以上的不同类的醇？为什么？
4. 苯酚的溴代反应为何比甲苯的溴代反应容易？

实验十七　醛、酮的性质及鉴定

【预习提示】

1. 预习醛、酮与羰基试剂、亚硫酸氢钠的反应。
2. 预习醛、酮与托伦试剂、斐林试剂的反应。

【实验目的】

1. 熟悉醛和酮的化学性质及差异。
2. 掌握醛和酮的化学鉴定方法。

【实验原理】

醛和酮含有共同的官能团羰基（$>C=O$），化学性质相似。如醛、酮都可与醇、饱和亚硫酸氢钠、2,4-二硝基苯肼、羟胺、苯肼等试剂发生亲核加成反应，而生成的产物经适当处理又可得到原来的醛、酮，因此这类反应可用来分离、提纯和区别醛、酮。另外，醛和酮分子中羰基位置的不同，使醛和酮的化学性质又存在差异。醛类可以与托伦（Tollens）试剂、斐林（Fehling）试剂、希夫（Schiff）试剂发生反应，而酮不能与这些试剂发生反应；甲基酮和甲基醇可以发生碘仿反应，但醛却不能发生碘仿反应（乙醛除外），可以用来鉴别甲基酮（醇）。

1. 醛、酮与羰基试剂的缩合反应

醛、酮都能与羰基试剂（如 2,4-二硝基苯肼）发生缩合反应，生成亚胺类物质，亚胺类物质多为白色或有色晶体。

$$CH_3CH{=}O + H_2N{-}NH{-}C_6H_3(NO_2)_2 \xrightarrow{-H_2O} CH_3CH{=}N{-}NH{-}C_6H_3(NO_2)_2\downarrow$$

黄色

2. 醛、酮与亚硫酸氢钠的加成反应

醛、脂肪族甲基酮和少于 8 个碳的低级环酮与饱和亚硫酸氢钠溶液发生加成反应，生成 α-羟基磺酸钠白色晶体，该晶体不溶于饱和亚硫酸氢钠溶液，但溶于水。α-羟基磺酸钠与稀酸或稀碱共热，又可分解成原来的醛或酮。因此该反应可用来区别和纯化醛和酮。

$$RCHO + NaHSO_3 \longrightarrow RCH(OH)SO_3Na$$

白色

3. 醛的氧化反应

醛能被弱氧化剂 Tollens 试剂、Fehling 试剂氧化成对应的羧酸。

(1) 与 Tollens 试剂反应（银镜反应）

醛与 Tollens 试剂反应，Tollens 试剂中的 Ag^+ 被还原成单质银并附着在洁净的试管壁上形成光亮的银镜，该反应也叫银镜反应。

$$RCHO + 2Ag(NH_3)_2OH \xrightarrow{\triangle} RCOONH_4 + 2Ag\downarrow + 3NH_3 + H_2O$$

(2) 与 Fehling 试剂反应

醛与 Fehling 试剂反应，Fehling 试剂中的 Cu^{2+} 被还原成砖红色的 Cu_2O 沉淀。

$$RCHO + 2Cu(OH)_2 \xrightarrow{\triangle} RCOOH + Cu_2O\downarrow + 2H_2O$$

甲醛与 Fehling 试剂反应，Cu^{2+} 被还原成单质铜并附着在洁净的试管壁上形成铜镜，故称为铜镜反应。

$$HCHO + Cu^{2+} + 3OH^- \xrightarrow{\triangle} HCOO^- + Cu\downarrow + 2H_2O$$

4. 碘仿反应

含有 $-\overset{O}{\overset{\|}{C}}-CH_3$ 结构的醛和酮与卤素的碱溶液能发生卤仿反应，常用碘的碱性溶液与之反应生成黄色的碘仿晶体。碘的水溶液具有氧化性，可以将醇氧化成对应的醛或酮，因此，含有 $-\overset{OH}{\overset{|}{CH}}-CH_3$ 结构的醇也能发生碘仿反应。

$$CH_3COR \xrightarrow{I_2 + NaOH} CHI_3\downarrow + RCOONa$$

碘仿

$$CH_3CHOHR \xrightarrow{I_2 + NaOH} CHI_3\downarrow + RCOONa$$

碘仿

【主要试剂及仪器】

试剂：2,4-二硝基苯肼、乙醛、丙酮、苯甲醛、饱和 $NaHSO_3$ 溶液、5% $AgNO_3$ 溶液、2% $NH_3 \cdot H_2O$、2% $CuSO_4$、3% NaOH、I_2-KI 溶液、5%甲醛、苯甲醛的乙醇溶液、5%乙醛溶液、5%丙酮、无水乙醇、异丙醇、浓 HNO_3 等。

仪器：试管、试管夹、移液管、烧杯、水浴锅、洗耳球、胶头滴管等。

【实验内容】

1．与2,4-二硝基苯肼[1]反应

取3支洁净的试管，向试管中各加入1mL 2,4-二硝基苯肼溶液，然后再分别加入2滴5%乙醛溶液、5%丙酮、苯甲醛的乙醇溶液[2]，振荡片刻后静置。观察试管中的溶液变化，若无晶体析出，可将试管在水浴锅中微热半分钟，再振荡并静置、冷却，观察是否有黄色或橙红色晶体析出，写出相关的化学反应方程式。

2．与饱和亚硫酸氢钠反应

取3支洁净的试管，向试管中各加入1mL饱和亚硫酸氢钠溶液（新配制的），再分别滴加10滴40%的乙醛溶液、丙酮、苯甲醛，边滴加边振荡试管，然后静置于冷水浴中，观察试管中的溶液变化。若无沉淀析出，可用玻璃棒摩擦试管壁或滴加1～2mL无水乙醇并继续振摇后，静置片刻，观察是否有沉淀析出，比较沉淀析出的快慢，并写出相关的化学反应方程式。

3．与Tollens试剂反应(银镜反应)

取1支洁净的试管，向试管中加入4mL 5% $AgNO_3$ 溶液和1滴5% NaOH溶液，然后再向试管内滴加2%氨水溶液，边滴边振摇试管，直至试管内最初产生的棕褐色沉淀刚好全部溶解（溶液澄清透明），即制得Tollens试剂。将制得的Tollens试剂分装于4支洁净的试管中，然后分别滴加5滴40%乙醛溶液、苯甲醛的乙醇溶液、5%丙酮、乙醇溶液，摇匀后静置5min，观察现象；若无现象，将试管置于50～60℃水浴中加热[3]5min，观察有无银镜现象产生，并写出相关的化学反应方程式。实验完毕，向试管中滴加几滴硝酸，以溶解金属单质银。

4．与新制的碱性氢氧化铜反应

取3支洁净的试管，向试管中分别加入1mL 10%的NaOH溶液和5滴2%的 $CuSO_4$ 溶液，振荡摇匀后，再分别向试管中滴加10滴40%乙醛溶液、苯甲醛的乙醇溶液、5%丙酮溶液，继续振荡1min，然后将试管置于70℃水浴中加热，认真观察每个试管中溶液颜色的变化、是否有沉淀产生、沉淀是何种颜色，并解释原因。写出相关的化学反应方程式。

5．碘仿反应

取4支洁净的试管，向试管中分别加入5滴95%乙醇、异丙醇、40%乙醛溶液、5%丙酮溶液，再各加入10滴 I_2-KI溶液[4]，然后分别滴加5% NaOH溶液，边滴边振摇试管，直至碘的红棕色刚刚褪去，反应溶液呈浅黄色；继续振摇试管，溶液的浅黄色又逐渐消失，管底析出淡黄色沉淀。若无沉淀生成或呈现白色乳浊液，可将试管放置于50～60℃水浴中加入2min，取出后冷却，继续观察现象，并写出相应的化学反应方程式。

【注释】

[1] 2,4-二硝基苯肼的配制：

方法一：称取2,4-二硝基苯肼3g，溶解于15mL浓硫酸中，另向70mL 95%乙醇中加入20mL蒸馏水，然后将硫酸苯肼加入稀乙醇溶液中，边加边搅拌，形成橙红色溶液（若有沉淀需过滤）。

方法二：称取2,4-二硝基苯肼1.2g，溶解于50mL 30%高氯酸中，摇匀后贮存于棕色试剂瓶中，以防变质。

方法一配制的2,4-二硝基苯肼试剂浓度大，反应时沉淀更易于观察。方法二配制的试剂在水中溶解度大，便于检验水中的醛，并且较稳定，长期贮存不易变质。

［2］若试样为固体，不溶或难溶于水，可先向试管中加入 5mg 试样，再滴加大约 2mL 的乙醇助其溶解。

［3］银镜反应加热时间不能太长，否则会产生氮化银（Ag_3N）而引起爆炸。

［4］I_2-KI 溶液的配制：称取 1g 碘化钾固体溶解于 100mL 蒸馏水中，并向溶液中加入 0.5g 碘单质，加热溶解，即得红色透明溶液。

【思考题】

1. 卤仿反应为什么不用氯和溴而用碘？配制碘试剂时为什么要加碘化钾？
2. 要想得到较好的银镜，应注意哪些问题？

实验十八 羧酸及羧酸衍生物的性质及鉴定

【预习提示】

1. 预习羧酸的化学性质。
2. 预习羧酸衍生物的化学性质。

【实验目的】

1. 理解羧酸及其衍生物的性质与结构的关系。
2. 掌握羧酸及其衍生物的主要化学性质。

【实验原理】

羧基（—COOH）是羧酸的特征官能团，羧基中的羟基（—OH）与羰基（$>C=O$）存在 p-π 共轭效应。羧酸的性质不仅与羧基有关，还与其相连的烃基或官能团有密切的关系。羧酸的主要化学性质包括酸性（能与 NaOH 和 $NaHCO_3$ 反应）、氧化反应、脱羧反应（与羧基相连的碳上含有强吸电子基团）、酯化反应等。

羧酸衍生物主要包括酯、酸酐、酰卤、酰胺。羧酸衍生物分子中都含有酰基，羧酸衍生物能发生水解反应、醇解反应和氨解反应。由于酰基所连的基团不同，羧酸衍生物的反应活性也存在差异，其反应活性强弱顺序为：酰卤＞酸酐＞酯＞酰胺。

【主要试剂及仪器】

试剂：甲酸、乙酸、10%草酸、刚果红试纸、苯甲酸、冰醋酸、无水乙醇、苯胺、乙酸酐、乙酰氯、浓硫酸、10%氢氧化钠、6moL/L 的稀硫酸、10% Na_2CO_3、饱和石灰水、0.5%高锰酸钾、2%硝酸银、红色石蕊试纸、乙酰胺、溴水、猪油、菜籽油、椰子油、95%乙醇、饱和食盐水、3%溴的 CCl_4 溶液。

仪器：试管、玻璃棒、托盘天平、吸量管、洗耳球、水浴锅等。

【实验内容】

1. 羧酸的性质

(1) 酸性

① 取 3 支洁净的试管，向试管中分别滴加 10 滴甲酸、10 滴乙酸和 0.5g 草酸，并向试管中各加入 2mL 蒸馏水，振荡摇匀，然后用洁净的玻璃棒分别蘸取三种酸液在同一条刚果

红试纸[1]上画线，对三条线的颜色和深浅程度进行比较，并解释原因。

② 取 2 支洁净的试管，向试管中各加入 10% Na_2CO_3 溶液 2mL，并分别滴加 10 滴甲酸和 10 滴乙酸，观察现象，写出相关化学反应方程式。

③ 取 1 支洁净的试管，向试管中加入 0.2g 苯甲酸固体，并加入 1mL 水，振荡摇匀，加入数滴 10%氢氧化钠溶液，继续振荡，观察现象；片刻后再加入数滴 10%盐酸溶液，振荡，观察现象，并解释原因，写出相关化学反应方程式。

（2） 氧化反应

取 3 支洁净的试管，向试管中分别加入 10 滴甲酸、10 滴乙酸、10 滴 5%草酸溶液，然后再向每支试管中各加入 5 滴 6moL/L 的稀硫酸和 3～4 滴 0.5%高锰酸钾溶液，用 70～80℃水浴加热，观察试管中溶液的颜色变化，并解释原因，写出相关化学反应方程式。

（3） 脱羧反应

取 1g 草酸加入带导管的干燥大试管（用带导管的软木塞塞紧）中，将导管的末端插入装有饱和石灰水的小试管中。对大试管加热，观察小试管中石灰水的变化，解释原因，并写出相关化学反应方程式。

（4） 酯化反应

取 1 支洁净干燥的试管，向试管中加入 10 滴无水乙醇和冰醋酸及 3 滴浓硫酸，振荡试管，摇匀后将试管在热水浴（60～70℃）中加热 10min。取出试管并将试管用冷水冷却，最后向试管中加入 4mL 水。试管中溶液有何变化？有何气味？解释原因，并写出相关化学反应方程式。

2. 羧酸衍生物的性质

（1） 酰氯与酸酐的性质

① 水解反应。取 1 支洁净的试管，向试管中加入 2mL 蒸馏水，然后加入 3～4 滴乙酰氯[2]，观察管中溶液的变化，并用手触摸试管底部是否放热；待试管冷却后，向试管溶液中滴加数滴 2%硝酸银溶液，摇匀，观察现象，并解释原因，写出相关化学反应方程式。

② 醇解反应。取 1 支洁净干燥的试管，先向试管中加入 1mL 无水乙醇，将试管于冷水浴中不断振摇，并向试管中缓慢滴加 1mL 乙酰氯。反应结束后，先加入 1mL 水，然后缓慢小心地加入 20%碳酸钠溶液，使之呈中性或弱碱性，振荡摇匀，静置，观察是否有一酯层浮于液面上。观察现象，并解释原因，写出相关化学反应方程式。

③ 氨解反应。取 2 支洁净干燥的试管，向试管中各滴加 10 滴新蒸馏过的苯胺，然后向试管中分别缓慢地滴加 10 滴乙酰氯和 10 滴乙酸酐[3]，边滴边摇，并用手触摸试管底部是否放热，待反应结束后，各加水 5mL，观察现象，并解释原因，写出相关化学反应方程式。

（2） 酰胺的水解作用

① 碱性水解。取 1 支洁净干燥的试管，向试管中加入 0.2g 乙酰胺，然后再加入 2mL 10%氢氧化钠溶液，振荡摇匀，并用小火加热至沸腾，嗅其气味[4]，在试管口用湿润的红色石蕊试纸检验是否有氨气产生，并解释原因，写出相关化学反应方程式。

② 酸性水解。取 1 支洁净干燥的试管，向试管中加入 0.2g 乙酰胺和 2mL 15%硫酸，振荡摇匀，并用小火加热至沸腾，嗅下是否有醋酸味，冷却后，加入 10%氢氧化钠溶液至溶液呈碱性，再次加热，嗅其气味，并在试管口用湿润的红色石蕊试纸检测是否有蒸气逸出，解释原因，写出相关化学反应方程式。

（3） 酯的性质

① 油脂的不饱和性。取 2 支洁净干燥的试管，向试管中分别加入 5 滴菜籽油和 0.3g 椰

子油，并各加入 20 滴 CCl_4，振荡使之全部溶解，然后向试管中分别缓慢地滴加 3%溴的 CCl_4 溶液，边滴边振摇，滴至各试管中溴的颜色不再褪去，记录每种油所需溴溶液的量，比较油的不饱和程度，并解释原因。

② 油脂的皂化。取 1 支洁净的试管，向试管中加入 1mL 菜籽油和 1g 猪油、3mL 40%氢氧化钠溶液和 4mL 95%乙醇，振荡摇匀，水浴加热（80～90℃），待试管中的混合物成一相后，继续加热 15min，边加热边振荡试管。皂化完全后[5]，将制得的皂化液转入盛有 30mL 饱和食盐水的烧杯中，边倒边搅拌，最后将混合液过滤，观察现象，并解释原因。

【注释】

[1] 刚果红试纸的 pH 值变色范围为 3.0～5.0。

[2] 乙酰氯与水、乙醇反应比较剧烈，滴加时千万小心，以免液体飞溅伤人。

[3] 乙酸酐氨解反应较乙酰氯难，需用热水浴加热，也需较长时间才能完成反应。

[4] 分子量相对比较小的胺和氨气的气味相似，但有些芳香胺有毒，因此嗅的时间不宜过久。

[5] 检测皂化是否完全的方法：滴几滴皂化液于装有 5mL 蒸馏水的试管中，观察水面上有无油珠，若没有则表示皂化完全；反之则皂化不完全，继续皂化几分钟，重新检验皂化是否完全。

【思考题】

1. 根据实验现象与结果，比较酰卤、酸酐、酯的水解反应活性。
2. 甲酸为何具有还原性？
3. 能发生脱羧反应的羧酸的结构特征是什么？
4. 皂化反应完全后，皂化液倒入饱和食盐水中的作用是什么？

实验十九 糖类化合物的性质及鉴定

【预习提示】

1. 预习糖类化合物的结构特征。
2. 预习糖类化合物的化学性质。

【实验目的】

1. 熟悉糖类化合物的主要化学性质。
2. 掌握鉴别糖类化合物的主要方法和原理。

【实验原理】

糖类化合物在结构上是指多羟基醛或多羟基酮，或者是能水解成多羟基醛、多羟基酮的化合物。糖按能否水解及水解产物，通常分为单糖、双糖、低聚糖和多糖。单糖一般都具有还原性，还原糖分子中含有一个半缩醛（酮）结构，有还原性和变旋现象，能还原托伦试剂、斐林试剂和班氏试剂。医学中糖尿病常用班氏试剂检测，通过尿液与班氏试剂共热形成的颜色，判断尿液中糖的含量，其颜色有绿色、黄色、红色，分别用+、++、+++表示。双糖也可以分为还原糖和非还原糖，还原双糖也能还原托伦试剂和斐林试剂。还原糖还能与过量的苯肼反应生成脎，实验室可根据生成糖脎的晶型、熔点及反应速度的快慢来鉴别各类糖。非还原糖中不含有半缩醛（酮）结构，不具有还原性。

常用莫立许（Molisch）反应检验糖类化合物，莫立许试剂是 α-萘酚与乙醇的混合物。糖在浓无机盐（浓硫酸、浓盐酸）作用下，脱水生成糠醛或其衍生物，后者能与 α-萘酚作用形成紫红色产物。用间苯二酚还可区别果糖（酮糖）和葡萄糖（醛糖）。

多糖是由 10 个以上的单糖分子以糖苷键连接形成的高聚物。淀粉是 α-D-葡萄糖以 α-1,4-糖苷键连接形成的链状高聚物；纤维素是 β-D-葡萄糖以 β-1,4-糖苷键连接形成的链状高聚物。淀粉和纤维素都没有还原性，但其水解后的产物具有还原性。淀粉遇碘呈蓝色，可作为鉴别淀粉的一种方法。

【主要试剂及仪器】

试剂：5%葡萄糖溶液、5%蔗糖溶液、5%果糖溶液、1%淀粉溶液、10% NaOH 溶液、2% $CuSO_4$ 溶液、5% $AgNO_3$ 溶液、2%氨水、浓 HSO_4、浓盐酸、0.1%碘液。

仪器：试管、试管夹、水浴锅等。

【实验内容】

1. 糖的还原性

（1）与托伦试剂反应（银镜反应）

取 1 支洁净的大试管，加入 4mL 5% $AgNO_3$ 溶液和 3 滴 10% NaOH 溶液，试管中立即出现褐色沉淀，振摇试管，再缓慢地逐滴向试管内滴加 2%氨水，边滴边摇，直至褐色沉淀刚好完全消失，即得托伦试剂[1]。

取 4 支洁净的试管，将上述制得的托伦试剂均匀分置于 4 支试管中，然后向试管中分别加入 10 滴 5%葡萄糖溶液、5%蔗糖溶液、5%果糖溶液、1%淀粉溶液，将各试管摇匀后，在室温下将试管静置 8min，如无银镜产生，可将试管放于 60℃左右的水浴锅中加热 5min 左右，再观察有无银镜产生，解释原因。

（2）与斐林试剂反应

取 4 支洁净的试管，向试管中分别加入斐林试剂 A 和斐林试剂 B[2] 各 0.5mL，摇匀，然后分别滴加 10 滴 5%葡萄糖溶液、5%蔗糖溶液、5%果糖溶液、1%淀粉溶液，振荡摇匀后，将各试管于 80℃水浴中加热 3～5min，取出冷却，观察是否有沉淀产生和颜色变化，比较结果，解释原因。

2. 糖的显色反应

（1）莫立许（Molisch）反应[3]

取 4 支洁净的试管，向试管中分别加入 1mL 5%葡萄糖溶液、1mL 5%蔗糖溶液、1mL 5%果糖溶液、1mL 1%淀粉溶液，再各加入 2 滴 10% α-萘酚乙醇溶液，振荡摇匀后，将试管倾斜 45°，沿试管壁小心加入 1mL 浓 HSO_4（切勿摇动），然后慢慢竖直试管，硫酸与糖溶液会分成两层（硫酸在下层，糖溶液在上层），静置 10min 左右，若两层界面处出现紫色环，则表示溶液含有糖类化合物。若无色环出现，可将试管于热水浴中加热 3～5min（切勿摇动），再继续观察并记录各试管中所出现色环的颜色。

（2）与谢里瓦诺夫（Seliwanoff）试剂反应

取 4 支洁净的试管，向试管中各加入 10 滴新配制的谢里瓦诺夫试剂[4]，再分别滴加 1mL 5%葡萄糖溶液、1mL 5%蔗糖溶液、1mL 5%果糖溶液、1mL 1%淀粉溶液，摇匀后，再将 4 支试管放入沸水浴中加热 2min。观察各试管中的现象，并比较出现颜色的次序。

3. 淀粉与碘的作用

取 1 支洁净的试管，向试管中滴加 10 滴 1%淀粉溶液及 1 滴 0.1%碘液，观察溶液是否有蓝色出现，片刻后将试管放置于沸水浴中加热 5～10min，观察产生的现象，然后从热水浴中取出试管，冷却，又有什么现象产生？

4. 蔗糖的水解

取 2 支洁净的试管，向一支试管中加入 1mL 5%蔗糖溶液和 5 滴 10% H_2SO_4 溶液，向另一支试管中滴加 1mL 5%蔗糖溶液和 5 滴蒸馏水，并分别振匀，将 2 支试管同时放入沸水中加热 10min，取出试管冷却至室温。向加有硫酸的试管中滴加 10%氢氧化钠，边滴边摇，使溶液中和至中性。再分别向 2 支试管中各加入 1mL 斐林试剂 A、B 混合液，摇匀，将 2 支试管同时置于沸水浴中加热 2～3min。观察每支试管中的颜色变化，并解释原因。

5. 淀粉的水解

取 1 支洁净的试管，向试管中加入 5mL 1%淀粉溶液及 5 滴浓盐酸，摇匀，将试管置于沸水浴中加热。每隔 4min 从试管中取 1 滴淀粉水解溶液于点滴板上，加入 1 滴 0.1%碘液体做碘试验，观察颜色变化，直至不起碘反应。取出试管，冷却后，向试管中逐滴加入 10%氢氧化钠溶液，中和溶液至弱碱性。取 1mL 中和后的淀粉水解液于一支试管中，另取 1mL 未水解的 1%淀粉溶液于另一支试管。向 2 支试管中分别加入 3 滴斐林试剂，摇匀后，将 2 支试管同时放在沸水浴中加热 3～5min。观察现象，并解释原因。

【注释】

[1] 托伦试剂久置后易析出氮化银（Ag_3N）黑色沉淀，氮化银振动时易分解，发生剧烈爆炸，有时潮湿的氮化银也能引起爆炸反应。因此，托伦试剂必须现用现配。

[2] 斐林试剂 A 的配制：称取 3.5g 硫酸铜晶体（$CuSO_4 \cdot 5H_2O$）溶解于 100mL 水中，浑浊时过滤。

斐林试剂 B 的配制：称取 15g 酒石酸钾钠晶体溶解于 15mL 热水中，再加入 20%氢氧化钠 20mL，用蒸馏水稀释至 100mL。

以上两种溶液要分别单独储存，使用时才取等量试剂 A 和试剂 B 混合。

[3] *α*-萘酚反应是鉴别糖类化合物最常用的颜色反应。其中单糖、双糖和多糖一般都能发生此颜色反应，但氨基糖不发生此反应，除此之外，丙酮、甲酸、乳酸、草酸、葡萄糖醛酸、各种糠醛衍生物和甘油醛等均能发生类似的颜色反应。发生此反应表明可能有糖存在，但仍需要做进一步实验才能确定；如不发生此反应则表明无糖类物质存在。

[4] 0.05g 间苯二酚溶于 50mL 浓盐酸中，再用水稀释至 100mL。

【思考题】

1. 糖类物质有哪些性质？

2. 糖分子中的羟基、羰基与醇分子中的羟基以及醛、酮分子中的羰基有什么联系和区别？

3. 还原糖在结构上有什么特征？

4. 葡萄糖和果糖的结构有何区别？两者在酸的作用下形成羟甲基糠醛的速率哪个快？

5. 如何鉴别醛糖和酮糖？

实验二十 氨基酸、蛋白质的性质及鉴定

【预习提示】

1. 预习氨基酸、蛋白质的化学性质。
2. 预习氨基酸、蛋白质的鉴别方法。

【实验目的】

1. 了解组成蛋白质的氨基酸在组成结构上有何特征。
2. 熟悉氨基酸和蛋白质的化学性质。
3. 掌握氨基酸和蛋白质的鉴定方法。

【实验原理】

氨基酸是既含有氨基又含有羧基的两性化合物，具有等电点，自然界存在的氨基酸大多是 α-氨基酸。蛋白质是生命的物质基础、细胞的重要组成成分，蛋白质是由 20 余种 L-构型的 α-氨基酸分子缩聚而形成的天然高分子化合物。不同来源的蛋白质在酸、碱或酶的催化作用下，可完全水解生成各种不同的 α-氨基酸的混合物。氨基酸在等电点时以偶极离子的形式存在，具有内盐的性质特征，氨基酸在自然界一般以晶体形式存在，其熔点一般高于 200℃。氨基酸作为两性化合物，其易溶于强酸和强碱等极性溶剂，但大多都比较难溶于有机溶剂。绝大多数蛋白质和 α-氨基酸类似，都能与水合茚三酮溶液共热，经一系列反应，可生成蓝紫色化合物，即罗曼氏紫（Ruhemann's purple）反应，此反应的灵敏度非常高，即使稀释至五十万倍的 α-氨基酸水溶液也能发生此显色反应。但含亚氨基的脯氨酸除外，它与水合茚三酮反应生成黄色化合物。含有伯氨基的氨基酸（脯氨酸除外），能与亚硝酸反应，生成 α-羟基酸并放出氮气。

蛋白质在碱性环境中可与硫酸铜溶液反应，蛋白质的肽键与氢氧化铜反应，生成紫色或紫红色化合物。

一般含苯环的氨基酸，例如苯丙氨酸、酪氨酸、色氨酸等，或者由含苯环氨基酸组成的蛋白质，它们与浓硝酸混合，由于苯环易被硝化而形成黄色硝基化合物；加碱后，黄色转变为橙黄色，此反应称为蛋白黄反应。

向蛋白质中加入无机盐，蛋白质能发生盐析。用同一种盐进行蛋白质盐析时，不同蛋白质所需盐的浓度却不相同，因此蛋白质可进行分段盐析。例如，向含有清蛋白和球蛋白的混合蛋白液中（临床上一般是血清蛋白），逐渐加入硫酸铵，达到一定浓度时，球蛋白首先沉淀析出，继续加入硫酸铵，当溶液达到饱和时，清蛋白才沉淀析出。

蛋白质能与一些重金属离子（Hg^{2+}、Pb^{3+}、Cu^{2+}、Ag^{+}等）结合，生成难溶于水的蛋白盐，并且该沉淀反应是不可逆的。在酸性条件下，鞣酸、苦味酸、钨酸、钼酸、三氯乙酸等也能与蛋白质结合，生成难溶于水的蛋白盐。利用这个原理，当病人重金属盐中毒时，临床上常需内服大量蛋白质以解除重金属盐中毒；在生化检验中，利用三氯乙酸等制备无蛋白血滤液，也是利用这个原理。

【主要试剂及仪器】

试剂：蛋白质溶液、饱和 $(NH_4)_2SO_4$ 溶液、饱和 $CuSO_4$ 溶液、饱和醋酸铅溶液、饱

和 $AgNO_3$ 溶液、5% CH_3COOH 溶液、饱和苦味酸溶液、饱和鞣酸溶液、茚三酮试剂、10% NaOH 溶液、1% $CuSO_4$ 溶液、20% NaOH 溶液、浓硝酸、1% 甘氨酸、1%酪氨酸、1%色氨酸。

仪器：水浴锅、试管、试管夹等。

【实验内容】

1. 蛋白质的沉淀反应

(1) 分段盐析

取 1 支洁净的离心管，向离心管中加入 2mL 蛋白质溶液[1] 和 2mL 饱和 $(NH_4)_2SO_4$ 溶液，将混合物振荡摇匀，静置 10min，在离心机中离心 3min，观察是否有沉淀析出，该沉淀是何种蛋白质？用毛细吸管将离心后的上清液移入另一支洁净的离心管中，然后向上清液中逐渐加固体 $(NH_4)_2SO_4$ 粉末，边加边搅拌，直至 $(NH_4)_2SO_4$ 固体不再溶解，再静置 10min，在离心机中离心 3min，观察是否又有沉淀析出，该沉淀又是何种蛋白质？

向上述两次所得的沉淀物中分别加入 2～3mL 蒸馏水，振荡摇匀，静置，观察蛋白质沉淀是否又重新溶解，解释原因。

(2) 蛋白质的不可逆沉淀

① 重金属盐沉淀[2]。取 3 支洁净的试管，向试管中各加入 1mL 蛋白质溶液，然后分别加入 2～3 滴饱和 $CuSO_4$ 溶液、饱和醋酸铅溶液、饱和 $AgNO_3$ 溶液，观察现象，并解释原因。

另取一支洁净的试管，向试管中加入 10 滴已滴加饱和 $AgNO_3$ 溶液的蛋白质溶液，再加 2～3mL 蒸馏水，振荡摇匀，静置，观察硝酸银蛋白质溶液是否溶解，并解释原因。

② 生物碱试剂沉淀。取 2 支洁净的试管，向试管中各加入 1mL 蛋白质溶液和 2 滴 5% CH_3COOH 溶液，使溶液呈弱酸性（可用 pH 试纸检测）。然后向 2 支试管中分别加入 3 滴饱和苦味酸溶液、饱和鞣酸溶液，观察现象，并解释原因。

③ 加热沉淀。取 1 支洁净的试管，向试管中加入 2mL 蛋白质溶液，将试管置于沸水浴中加热 10min 左右，观察现象，并解释原因。

2. 蛋白质的颜色反应

(1) 茚三酮反应

取 4 支洁净的试管，向试管中分别加入 1%甘氨酸、1%酪氨酸、1%色氨酸、蛋白质溶液各 0.5mL，再分别滴加茚三酮溶液 2～3 滴，在沸水浴中加热 10min 左右，观察实验现象，并解释原因。

(2) 蛋白质的双缩脲反应[3]

取 1 支洁净的试管，加入 10 滴蛋白质溶液和 15 滴 10%氢氧化钠溶液，再加入 2 滴 1% $CuSO_4$ 溶液，振荡摇匀，观察实验现象，并解释原因。

(3) 蛋白黄反应

取 1 支洁净的试管，向试管中加入 1mL 蛋白质溶液和 5 滴浓硝酸，摇匀，静置，观察实验现象，然后将试管置于沸水浴中加热，观察沉淀颜色的变化。待溶液冷却后，滴加 20% NaOH 溶液至碱性，观察溶液颜色又有何变化，并解释原因。

【注释】

[1] 蛋白质溶液的配制：取鸡蛋清 20mL，加入蒸馏水 100mL，搅拌均匀后，用洁净的白纱布过滤，去除析出来的球蛋白，即得澄清的蛋白质溶液。

［2］浓度很低的重金属离子就能沉淀蛋白质，重金属离子与蛋白质形成不溶于水的沉淀化合物。因此许多重金属中毒时，可用蛋白质作为解毒剂。用重金属盐沉淀蛋白质和蛋白质加热沉淀均是不可逆的。

［3］蛋白质或其水解产物中都含有肽键，都能发生双缩脲反应。蛋白质在双缩脲反应中生成的铜的配合物显紫色，但硫酸铜溶液不能加入过量，否则在碱性溶液中硫酸铜生成过多的氢氧化铜沉淀，会妨碍双缩脲反应颜色的观察。

【思考题】

1. 氨基酸能否发生双缩脲反应？为什么？
2. 怎样区分蛋白质的可逆沉淀和不可逆沉淀？
3. 蛋白质的盐析和变性有何区别？
4. 为什么鸡蛋清可用作铅或汞中毒的解毒剂？

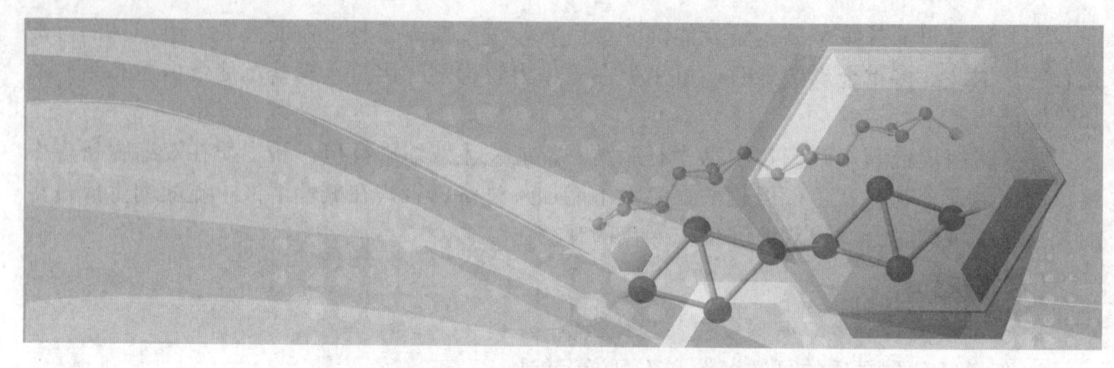

第五章　有机合成实验

实验二十一　1-溴丁烷的制备

【预习提示】

1. 预习醇的亲核取代反应历程及影响因素。
2. 预习带尾气吸收回流装置的安装及应用。

【实验目的】

1. 学习以醇为原料制备卤代烃的原理和方法。
2. 掌握含有害气体吸收装置的加热回流操作。
3. 熟悉和巩固洗涤、干燥及蒸馏操作。

【实验原理】

利用醇与卤化氢发生亲核取代反应可制备卤代烃。实验室用正丁醇与溴化氢发生亲核取代反应制得1-溴丁烷。溴化氢可由浓硫酸与溴化钠反应生成。在反应过程中，起吸水作用的硫酸适当过量，可使正丁醇质子化，并且能使反应平衡向右移动，更易发生亲核取代反应。该反应是可逆反应，为了使亲核取代反应平衡向生成1-溴丁烷的方向移动，在反应中可加入适当过量的溴化钠和硫酸，以使溴化氢保持较高的浓度。

主反应：

$$NaBr + H_2SO_4 \longrightarrow HBr + NaHSO_4$$

$$CH_3CH_2CH_2CH_2OH + HBr \rightleftharpoons CH_3CH_2CH_2CH_2Br + H_2O$$

副反应：

$$2CH_3CH_2CH_2CH_2OH \xrightarrow{浓\ H_2SO_4} (CH_3CH_2CH_2CH_2)_2O + H_2O$$

$$CH_3CH_2CH_2CH_2OH \xrightarrow{浓\ H_2SO_4} CH_3CH_2CH{=}CH_2 + H_2O$$

$$2HBr + H_2SO_4 \xrightarrow{\triangle} Br_2 + SO_2 + 2H_2O$$
$$SO_2 \xrightarrow{H_2O} H_2SO_3$$

反应过程中，反应采用回流装置，以防止未反应完的反应物正丁醇和产物1-溴丁烷逸出反应体系，同时，由于HBr气体不易冷凝，为防止HBr气体逸出至空气中而污染环境，在装置末端需安装有害气体吸收装置。反应回流后需对产物再进行粗蒸馏，一方面可使产品1-溴丁烷从混合物中分离出来，便于后续的分离提纯操作；另一方面，粗蒸馏过程能进一步使正丁醇与HBr的反应趋于完全。

【主要试剂及仪器】

试剂：正丁醇、溴化钠、浓硫酸、10%碳酸钠溶液、无水氯化钙等。

仪器：圆底烧瓶、电加热器、球形冷凝管、尾接管、烧杯、气体吸收装置等。

【物理常数及性质】

正丁醇：具有特殊气味，无色透明液体。相对分子质量为74.12，常压下沸点为117.6℃，折射率n_D^{20}=1.3992，相对密度为0.8098。微溶于水，易溶于乙醇、乙醚等有机溶剂。

1-溴丁烷：无色或乳白色液体，有类似于乙醚的气味和灼烧味，蒸气有毒，浓度高时有麻醉作用，能刺激呼吸道。相对分子质量为137.02，常压下沸点为101.6℃，折射率n_D^{20}=1.4398，相对密度为1.27。难溶于水，易溶于乙醇、乙醚等有机溶剂。

【实验内容】

1. 加料和搭装置

取20mL蒸馏水，加入洗干净的100mL圆底烧瓶中，在冷却条件下，向圆底烧瓶中缓慢加入20mL浓硫酸，边加边振荡，待烧瓶中液体混合均匀并冷却后，再加入16.5g研细的溴化钠[1]和12.5mL正丁醇，沾在瓶口的溴化钠可用正丁醇液体冲洗下去，最后向圆底烧瓶中加入2～3粒沸石，充分摇匀。将圆底烧瓶固定在铁架台上，装上回流冷凝管，为防止有毒气体溴化氢逸出，在回流冷凝管上端口用玻璃弯管连接有害气体吸收装置[2]，如图5-1所示。由于溴化氢的水溶性较好，只需用水作吸收液即可。

2. 加热反应回流

搭好装置，接通冷凝水，打开加热电源，待混合溶液沸腾后，调节加热温度，使蒸气上升至回流冷凝管第一个球肚即可。加热功率过大会使反应生成的HBr气体来不及反应就逸出反应体系，另外，易造成副反应发生，反应混合物的颜色会很快变深。因此，在反应过程中，控制好加热速度，溶液中油层仅呈浅黄色，并且冷凝管顶端没有明显的HBr气体逸出。从回流开始计时，待反应40min后，停止加热，反应停止。

3. 蒸馏——蒸出粗产品

反应完成后，待反应物稍冷却一会儿，拆除回流冷凝装置，向圆底烧瓶重新再加入2～3粒沸石，将装置改为简单蒸馏装置，用一个装有20mL蒸馏水的100mL锥形瓶作为蒸馏接收器，如图5-2所示。接通冷凝水，打开加热电源蒸馏，仔细观察，当圆底烧瓶中反应液的油层消失，馏出液由浑浊变澄清，即无油滴[3]蒸出，停止蒸馏。因圆底烧瓶中的残留液体冷却后会结块，应趁热将蒸馏后的残留液体倒入废液回收桶中。

4. 粗产品后处理

将馏出液倒入分液漏斗中，如产物呈红色，可加入7mL左右的饱和亚硫酸氢钠溶液洗涤[4]。洗涤后分出水层，将有机相倒入另一干燥的锥形瓶中，再用 3mL 浓硫酸[5]分两次洗涤，每次都要充分摇匀混合物，静置，分离弃去下层的酸层。分液漏斗中的油层再分别用 10mL 蒸馏水、10mL 饱和碳酸钠溶液、10mL 蒸馏水洗涤，每次洗涤都要分离一次，最后将下层的粗 1-溴丁烷放入干燥的锥形瓶中，加 2g 左右块状的无水氯化钙干燥 30min，其间要间歇振摇锥形瓶，直至液体澄清透明。

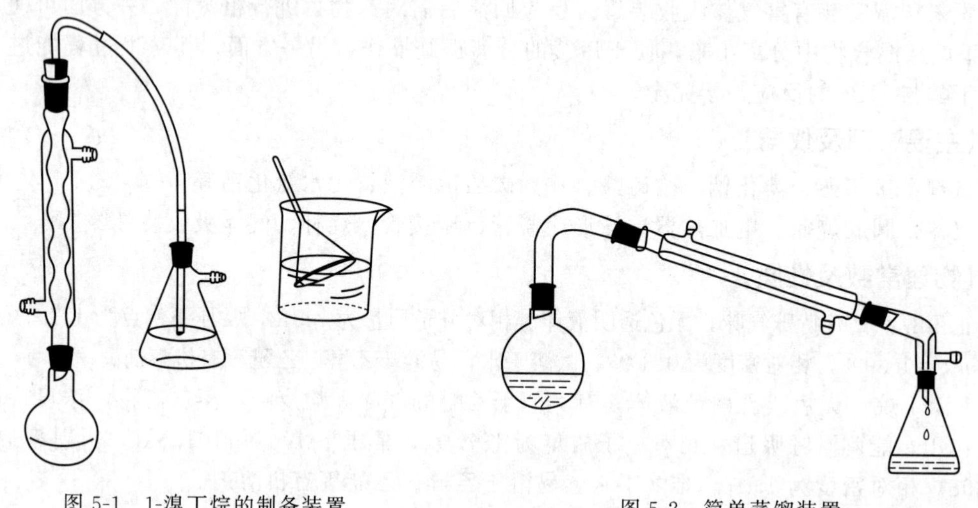

图 5-1　1-溴丁烷的制备装置　　　　图 5-2　简单蒸馏装置

5. 产品的蒸馏提纯

将干燥后的澄清透明产品，通过有折叠滤纸的玻璃漏斗滤入 50mL 的圆底烧瓶中，加入 1～2 粒沸石，安装蒸馏装置，用干燥且已知质量的锥形瓶作接收器，蒸馏收集 99～103℃的馏分。

6. 称重

将蒸馏提纯后的 1-溴丁烷与锥形瓶一起称重，去除空锥形瓶的质量，得到最终制得的 1-溴丁烷的质量。

7. 实验结束

1-溴丁烷具有一定的毒性，因此，该实验产物应在实验指导老师的指导下统一回收入指定密闭容器。

1-溴丁烷的核磁共振氢谱见图 5-3，红外光谱图见图 5-4。

【注释】

[1] 溴化钠称重前要研细，以防止溴化钠加入时结块，从而影响溴化氢的顺利产生，在加溴化钠时，圆底烧瓶要浸入冰水浴中，并边加边搅拌，也是同样的道理。

[2] 为了防止气体吸收装置发生倒吸，气体吸收装置的漏斗应倾斜放置，使漏斗口一半在水中，一半露在水面上。

[3] 可用装有蒸馏水的小烧杯接几滴馏出液，观察是否还有油花，来判断馏出液是否还有油滴。

[4] 如果粗蒸时蒸出的 HBr 在洗涤前未分离除尽，加入浓硫酸后就被氧化生成单质 Br_2，瓶内溶液加热后易呈红色。

[5] 粗产品中含有少量的正丁醇、正丁醚和 1-丁烯等杂质，它们都能溶于浓硫酸中，因此，用浓硫酸可将其洗涤除去。

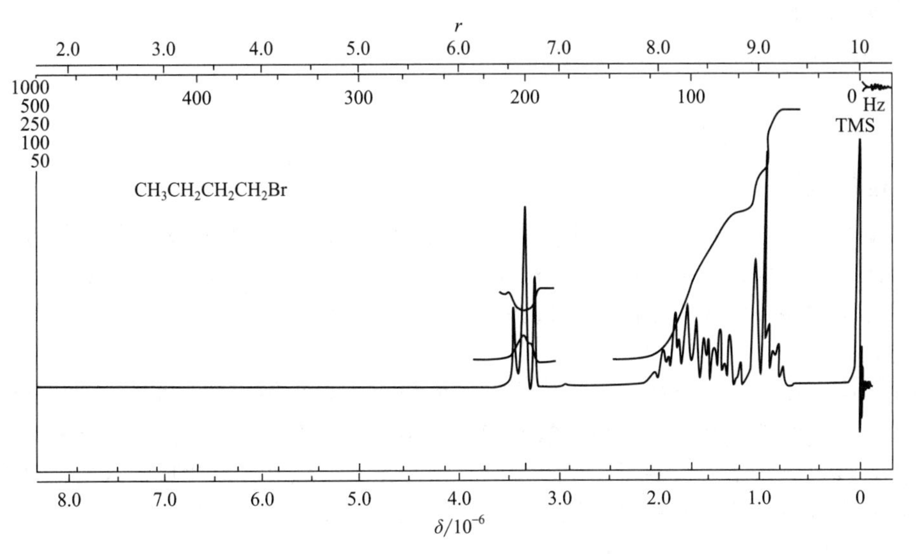

图 5-3　1-溴丁烷的核磁共振氢谱

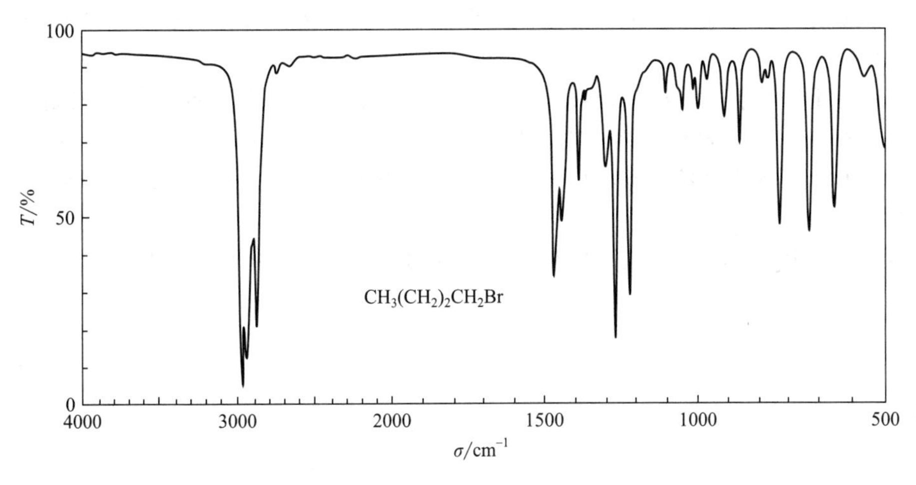

图 5-4　1-溴丁烷的红外光谱图

【思考题】

1. 本实验有哪些副反应？可采取什么方法加以抑制？
2. 反应时硫酸的浓度过高或过低有什么结果？

实验二十二　环己酮的制备

【预习提示】

1. 预习氧化法制备酮的原理及方法。
2. 预习氧化法制备酮时发生的副反应及减少副反应的方法。

【实验目的】

1. 学习氧化法制备环己酮的原理和方法。
2. 掌握带搅拌器的装置的操作。
3. 了解绿色氧化等合成方法。

【实验原理】

环己酮是无色或浅黄色透明液体，是工业中制造尼龙、己内酰胺、己二酸的主要中间体。环己酮的溶解性强、毒性低、价格低廉，其广泛用于涂料和油墨工业，它也用作感光材料和磁性记录材料等的涂布用溶剂。另外，环己酮可用作金属表面的脱脂剂以及染色和褪光丝的均化剂。

醇的氧化是制备醛、酮的重要方法之一，传统方法是采用化学计量的无机氧化剂氧化，如重铬酸氧化法和次氯酸钠法。但铬酸不稳定，实验室需用过量的硫酸与重铬酸钠（也可用重铬酸钾）或三氧化铬反应制得。用铬酸氧化伯醇制得的醛易被氧化成酸或酯。可将铬酸逐滴加到伯醇中反应，从而避免铬酸氧化剂过量；也可将反应生成的醛通过分馏操作及时从反应体系中蒸馏出来，其产率也会提高。

使用双氧水将环己醇催化氧化为环己酮具有环境友好性，但关键是需要发现好的催化剂，如以十聚钨酸十六烷基三甲基季铵盐为催化剂，双氧水为氧化剂氧化环己醇。环己酮收率超过 80%。

为了减少环境污染，近年来，科学家一直在寻求更合适的催化剂和氧化剂制备环己酮。有人发现以 30%双氧水为氧化剂，以价廉、水溶性好、无毒易得、易分离回收的 $FeCl_3$ 为催化剂，催化氧化环己醇来制备环己酮，其收率可超过 80%，是实验室绿色合成环己酮的优选途径和方法。

本实验分别用次氯酸钠、重铬酸和过双氧水为氧化剂，氧化环己醇从而制备环己酮。

【主要试剂及仪器】

试剂：环己醇、浓硫酸、重铬酸钾、草酸、甲醇、乙醚、氯化钠、无水硫酸钠、冰乙酸、次氯酸钠、亚硫酸氢钠、氧化铝、无水碳酸钠、过氧化氢、无水硫酸镁、氧化铁。

仪器：250mL 三颈烧瓶、磁力搅拌器、滴液漏斗、球形冷凝管、蒸馏头、接液管、分液漏斗、空气冷凝管、温度计、电热套。

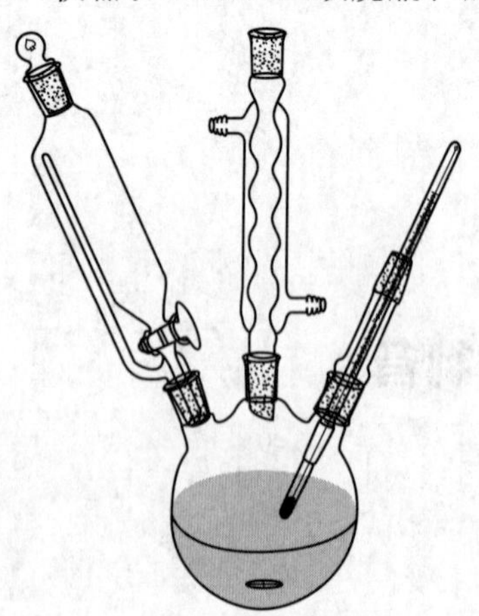
图 5-5　环己酮制备装置

【物理常数及性质】

环己醇：熔点为 25.93℃，沸点为 160.84℃，相对密度为 0.9624，折射率 $n_D^{20}=1.4641$。

环己酮：沸点为 155.6℃，相对密度为 0.9478，折射率 $n_D^{20}=1.4507$，环己酮易燃，应注意防火。

【实验内容】

方法一：用次氯酸钠作氧化剂[1]

向装有滴液漏斗、冷凝管、磁力搅拌器和温度计的 250mL 三颈烧瓶中，先加入 5.2mL 环己醇，再加入 25.0mL 冰乙酸，反应装置见图 5-5。开动磁力搅拌器，在冰水浴冷却下，将 38.0mL 1.8mol/L 的次氯酸钠溶液通过滴液漏斗逐滴加入三颈烧瓶中，并使反应瓶内温度维持在 30～35℃，待次氯酸钠溶液加完后继续搅拌 5min，用碘化钾淀粉试纸检验反应混合液，如果不呈蓝色，需再补加 5mL 次氯酸钠溶液，以确保次氯酸钠稍过量存在，从而保证氧化反应完全。滴加完后，在室温下继续搅拌 30min，并加入饱和亚硫酸氢钠溶液，直至用碘化钾淀粉试纸检测反应液不显蓝色[2]。

向反应混合物中加入 30mL 水、3g 氧化铝[3]、几粒沸石，装置改为简单蒸馏装置，接通冷凝水，并加热蒸馏，当馏出液无油珠时停止蒸馏。向馏出液分批加入适量的无水碳酸钠，边加边搅拌，使馏出液呈中性，然后在搅拌下加入氯化钠使溶液达饱和。将混合液转入分液漏斗，振荡、静置，待分层后放出水层，收取有机层。将有机层转入洁净干燥的锥形瓶中，加入适量的无水硫酸镁干燥。最后再次对产品进行蒸馏，收集 150～155℃的馏分，称量。产量为3.0～3.4g。

本方法约需 4h。

方法二：用重铬酸作氧化剂

1. 重铬酸钾溶液的配制

将 5.2g 重铬酸钾（$K_2Cr_2O_7 \cdot 2H_2O$）溶于 50mL 水中，混合均匀后转入 50mL 滴液漏斗中。

2. 环己酮的制备

向装有 50mL 滴液漏斗、回流冷凝管、磁力搅拌器的 250mL 三颈烧瓶中加入 30mL 冰水，边搅拌边缓慢滴加 5mL 浓硫酸，混合均匀后，小心分批加入 5.2mL 环己醇并摇匀。待三颈烧瓶内溶液温度降至 30℃以下[4]，打开搅拌器，将重铬酸钾溶液逐滴缓慢滴入。氧化反应开始后，混合液会迅速升温，橙红色的重铬酸钾溶液变为绿色。当三颈烧瓶内温度达到 55℃时，控制滴加速度，使反应液温度维持在 55～60℃之间[5]。待重铬酸钾溶液滴加完毕，继续搅拌直到反应温度有下降趋势。然后向反应液中加入约 0.25g 草酸，使溶液变为墨绿色，以破坏过量的重铬酸钾。

3. 提纯粗产品

向反应瓶中加入 25mL 蒸馏水和几粒沸石，将装置改为蒸馏装置[6]。控制蒸馏速度，将环己酮和水一起蒸出。当馏出液不再混浊或没有油滴蒸出，停止蒸馏。向馏出液中加入无水氯化钠[7]，使溶液达到饱和，将馏出液转入分液漏斗，分出有机层。用 15mL 乙醚将水层萃取 2 次，合并有机层和萃取液，向混合液中加入无水硫酸钠干燥有机相并过滤。所得粗产品先经 50～55℃水浴蒸馏回收乙醚，然后继续用常压蒸馏收集 150～155℃的馏分，称重，计算产率。

本方法约需 4h。

方法三：用 H_2O_2 作氧化剂

向装有滴液漏斗、回流冷凝管、磁力搅拌器和温度计的 250mL 三颈烧瓶中，加入 10.5mL 环己醇和 2.5g 氧化铁，向滴液漏斗中加入 10mL 30%过氧化氢。水浴加热，控制反应温度在 55～60℃，通过滴液漏斗向三颈烧瓶中缓慢滴加过氧化氢溶液，待过氧化氢溶液滴加完后，继续在搅拌作用下反应 30min，使反应液变为墨绿色。待反应完成后，向三颈瓶中加入 60mL 蒸馏水及几粒沸石，将反应装置改成简单蒸馏装置进行蒸馏，将环己酮和水一起蒸出。待馏出液不再浑浊后，再继续蒸馏 15～20mL 馏出液。向馏出液中加入无水氯化钠，使溶液达到饱和，将馏出液转入分液漏斗，分出有机层。用 15mL 乙醚将水层萃取 2 次，合并有机层和萃取液，向混合液中加入无水硫酸钠干燥有机相并过滤。所得粗产品先经 50～55℃水浴蒸馏回收乙醚，然后继续用常压蒸馏收集 150～155℃的馏分，称重，计算产率。环己酮的红外光谱图和核磁共振氢谱见图 5-6 和图 5-7。

本方法约需 3h。

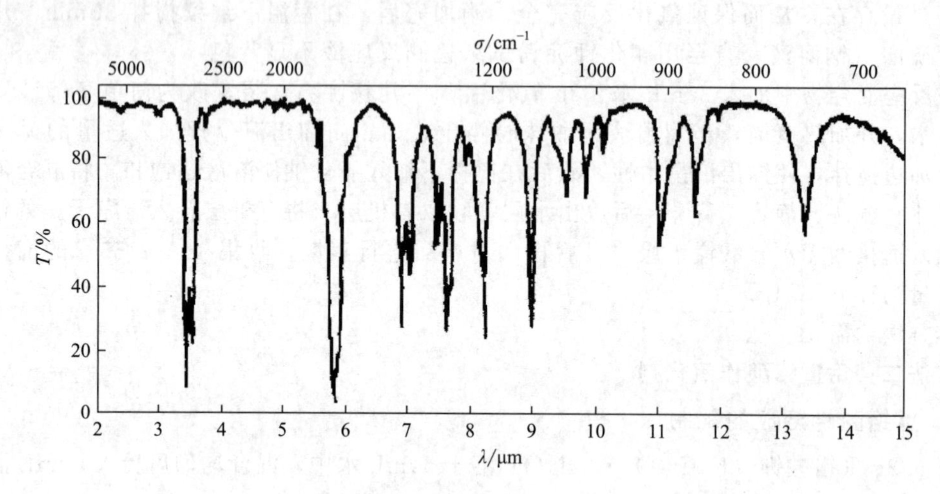

图 5-6　环己酮的红外光谱图

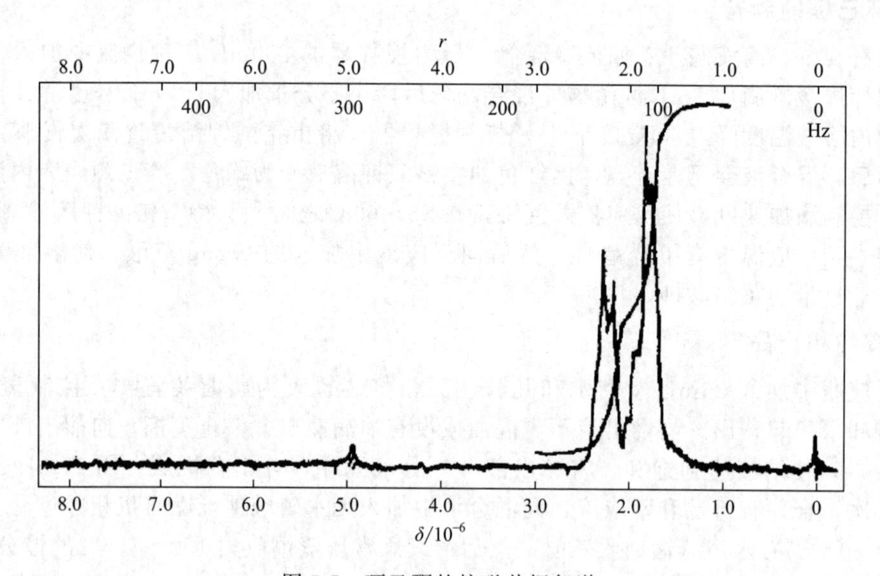

图 5-7　环己酮的核磁共振氢谱

【注释】

［1］采用次氯酸法制备环己酮时有氯气迸出，操作应在通风橱中进行。

［2］此时发生反应：$ClO^- + HSO_3^- \longrightarrow Cl^- + H^+ + SO_4^{2-}$

［3］加氧化铝可防止蒸馏时发泡。

［4］反应物温度不宜冷却过低，当反应瓶中的重铬酸钾积聚达到一定浓度时，温度升高会使反应速度突然加剧，从而产生危险。

［5］温度过高会产生副反应。

［6］环己酮与水（含环己酮 38.4%）能形成恒沸物（沸点 95℃），馏出液中含有乙酸，沸程为 94～100℃。

[7] 加入无水氯化钠的目的是降低环己酮的溶解度，从而有利于环己酮的分层。

【思考题】

1. 为什么用铬酸氧化环己醇可得到环己酮，而用高锰酸钾氧化则得到己二酸？
2. 在加重铬酸钾溶液的过程中，为什么要待反应物的橙红色完全消失后滴加重铬酸钾？
3. 重铬酸氧化法制环己酮的实验中，氧化反应结束后为什么要加入草酸或甲醇？
4. 在氧化反应过程中，为什么必须控制温度在一定的范围？如何控制？

实验二十三 己二酸的制备

【预习提示】

1. 预习硝酸氧化法制备己二酸的反应。
2. 预习高锰酸钾氧化法制备己二酸的反应。

【实验目的】

1. 学习用环己醇氧化制备己二酸的原理和方法。
2. 掌握电动搅拌机的使用方法；掌握浓缩、过滤、重结晶等基本操作。

【实验原理】

己二酸是合成尼龙-6 的主要原料之一，实验室可用浓硝酸、高锰酸钾氧化环己醇制得。

硝酸氧化法制备己二酸的反应式：

$$3\,C_6H_{11}OH + 8HNO_3 \longrightarrow 3HOOC(CH_2)_4COOH + 8NO + 7H_2O$$

$$8NO \xrightarrow{4O_2} 8NO_2$$

高锰酸钾氧化法制备己二酸的反应式：

$$3\,C_6H_{11}OH + 8KMnO_4 + H_2O \longrightarrow 3HOOC(CH_2)_4COOH + 8MnO_2 + 8KOH$$

氧化反应一般都为放热反应，因此在氧化反应过程中必须严格控制反应条件，既能避免反应失控造成危险，又能获得较好的收率。

【主要试剂及仪器】

试剂：环己醇、50％硝酸、高锰酸钾、10％氢氧化钠、钒酸铵、10％碳酸钠溶液、浓硫酸、亚硫酸氢钠。

仪器：三颈烧瓶、搅拌器、水浴锅、电子天平、抽滤瓶、布氏漏斗、循环水式真空泵、烧杯、滴液漏斗、干燥箱等。

【物理常数及性质】

己二酸：相对分子质量为146.14，熔点为152～154℃，沸点为330.5℃，折射率 $n_D^{20}=1.4263$。

【实验内容】

方法一：硝酸氧化法

在装有滴液漏斗、温度计和回流冷凝管的100mL三颈烧瓶中，加入8mL 50%硝酸[1]和少量钒酸铵[2]，并在冷凝管后用稀氢氧化钠溶液作尾气吸收液，吸收反应过程中产生的氧化氮气体[3]。用水浴将三颈烧瓶预热至50℃后移去水浴[4]，自滴液漏斗缓慢滴加5～6滴环己醇[5]，同时加以振摇，至反应开始，放出红棕色氧化氮气体，然后维持三颈烧瓶内温度在50～60℃之间，调节滴加速度，将剩余的环己醇滴加完毕（滴加时间约为20min），总量为2.6mL[6]，滴加完后继续振摇反应液，并用80～90℃的热水浴加热15min，直至几乎没有红棕色气体逸出。反应结束后将此热液倒入洁净的50mL烧杯中，待其冷却后，析出己二酸晶体，抽滤并用10mL冰水洗涤，干燥，得到约3g粗产物。称重，计算产率。

粗制的己二酸晶体可以用蒸馏水重结晶，纯己二酸为白色棱状结晶。

本实验需4h。

方法二：高锰酸钾氧化法

在装有温度计、搅拌器和恒压滴液漏斗的250mL三颈瓶中，加入50mL 10%的碳酸钠溶液和12g研细的高锰酸钾。开动搅拌器，将4.2mL环己醇从滴液漏斗缓慢滴入，控制反应温度[7]在45℃左右。待环己醇滴加完毕，并且反应温度降至40℃左右时，移至80℃的热水浴中加热并不断搅拌20min，使反应完全。

在一张平整的滤纸上点一小滴反应液，以观察反应是否完成。如果紫红色消失，表示反应已经完成。如果还有紫红色，可继续加热数分钟。若紫红色仍不消失，则向反应液中加入少许固体亚硫酸氢钠，以消除过量的高锰酸钾。

待反应结束后，将溶液趁热抽滤，并用10%的碳酸钠溶液[8]洗涤二氧化锰滤渣。将滤液和洗涤液合并转移到100mL烧杯中，用4mL浓硫酸酸化。小心地加热蒸发混合液，当溶液的体积减少至20mL左右，冷却析出己二酸，抽滤并用15mL冷水洗涤，干燥，得到约4g己二酸。称重，计算产率。己二酸的红外光谱图见5-8。

本实验需4h。

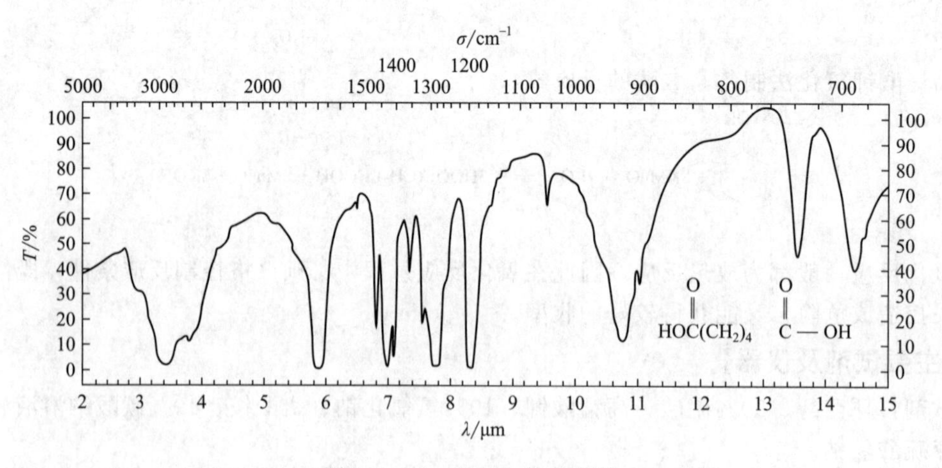

图5-8 己二酸的红外光谱图

【注释】

[1] 浓硝酸和环己醇切不可用同一个量筒量取，否则两者相遇会发生剧烈反应，甚至爆炸。

[2] 钒酸铵不能多加，多加会使产品发黄。

[3] 反应产生的氧化氮气体有毒，仪器装置的气密性要好，整个反应应在通风橱中进行。

[4] 实验中要同时监控水浴温度和反应液的温度。

[5] 该反应为强烈放热反应，环己醇滴加速度要慢，以免反应太剧烈而引起爆炸。

[6] 环己醇的熔点为 25.93℃，黏度比较大，为了减少转移损失，可用少量水冲洗量筒，洗涤水一并加入滴液漏斗中。这样既可降低环己醇的凝固点，又可避免堵塞滴液漏斗。

[7] 反应刚开始时温度较低，反应是放热反应，当温度超过 30℃，通过滴加环己醇的速度来控制反应温度。

[8] 二氧化锰残渣中容易夹杂己二酸甲盐，用碳酸钠溶液可以将其洗涤出来。

【思考题】

1. 硝酸氧化法制备己二酸实验中，如何控制反应温度和环己醇滴加速度？为什么？

2. 环己醇用铬酸氧化得到环己酮，而用高锰酸钾和浓硝酸氧化却得到己二酸，为什么？

3. 用高锰酸钾氧化法制己二酸时，两次加入碳酸钠溶液的作用分别是什么？

4. 用高锰酸钾氧化法制己二酸时，为什么先用碳酸钠洗涤残渣，后用冷水洗涤产品？洗涤水过量对实验结果有何影响？

实验二十四 乙酸乙酯的制备

【预习提示】

1. 预习羧酸酯制备的相关原理。

2. 预习乙酸乙酯制备反应的特征。

3. 如何控制羧酸酯制备反应温度？如何提高转化率？

【实验目的】

1. 学习醇与羧酸发生酯化反应的原理及方法。

2. 掌握蒸馏、萃取和干燥等操作。

【实验原理】

醇和羧酸在少量酸性催化剂（如浓硫酸、盐酸、磺酸、强酸性阳离子交换树脂）作用下，发生酯化反应生成酯。酯化反应的特点是可逆反应、反应速度慢、反应历程复杂、酸性催化。

主反应：

$$CH_3COOH + C_2H_5OH \xrightleftharpoons[\text{浓 } H_2SO_4]{110\sim120℃} CH_3COOC_2H_5 + H_2O$$

实验过程中，必须控制好反应温度，如果温度过高，会产生大量的副产物。

副反应：

$$2C_2H_5OH \xrightarrow[\text{浓 } H_2SO_4]{140℃} C_2H_5OC_2H_5 + H_2O$$

$$CH_3CH_2OH \xrightarrow[浓\ H_2SO_4]{170℃} CH_2=CH_2+H_2O$$

为了促进可逆反应的正向进行，即提高酯的产量，可以加入过量的酸或醇，也可以把生成的酯或水不断蒸出，或者两者并用。在乙酸乙酯的制备实验中，一般采用加入过量的乙醇，并将反应中生成的乙酸乙酯及时地蒸出，实验装置见图 5-9。

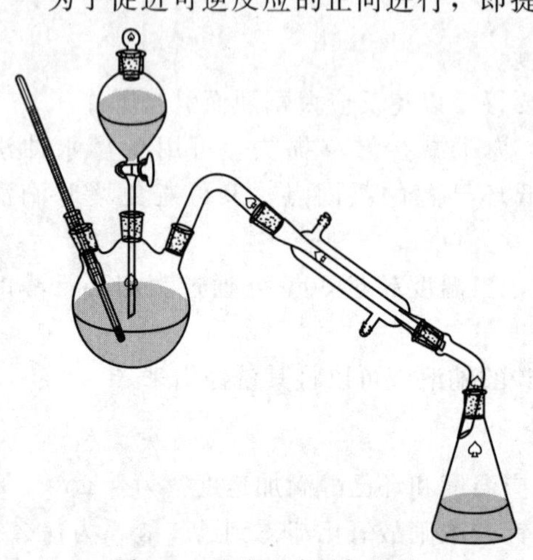
图 5-9　乙酸乙酯制备装置

【主要试剂及仪器】

试剂：无水乙醇、冰醋酸、浓 H_2SO_4、饱和碳酸钠溶液、饱和食盐水、饱和氯化钙溶液、无水硫酸镁、硫酸氢钠。

仪器：三颈烧瓶、温度计（150℃）、滴液漏斗、直形冷凝管、尾接管、锥形瓶、烧瓶、量筒、电子天平、电热套、分液漏斗、pH 试纸、玻璃棒。

【物理常数及性质】

乙醇：液体密度为 0.789g/cm³，熔点为−114.3℃，沸点为 78.4℃，折射率 $n_D^{20}=1.3624$。纯乙醇为无色透明的液体，有特殊香味，易挥发。

乙酸：纯乙酸为无色液体，具有刺激性气味，熔点为 16.6℃，沸点为 117.9℃，相对密度为 1.0492（20/4℃），折射率 $n_D^{20}=1.3716$。温度低于 16.6℃时，纯乙酸会凝结成冰状固体，因此常称为冰醋酸。乙酸易溶于水、醇、醚或四氯化碳等。

乙酸乙酯：熔点为−83.6℃，沸点为 77.06℃，折射率 $n_D^{20}=1.37181$，相对密度为 0.896。乙酸乙酯为无色澄清液体，有类似于醚的气味，微带果香的酒香，微溶于水，溶于醇、酮、醚等有机溶剂。

【实验内容】

方法一：

1. 粗乙酸乙酯的制备

向 100mL 的三颈烧瓶中加入 12mL 无水乙醇，摇晃下缓慢加入 5mL 的浓硫酸[1]，待混合均匀后，向混合液中加入几粒沸石。三颈烧瓶左侧口插入温度计（温度计水银球与滴液漏斗下端都要插到液面以下），右侧口接装直形冷凝管，中口插入滴液漏斗，装置如图 5-9 所示。

仪器装好后，分别量取 15mL 无水乙醇和 15mL 冰醋酸加入滴液漏斗中。接通冷凝水后，小火加热三颈烧瓶，当反应液温度达到 110℃，从滴液漏斗中缓慢滴加混合液于反应瓶中，控制滴液速度，使其滴加速度与馏出速度大致相等，并维持温度在 110～120℃[2]。待反应液滴加完毕后，继续加热几分钟，使生成的酯尽量蒸出。锥形瓶中的液体即为制得的粗乙酸乙酯。

2. 乙酸乙酯的精制

（1）除乙酸

向制得的粗乙酸乙酯中加入饱和碳酸钠溶液[3]，边加边搅拌，直至不再产生二氧化碳气体或溶液不显酸性（可用 pH 试纸检测）。

（2）除水分

将混合液转移至分液漏斗中（固体勿转入），充分振荡、静置、分层，放出下层水溶液。

（3）除碳酸钠

漏斗中的酯层用 10mL 饱和食盐水[4]洗涤，充分振荡、静置、分层，放出下层溶液。

（4）除乙醇

漏斗中的酯层用 20mL 饱和氯化钙溶液分两次洗涤。充分振荡、静置、分层，放出下层溶液。酯层从分液漏斗上口倒入干燥洁净的带塞锥形瓶中，向锥形瓶中加入 1～2g 无水硫酸镁。不断振荡后静置，待酯层清亮后，过滤入干燥的蒸馏烧瓶中。

（5）除乙醚

在蒸馏烧瓶中加入几粒沸石，搭好蒸馏装置。收集 35～40℃的馏分（乙醚），将其倒入指定的容器；收集 73～78℃的馏分（乙酸乙酯），量其体积，计算产率。

方法二：

向 100mL 圆底烧瓶中加入 15mL 冰醋酸和 20mL 无水乙醇，在振摇和冰水浴条件下加入 2g $NaHSO_4$[5]，混合均匀后，加入几粒沸石，装上回流冷凝管，水浴加热，回流半小时。待溶液稍冷，拆除回流装置，重新加入几粒沸石，改装成蒸馏装置，水浴蒸馏，直至不再有馏出物。向馏出液中加入 10mL 饱和碳酸钠溶液，边加边振摇，至有机相呈碱性或中性（可用 pH 试纸检测）。将混合液转入分液漏斗中，振荡、静置后分去水相，向有机相中先加入 10mL 饱和食盐水洗涤，振荡并分层后，分去水相，再用 20mL 饱和氯化钙溶液洗涤（分两次进行）。分出的有机相倒入干燥洁净的锥形瓶中，并加入 1g 无水硫酸镁干燥。将干燥后的产物滤入干燥的圆底烧瓶中，加入几粒沸石，装好蒸馏装置进行蒸馏，收集 73～78℃的馏分。称重，计算产率。乙酸乙酯的红外光谱图见图 5-10。

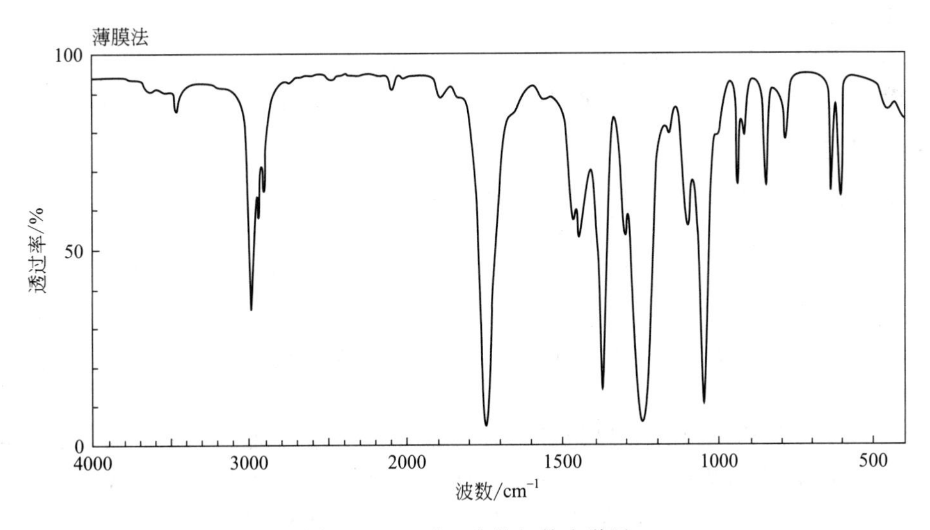

图 5-10 乙酸乙酯的红外光谱图

【注释】

[1] 硫酸的用量为醇的用量的 3%就能起催化作用。当硫酸用量较多时，硫酸还具有脱水作用从而可增加酯的产率。但硫酸用量过多时，高温时的氧化作用对反应不利。

[2] 温度控制在 110～120℃，反应主要以生成酯的反应进行，当温度高于 120℃，副产物乙醚会增多。

[3] 馏出液中不仅含有乙酸和水，还含有少量的乙醇和乙酸。用碳酸钠除去其中的乙

酸，现象明显，容易控制。

[4] 用饱和氯化钙溶液洗涤前，必须先去除溶液中的碳酸钠，否则，用饱和氯化钙溶液洗涤时，有可能产生絮状的碳酸钙沉淀，使分离变得更困难，因此必须采用食盐水水洗以除去碳酸钠。

[5] $NaHSO_4$ 相当于固体无机酸，也可以催化酯化反应。

【思考题】

1. 酯化反应具有什么特点？本实验为了促使酯化反应向生成物方向进行，如何操作？
2. 实验中浓硫酸的作用是什么？
3. 本实验能否采用醋酸过量？为什么？
4. 蒸出的粗乙酸乙酯中主要含有哪些杂质？

实验二十五 乙酸正丁酯的合成

【预习提示】

1. 预习乙酸正丁酯的合成原理。
2. 如何使用分水器？本实验为何要用分水器？
3. 本实验的催化剂是什么？

【实验目的】

1. 学习乙酸正丁酯的合成原理和方法。
2. 掌握共沸蒸馏分水法的原理和萃取、分液、干燥等基本操作。

【实验原理】

乙酸正丁酯是一种无色的液体，具有水果香味，天然存在于苹果、香蕉、樱桃、葡萄等植物中，易挥发，难溶于水，能溶于醇、酮、酯和大多数常用的有机溶剂，有麻醉作用，具有刺激性。乙酸正丁酯是一种重要的工业原料，也是一种重要的有机合成物中间体，它广泛应用于涂料、制革、制药等工业，也是化工、医药等行业的主要溶剂之一，也可用于部分化妆品、添加剂、防腐剂等，还可用作日化香精及酒用香精。因此，乙酸正丁酯具有广泛的应用价值和发展前景。

现代工业中多采用间歇法，以浓硫酸作为催化剂，以乙酸和正丁醇为原料，经酯化反应制得乙酸正丁酯。酯化反应一般需要酸进行催化，本实验采用浓硫酸或浓磷酸进行催化；该反应是可逆反应，为使平衡反应向生成酯的方向移动，可以使反应物乙酸或正丁醇过量，或将生成物从反应体系中及时蒸除，或者两者兼用。因乙酸比正丁醇便宜，同时考虑精制时乙酸较容易被去除，因此本实验选用乙酸过量，醇酸配比约为1∶1.3。同时，酯化反应生成的水，对反应的进程有较大影响，故在反应的同时要除去水。在实验中采用分水器将生成的水通过共沸混合物初步除去，该操作既能移除反应产生的水，又能增大反应的转化率。

主反应：

$$CH_3COOH + C_4H_9OH \xrightleftharpoons{\text{浓硫酸}} CH_3COOC_4H_9 + H_2O$$

副反应：

$$2C_4H_9OH \xrightarrow{\text{浓硫酸}} C_4H_9OC_4H_9 + H_2O$$

【主要试剂及仪器】

试剂：正丁醇、冰醋酸、浓硫酸、10%碳酸钠溶液、无水硫酸镁。

仪器：圆底烧瓶、分水器、温度计、球形冷凝管、直形冷凝管、蒸馏头、尾接管、锥形瓶、分液漏斗、滴管、电子天平、电热套、铁架台、铁夹及十字头、铁圈。

【物理常数及性质】

正丁醇：熔点为−90.2℃，沸点为117.7℃，相对密度为0.810。63%正丁醇和37%水形成恒沸液，能与乙醇、乙醚及许多其他有机溶剂混溶。正丁醇为无色透明液体，有类似于醇的气味，其蒸气有刺激性，能引起咳嗽。

乙酸正丁酯：沸点为126.3℃，凝固点为−77℃，相对密度为0.8824，闪点为22℃，15℃时的折射率$n_D^{15}=1.3964$。乙酸正丁酯为澄清微香的可燃性液体，微溶于水，溶于乙醇、乙醚和苯等。

【实验内容】

1. 粗乙酸正丁酯的制备

如图5-11所示，在100mL圆底烧瓶[1]中加入12mL正丁醇、15mL冰醋酸[2]和3～5mL浓硫酸[3]，混合均匀后，加入几颗沸石，然后安装分水器和冷凝回流装置，在分水器中预先加少量水，使水位低于支管口2cm左右（用记号笔标记分水器的水面位置），可易于上层酯中的醇回流至烧瓶中继续参与反应。接通冷凝水，小火加热至回流，反应过程中，不断从分水器中放出反应生成的水[4]，并保持分水器中水层液面在原来的高度。当反应不再有水生成（水的液面不再升高），即表示反应完成。停止加热，记录分出的水的量。

2. 乙酸正丁酯的精制

待反应液稍冷却后拆卸回流冷凝器，将分水器分出的酯层和圆底烧瓶中的反应液合并后一起倒入分液漏斗中，用10mL水洗涤，并分去水层。上层有机相先用10mL 10%碳酸钠溶液洗涤，至溶液pH值约为7，分去水层。上层有机相再用10mL水洗涤以除去碳酸钠溶液，分去水层。将最后得到的有机层倒入洁净干燥的锥形瓶中，取适量无水硫酸镁进行干燥。

将干燥后的乙酸正丁酯滤入50mL圆口烧瓶中，安装好简单蒸馏装置，如图5-12所示，接通冷凝水，加热进行常压蒸馏，收集124～127℃的馏分，称量并计算产率。

【注释】

[1] 烧瓶在加反应物前要进行干燥。

[2] 冰醋酸在低于15℃时会凝结成冰状固体，取用时用温水浴先加热熔化，并切记不可触及皮肤。

[3] 浓硫酸在反应中仅起催化作用，故只需少量浓硫酸。滴加浓硫酸时，要边加边摇，以免局部碳化，必要时可用冷水冷却。

[4] 本实验利用共沸物除去水，含水的共沸物冷凝为液体时，分成两层，上层为含少量水的酯和醇，下层主要为水。

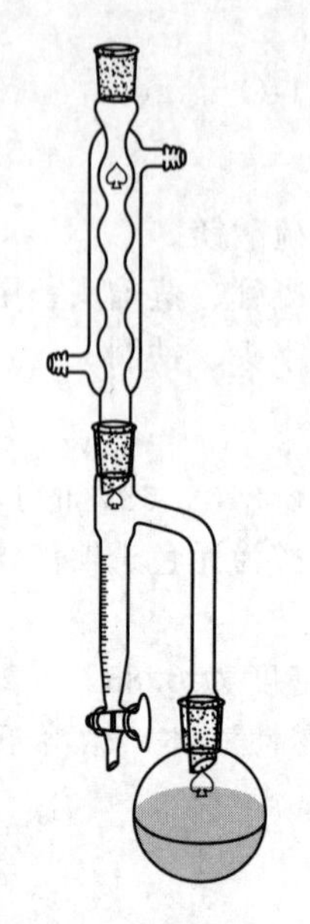

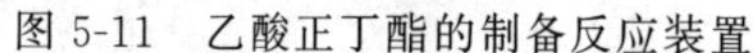

图 5-11　乙酸正丁酯的制备反应装置

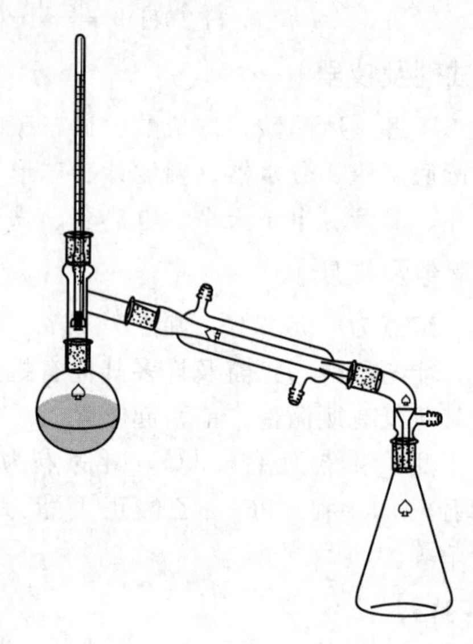

图 5-12　蒸出乙酸正丁酯的反应装置

【思考题】

1. 本实验根据什么原理提高乙酸正丁酯的产率？
2. 乙酸正丁酯的粗产物中，除乙酸正丁酯外，还含有什么杂质？如何去除？

实验二十六　乙酰水杨酸（阿司匹林）的制备

【预习提示】

1. 预习乙酰水杨酸的制备原理。
2. 反应完成后产物中存在哪些成分？采用什么办法除杂？
3. 如何判断反应是否完全？

【实验目的】

1. 学习水杨酸的乙酰化反应的原理和方法。
2. 复习重结晶、减压抽滤等提纯操作。

【实验原理】

乙酰水杨酸即阿司匹林（aspirin），又名巴米尔，是由水杨酸与乙酸酐进行酰化反应得到的。1763 年，英国牛津的一位牧师用柳树皮汤剂治疗发烧病人，后来发现其有效成分为水杨酸。水杨酸虽有很好的消毒、防腐作用，但也有较强的腐蚀性和刺激性，这限制了它的应用。直到 1899 年，德国拜尔药厂的霍夫曼（F. Hoffmann）化学家用水杨酸和醋酸酐进行酰化反应合成了乙酰水杨酸。乙酰水杨酸具有较为温和的解热镇痛作用，有较强的抗炎、抗风湿、降低心脏病发病率等作用。

水杨酸是一种具有酚羟基和羧基双官能团的化合物，羧基和羟基都可以发生酯化反应，但水杨酸还可以形成分子内氢键，阻碍酰化反应和酯化反应的发生。为使酚羟基能发生酰化反应，反应体系需加热到150～160℃，但反应温度升高，其副反应也会增加。如果实验中加入少量的浓硫酸或浓磷酸，不仅可以破坏氢键，而且反应温度可以降低到70～80℃，副反应也有所减少。本实验采用浓硫酸作催化剂，乙酸酐为酰化剂，乙酸酐与水杨酸的酚羟基发生酰化反应生成乙酰水杨酸。

主反应：

$$\text{(COOH, OH 取代苯)} + (CH_3CO)_2O \xrightarrow[\triangle]{H_2SO_4} \text{(COOH, O–C(=O)–CH}_3\text{ 取代苯)} + CH_3COOH$$

副反应：

$$\text{(COOH, OH 取代苯)} + \text{(COOH, OH 取代苯)} \xrightarrow[\triangle]{H_2SO_4} \text{(COOH 苯基)–O–C(=O)–(OH 苯基)} + H_2O$$

$$\text{(OCOCH}_3\text{, COOH 取代苯)} + \text{(COOH, OH 取代苯)} \xrightarrow[\triangle]{H_2SO_4} \text{(OCOCH}_3\text{ 苯基)–C(=O)–O–(COOH 苯基)} + H_2O$$

在生成乙酰水杨酸的同时，水杨酸分子之间还可以发生缩合反应，产生少量的聚合物。

$$n\,\text{(COOH, OH 取代苯)} \xrightarrow[\triangle]{H_2SO_4} \left[\text{O–C}_6\text{H}_4\text{–C(=O)}\right]_n + nH_2O$$

【主要试剂及仪器】

试剂：乙酸酐、水杨酸、浓硫酸、饱和碳酸氢钠溶液、冰、浓盐酸、1%三氯化铁溶液。

仪器：锥形瓶、烧杯、温度计、布氏漏斗、抽滤瓶、水浴锅、水泵。

【物理常数及性质】

水杨酸：相对分子质量为138.1，相对密度为1.44，熔点为157～159℃，沸点约为211℃，升华温度为76℃。

乙酸酐：相对分子质量为102.1，无色透明液体，有强烈的乙酸气味。相对密度为1.0820，熔点为－73℃，沸点为139℃，闪点为49℃，自燃点为400℃，其折射率为1.3904。易燃，有腐蚀性，勿接触皮肤。

乙酰水杨酸：分子式为$C_9H_8O_4$，相对分子质量为180.15，白色针状或结晶性粉末。熔点为135～137℃，密度为1.35g/cm^3。易溶于乙醇，溶于氯仿和乙醚，微溶于水，性质不稳定，在潮湿空气中可缓缓分解成水杨酸和醋酸而略带酸臭味，故贮藏时应置于密闭、干燥处，以防分解。

【实验内容】

1. 粗乙酰水杨酸的制备

称取 3.2g 干燥的水杨酸于 50mL 干燥[1]洁净的锥形瓶中，再量取 5.4mL 乙酸酐一并加入锥形瓶中，继续滴加 5 滴浓硫酸，边滴边振摇。充分摇匀，使水杨酸溶解。

将锥形瓶置于热水浴上加热，保持锥形瓶内溶液温度在 70～80℃[2]，并不时地振摇[3]，加热维持 20min。然后停止加热，取出锥形瓶，待反应混合物冷却至室温，边振摇边缓缓加入 50mL 水，使过量的乙酸酐发生水解[4]。水解完毕后，将锥形瓶放在冰水浴中冷却，静置（约 15min），使其在冰水浴中充分冷却至晶体全部析出。待结晶完全，抽滤，并用 15mL 冷水洗涤两次，抽干，得乙酰水杨酸粗产品，用 1%三氯化铁溶液检验乙酰水杨酸粗产品是否还存有酚羟基。烘干的乙酰水杨酸约为 3.8g(产率约为 92.5%)。

2. 乙酰水杨酸的精制

(1) 碱提（除大分子杂质）

将上述所得乙酰水杨酸粗产品置于 150mL 烧杯中，边搅拌边加入饱和碳酸氢钠溶液(约 20mL)，直到不再有二氧化碳气体产生。抽滤，并用 5～10mL 水洗涤，除去不溶性物质（水杨酸水杨酯、乙酰水杨酰水杨酸酯的钠盐溶液及水杨酸自身聚合物）。滤液即为不含大分子杂质的乙酰水杨酸的钠盐溶液。

(2) 酸沉

将滤液转入 100mL 洁净的烧杯中，缓慢加入 5mL 浓盐酸和 10mL 水，边加边搅拌，可发现会有晶体逐渐析出。将烧杯置于冰水浴中继续冷却结晶，使晶体尽量析出。待晶体完全析出后，抽滤，用少量冷水洗涤晶体 2～3 次，尽量抽去母液。待抽干后，取少量乙酰水杨酸，溶于装有几滴乙醇的试管中，并滴加 1～2 滴 1%三氯化铁溶液，如果溶液发生显色反应，说明产品中仍有水杨酸存在。

(3) 重结晶

将所得的乙酰水杨酸溶于少量沸乙醇[5]中，再不断向乙醇溶液中加入热水，直到溶液中出现浑浊。重新将溶液加热至澄清透明，停止加热，静置使其慢慢冷却、结晶。待晶体完全析出，抽滤、干燥、称重，计算产率。

乙酰水杨酸的红外光谱图见图 5-13，乙酰水杨酸的核磁共振氢谱见图 5-14。

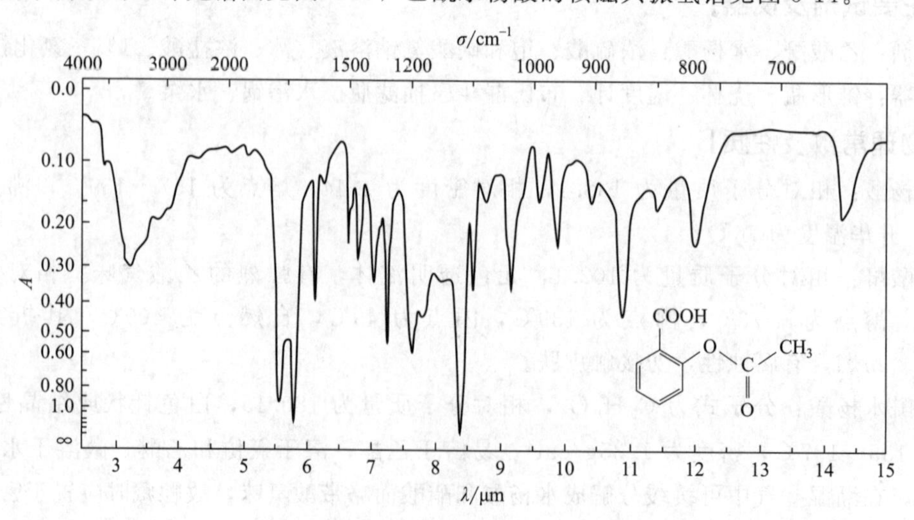

图 5-13 乙酰水杨酸的红外光谱图

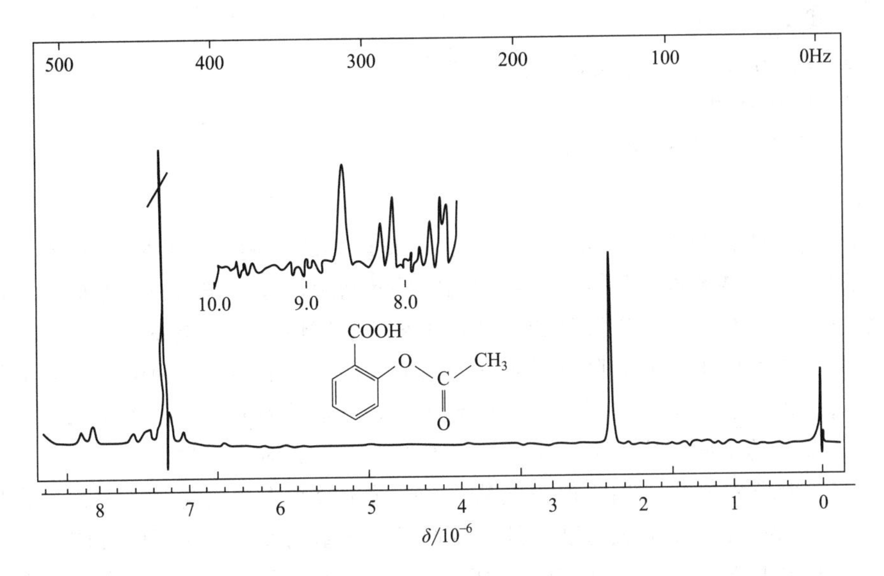

图 5-14　乙酰水杨酸的核磁共振氢谱

【注释】

[1] 反应器应当干燥，否则乙酸酐加热容易水解。

[2] 反应温度不宜过高，否则会增加副产物的生成，从而生成水杨酸水杨酯及乙酰水杨酰水杨酸酯等。

[3] 如果不充分振摇，在浓硫酸的作用下，水杨酸易反应生成水杨酸水杨酯。

[4] 乙酸酐水解放热，能使瓶内混合液体沸腾，使蒸气外逸，因此加水时要小心，以免发生意外。

[5] 也可以用稀乙酸（1∶1）或苯进行重结晶。进行重结晶时，其溶液不应加热过久，否则乙酰水杨酸会部分分解。

【思考题】

1. 反应时锥形瓶为什么必须是干燥的？

2. 水杨酸与乙酸酐的反应过程中，为什么要加入浓硫酸？

3. 纯的乙酰水杨酸不会与三氯化铁有显色反应，但经过乙醇-水混合溶剂重结晶后的乙酰水杨酸，有时却与三氯化铁发生显色反应，这是什么原因？

4. 本实验中能否用乙酸代替乙酸酐？为什么？

实验二十七　乙酰苯胺的制备

【预习提示】

1. 预习胺的酰基化反应。

2. 预习苯胺和乙酰苯胺的物化性质。

【实验目的】

1. 掌握乙酰苯胺酰化反应的原理与基本操作。
2. 学习易氧化基团的保护原理与方法。
3. 进一步巩固固体有机物重结晶的提纯方法。

【实验原理】

芳胺的酰化在药物制备和有机合成中有着极其重要的作用。氨基酰化不仅可以保护氨基，而且以酰胺键代替酯键还能改善药物的稳定性和药理活性。作为一种保护措施，一级或二级芳香胺在合成中酰化，可以降低芳胺对氧化剂的敏感性，从而提高其稳定性而不被反应试剂破坏。同时氨基经酰化后，降低了苯环的亲电取代反应的活性，使强活性的第一类定位基转化为中等强度活性的定位基团，并且使苯环的亲电取代反应由多元取代变为一元取代，这主要是由于酰基的空间效应，取代反应往往选择性地生成对位产物。

酰化反应在化学制药中常用于保护氨基。因酰胺不容易发生氧化反应，芳胺的取代反应也较不活泼，并且酰化可以避免氨基与其他试剂或功能基团发生不必要的反应。氨基酰化还具有非常重要的药理学意义。比如在分子中引入酰基，可提高药物的脂溶性，从而有利于体内药物的吸收，使其疗效大大提高。如果将药物分子上的酯键转化为酰胺键，还可以提高其水解稳定性，从而可以延长药物作用时间。例如盐酸普鲁卡因（常用作局部麻醉药），此药物在局麻时渗透力弱、维持时间较短，但如果转化为酰胺类麻药（如盐酸利多卡因），其药效会较稳定，且药效持久。

药物酰化反应后还可以降低药物的毒副作用。例如，对氨基苯酚具有较好的镇痛解热作用，但氨基苯酚具有较强的毒副作用，如果将对氨基苯酚酰化，生成对羟基乙酰苯胺（俗称扑热息痛），其毒副作用会大大降低，且疗效显著。又如苯胺为毒性极强的药品，但转化为乙酰苯胺（退热冰）后，其毒性降低，临床上可用作解热镇痛药。

当然，由于酰胺碱性较弱，氨基酰化后，在反应的最后一步，可以通过在酸或碱的环境中水解，氨基又很容易还原再生。

芳胺可以用乙酰氯、冰醋酸或酸酐加热来酰化。其反应活性为：乙酰氯＞酸酐＞冰醋酸。冰醋酸价格便宜、试剂易得，以冰醋酸为乙酰化试剂，它与苯胺的反应是可逆反应，反应速率较慢，反应时间长。为了提高产率，可以增加冰醋酸的浓度；还可以将生成的水从反应体系中不断除去，由于冰醋酸与水的沸点相近，可用分馏除去生成的水。应该注意的是，由于苯胺容易氧化，为了防止苯胺在反应过程中发生氧化，需向反应体系中加入少量还原剂——锌粉。但加入的锌粉不宜过多，否则会在后期处理中产生不溶于水的氢氧化锌。若以酸酐为酰化试剂，游离的胺与乙酸酐酰化时，会有副产物二乙酰胺产生，为了减少副反应，将酰化反应在乙酸-乙酸钠的缓冲溶液中进行，酰化速度远远大于酸酐的水解速度，可以得到纯度较高的酰化产物。

当酰化试剂为冰醋酸时，其反应为：

$$C_6H_5NH_2 + CH_3COOH \underset{}{\overset{\triangle}{\rightleftharpoons}} C_6H_5NHCOCH_3 + H_2O$$

当酰化试剂为乙酸酐时，其反应为：

$$C_6H_5NH_2 \xrightarrow{HCl} C_6H_5\overset{+}{N}H_3Cl^- \xrightarrow[CH_3CO_2Na]{(CH_3CO)_2O} C_6H_5NHCOCH_3 + 2CH_3COOH + NaCl$$

【主要试剂及仪器】

试剂：苯胺、冰醋酸、锌粉、活性炭、浓盐酸、乙酸酐、乙酸钠。

仪器：圆底烧瓶、分馏柱、冷凝管、蒸馏头、温度计、接收管、锥形瓶、铁架台、加热套。

【物理常数及性质】

苯胺：无色油状液体，相对分子质量为 93.13，熔点为−6.3℃，沸点为 184.1℃，相对密度为 1.0217，折射率 $n_D^{20}=1.5863$，加热至 370℃分解。苯胺稍溶于水，易溶于乙醚、乙醇等有机溶剂中。

乙酰苯胺：白色有光泽片状结晶或白色结晶粉末，相对分子质量为 135.16，熔点为 114.3℃，沸点为 304℃，相对密度为 1.219，微溶于冷水，能溶于热水、甲醇、乙醇、乙醚、甘油、氯仿、丙酮和苯等溶剂中，不溶于石油醚。

【实验内容】

方法一：以冰醋酸为酰化试剂

向 50mL 圆底烧瓶中加入 10mL 苯胺[1]、15mL 冰醋酸和少许锌粉[2]（约 0.1g），瓶口装上刺形分馏柱，分馏柱上端装一支温度计，支管口通过蒸馏装置与接收瓶连接，如图 5-15 所示。接通冷凝水，小火加热至反应物微沸，并保持 20min，然后逐渐升高温度，当柱顶温度计读数达到 100℃时，支管口会有蒸馏液馏出。维持柱顶温度 100～110℃，持续反应约 1h，此时生成的水及大部分乙酸被蒸出，温度计温度下降，表明反应完毕。

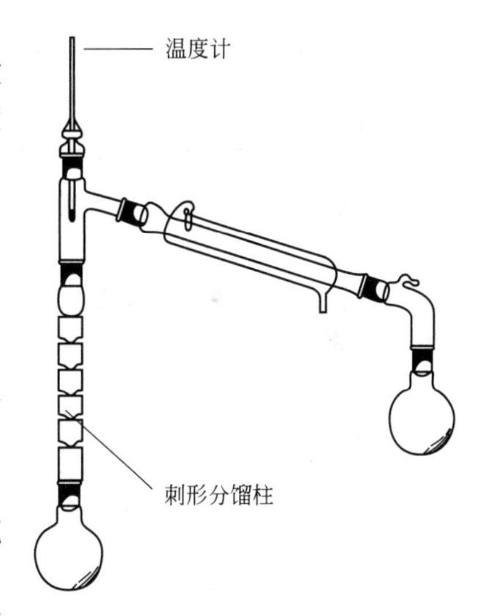

图 5-15　乙酰苯胺制备的分馏装置图

趁热[3]将反应物以细流状倒入 200mL 冰水[4]中，边倒边搅拌，待混合物冷却、结晶后，抽滤析出的固体，再用少量的冷水洗涤，得到粗产物乙酰苯胺，粗乙酰苯胺用水进行重结晶，抽滤、烘干、称重，并计算产率。

方法二：以乙酸酐为酰化试剂

取 0.5mL 浓盐酸和 12mL 蒸馏水加入 50mL 锥形瓶中，在搅拌作用下加入 0.56mL 苯胺。待苯胺溶解后，向锥形瓶中再加入少量活性炭[5]（约 0.1g），加热将溶液煮沸并维持 5min，趁热过滤[6]，以滤去活性炭和其他不溶性杂质。及时将滤液转移到 100mL 锥形瓶中，待溶液冷却至 50℃，加入 0.75mL 乙酸酐，搅拌使其完全溶解。

事先称 1g 乙酸钠固体溶于 2mL 蒸馏水中，待上述乙酸酐完全溶解，立即加入配好的乙酸钠溶液，充分搅拌，使其均匀。然后将锥形瓶置于冰水浴中冷却，结晶。待结晶完全析出，抽滤，并用少量冷水洗涤。将抽滤后收集的晶体干燥、称量，计算产率。产量为 0.4～0.7g。

用该法制得的乙酰苯胺比较纯净，可直接用于有机合成中的下一步合成。乙酰苯胺的红外光谱图见图 5-16。

【注释】

[1] 久置的苯胺易被氧化，含有杂质且色深，会影响产物的质量，最好用新蒸馏的苯胺。

[2] 苯胺在加热反应过程中易氧化，加入锌粉可以防止苯胺氧化，但不易加过多，否则

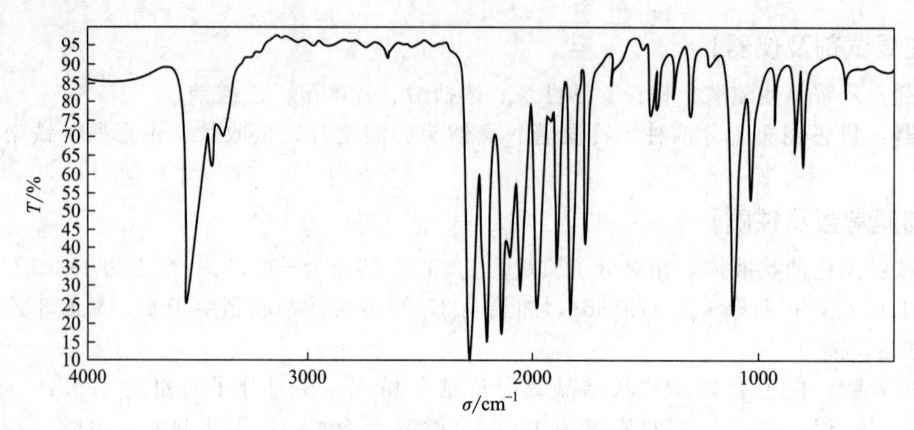

图 5-16　乙酰苯胺的红外光谱图

锌粉被氧化生成絮状氢氧化锌，会吸收一定量的乙酰苯胺。

［3］温度降低，乙酰苯胺晶体容易析出，且趁热倒入冷水，可方便除去过量的乙酸及苯胺。

［4］冷水的量不宜过多，否则乙酰苯胺损失过多，乙酰苯胺在水中的溶解度见表 5-1。

表 5-1　乙酰苯胺在水中的溶解度

温度/℃	20	40	60	80	100
溶解度/(g/100g)	0.52	0.86	2.00	4.5	18

［5］活性炭不能在溶液沸腾时加入，否则容易引起暴沸，从而产生危险。如果苯胺颜色不深，可以不加活性炭。

［6］过滤前先将滤瓶和布氏漏斗加热，抽滤时间也不易过久，否则乙酰苯胺晶体会出现在滤瓶中，此时不要用溶剂冲洗，可待锥形瓶中溶液冷却后，将锥形瓶中母液小心倾倒入滤瓶中，并摇晃冲洗瓶壁，再将母液倒入锥形瓶，从而可减少损失。

【思考题】

1. 方法一实验中为何要控制分馏柱顶端温度在 100～110℃？如果温度过高会对实验结果有何影响？

2. 方法一实验中为何采用刺形分馏柱而不采用普通的蒸馏柱？

3. 加入锌粉的作用是什么？加入量过多会有什么影响？

4. 用冰醋酸酰化和用乙酸酐酰化各有何优缺点？

5. 用乙酸酰化苯胺，为什么乙酸要过量，并将生成的水不断蒸出？

实验二十八　肉桂酸的制备

【预习提示】

1. 预习 Perkin 反应的原理。

2. 预习肉桂酸的物化性质。

【实验目的】

1. 通过肉桂酸的制备学习，掌握 Perkin 反应的原理与基本操作。

2. 进一步巩固固体有机化合物的减压过滤、重结晶等提纯方法。

【实验原理】

肉桂酸，又名桂皮酸、桂酸、β-苯基丙烯酸，结构简式为 $C_6H_5—CH═CH—COOH$。肉桂酸有顺式和反式两种异构体，通常以反式构型存在。肉桂酸是合成一种治疗冠心病药物的中间体；也可用于制备局部麻醉剂、止血剂、杀菌剂、抗痉疮剂等药物；其酯类衍生物可配制香精和食品香料；肉桂酸也可广泛应用于感光树脂材料、缓蚀剂、聚氯乙烯热稳定剂等。

在碱性催化剂的作用下，芳香醛和酸酐可发生类似于羟醛缩合的反应，生成 α,β-不饱和羧酸盐，该反应称为普尔金（Perkin）反应。常用的催化剂是与酸酐对应的羧酸钾盐或钠盐，也可用碳酸钾或叔胺代替。本实验分别采用无水乙酸钾和无水碳酸钾为催化剂制备肉桂酸。

以无水乙酸钾为催化剂的主反应：

$$C_6H_5CHO + (CH_3CO)_2O \xrightarrow[160\sim170℃]{CH_3COOK} C_6H_5CH═CHCOOK + CH_3COOH$$

$$C_6H_5CH═CHCOOK + HCl \longrightarrow C_6H_5CH═COOH + KCl$$

以无水碳酸钾为催化剂的主反应：

$$C_6H_5CHO + (CH_3CO)_2O \xrightarrow[140\sim170℃]{K_2CO_3} C_6H_5CH═CHCOOK + CH_3COOH$$

$$C_6H_5CH═CHCOOK + HCl \longrightarrow C_6H_5CH═COOH + KCl$$

【主要试剂及仪器】

试剂：苯甲醛、乙酸酐、无水乙酸钾、无水碳酸钾、10%氢氧化钠溶液、乙醇、活性炭、固体碳酸钠、浓盐酸。

仪器：100mL 圆底烧瓶、100mL 三颈烧瓶、球形冷凝管、直形冷凝管、减压抽滤装置、蒸馏头、温度计、接收管、锥形瓶、铁架台、加热套、250mL 烧杯、表面皿等。

【物理常数及性质】

乙酸钾：无色或白色结晶粉末，化学式为 CH_3COOK，相对分子质量为 98.14，有碱味，易潮解，溶液对石蕊呈碱性，对酚酞不呈碱性。相对密度为 1.57(25℃)，折射率 $n_D^{20}=1.3700$，低毒，可燃。易溶于水，水溶解性为 2694g/L(25℃)，溶于甲醇、乙醇、液氨，不溶于乙醚、丙酮。

苯甲醛：相对分子质量为 106.12，熔点为−26℃，沸点为 179℃，折射率 $n_D^{20}=1.5455$，引燃温度为 192℃，微溶于水，可混溶于乙醇、乙醚、苯、氯仿。

肉桂酸：白色单斜晶体，化学式为 $C_9H_8O_2$，相对分子质量为 148.17，熔点为 135.6℃，沸点为 300℃，4℃时的相对密度为 1.2475。微溶于水，易溶于乙酸、苯、丙酮，溶于甲醇、乙醇、氯仿等有机溶剂中。

【实验内容】

方法一：以无水乙酸钾为催化剂

在装有球形冷凝管、氯化钙干燥管和温度计的干燥[1]三颈烧瓶（洁净）中，依次加入 3.0mL 新蒸馏过的苯甲醛[2]、6.0mL 新蒸馏过的乙酸酐和 2.95g 研细的无水乙酸钾[3]粉末，搅拌使之混合均匀。实验装置如图 5-17 所示，温度计水银球插入液面以下，但不能触及瓶底。加热回流，使反应温度维持在 160～170℃，反应 1h。

反应完毕，停止加热，搅拌下趁热向反应物中缓慢地加入 4g 左右固体碳酸钠[4]，直至反应混合物呈弱碱性（pH＝8～9）。将装置改为水蒸气蒸馏装置，如图 5-18 所示，进行水蒸气蒸馏，直至馏出液无油珠[5]。

向烧瓶残留液中加入适量活性炭，并加热煮沸 10min，趁热过滤，得到无色透明滤液。向热滤液中小心地加入 1∶1 的盐酸溶液，边加边搅拌，直至滤液 pH 值小于 4。然后用冷水浴冷却滤液，待肉桂酸晶体全部析出后，进行减压过滤。晶体用少量冷水洗涤并尽量用玻璃塞挤去水分，干燥，得到粗肉桂酸产物。

将粗肉桂酸产物用 30％乙醇或热水进行重结晶，得纯肉桂酸晶体。

本方法需 5～6h。

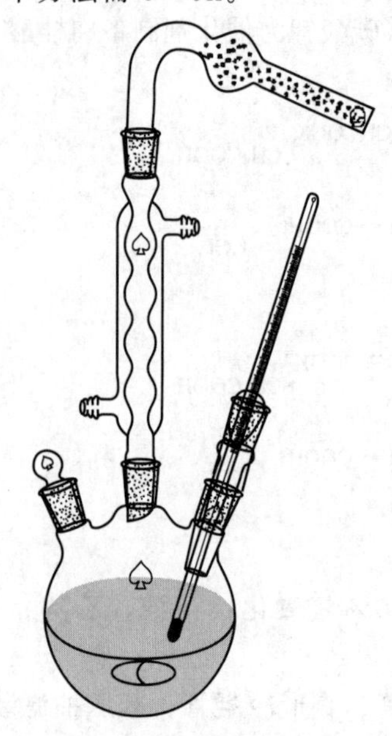

图 5-17 肉桂酸的制备装置

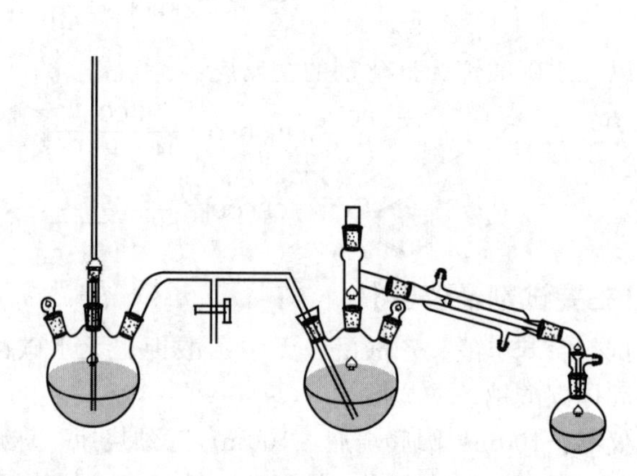

图 5-18 肉桂酸的水蒸气蒸馏装置

方法二：以无水碳酸钾为催化剂

向带搅拌器的三颈烧瓶中分别加入 4.0mL 新蒸馏过的苯甲醛和 11.5mL 新蒸馏过的乙酸酐，摇匀，再加入 5.5g 研细的无水碳酸钾（在通风橱内进行，有白烟生成），在三颈烧瓶上装上上端带有无水氯化钙干燥管的球形冷凝管和温度计，如图 5-17 所示。

在 140～170℃ 的油浴锅中加热回流 60min。反应结束，待反应混合物冷却，加入约 50mL 水，用玻璃棒轻轻捣碎固体后，进行水蒸气蒸馏，直至无油状物蒸出。

冷却后，向蒸馏烧瓶中加入约 35mL 10％氢氧化钠溶液，使溶液中和至碱性，使生成的肉桂酸形成钠盐而溶解。再加入 35mL 水和适量活性炭，加热煮沸 5～10min，趁热过滤。待滤液冷却至室温，边搅拌边加入 1∶1 的盐酸，使溶液酸化至酸性（pH 值小于 4）。冷却结晶，待晶体全部析出后抽滤，并用 8mL 冷水分两次洗涤，干燥后称重。粗产量约 3g。

粗肉桂酸可用 30％乙醇或热水进行重结晶。

本方法需 4～5h。用无水碳酸钾代替 Perkin 反应中的无水乙酸钾，反应时间短，产率高。

肉桂酸的红外光谱图和 ^{1}HNMR 谱图分别如图 5-19 和图 5-20 所示。

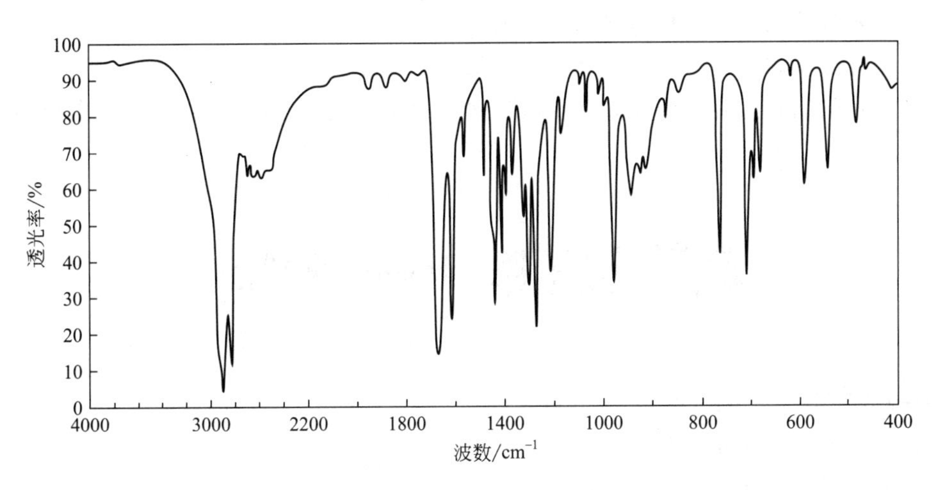

图 5-19　肉桂酸的红外光谱图

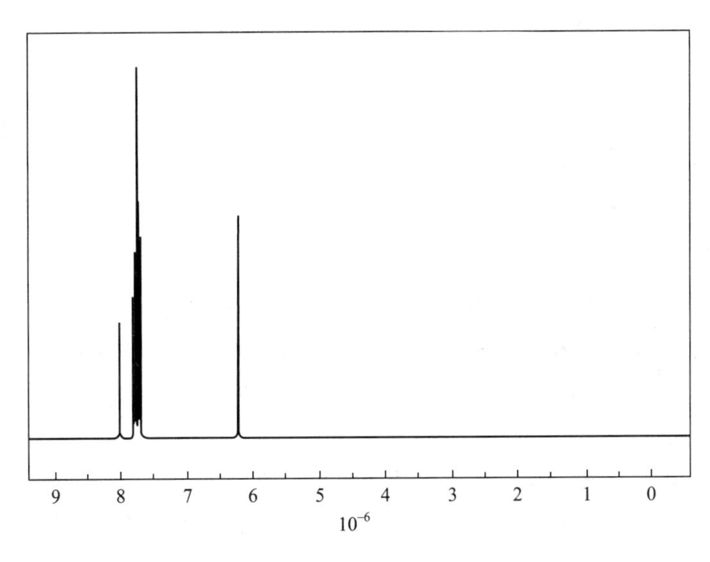

图 5-20　肉桂酸的^{1}HNMR 谱图

【注释】

[1] 反应装置中使用的三颈烧瓶及回流冷凝管都应事先干燥，否则缩合反应不能顺利进行。

[2] 久置的苯甲醛含有苯甲酸，苯甲酸不但会影响反应的进行，而且混于产物中不易去除，从而影响产品质量，因此实验所用的苯甲醛必须要事先蒸馏。

[3] 无水乙酸钾的粉末易吸收空气中水分，因此每次称完无水乙酸钾药品后，应立刻盖上试剂瓶盖，并放回原干燥器中，以防吸水。无水乙酸钾也可以用无水乙酸钠代替。

[4] 也可以用饱和碳酸钠溶液，但不能用氢氧化钠代替。

[5] 加入热的蒸馏水后，体系分为两相，下层为水相，上层为油相，并呈棕红色。加 Na_2CO_3 的作用是中和产物中的乙酸，并使肉桂酸以盐的形式溶于水中。

【思考题】

1. 久置的苯甲醛中有何杂质？如何除去？为什么要除去苯甲醛中的杂质？

2. 用水蒸气蒸馏能除去什么物质？如何判断蒸馏终点？
3. 在肉桂酸制备实验中，为什么要缓慢加入固体碳酸钠来调节 pH 值？
4. 在肉桂酸制备实验中，能否在水蒸气蒸馏前用氢氧化钠代替碳酸钠来中和水溶液？

实验二十九 甲基橙的制备

【预习提示】

1. 预习重氮化反应和偶合反应。
2. 重氮化反应和偶合反应为何在低温下进行？
3. 甲基橙粗产品是如何进行分离纯化的？
4. 分离纯化的注意事项。

【实验目的】

1. 通过甲基橙的制备实验掌握重氮化反应和偶合反应的原理与实验基础操作。
2. 掌握冰浴低温反应操作。
3. 进一步巩固有机物重结晶的提纯方法。

【实验原理】

甲基橙又名对二甲基氨基偶氮苯磺酸钠或4-{[4-(二甲氨基) 苯基] 偶氮基} 苯磺酸钠盐，甲基橙为橙红色磷状晶体或粉末，微溶于水，易溶于热水，不溶于乙醇、乙醚等有机溶剂。甲基橙是一种常用的酸碱指示剂，在不同的酸碱溶液中显示不同的颜色，其 pH 变色范围是 3.1(红)～4.4(黄)。

在酸性介质中，芳香族伯胺和亚硝酸钠反应生成重氮盐，该反应叫重氮化反应，生成的化合物称为重氮盐。重氮盐是制备芳香族卤代物、酚及偶氮燃料等的中间体，具有很重要的应用价值。

$$C_6H_5NH_2 + HCl + NaNO_2 \xrightarrow{0\sim5℃} C_6H_5N_2Cl + NaCl + H_2O$$

由于生成的重氮盐非常不稳定，高温下很容易分解，因此重氮化反应的温度必须严格控制；并且重氮盐溶液不宜长期保存，制备好后的重氮盐最好立即使用，一般不需分离就可直接用于下一步。

甲基橙的制备包括两步：第一步是对氨基苯磺酸与亚硝酸在低温下的重氮化反应；第二步是重氮盐再与 N,N-二甲基苯胺发生偶合反应生成偶氮化合物。对氨基苯磺酸不溶于无机酸，因此要事先将对氨基苯磺酸溶于碱性溶液中，再与亚硝酸反应，从而产生重氮盐结晶；然后在弱酸性介质中，重氮盐立即与 N,N-二甲基苯胺的醋酸盐偶合，先得到浅红色的酸式甲基橙（也称酸性黄），最后酸式甲基橙在碱性条件下转变为橙黄色的钠盐，即甲基橙。

$$H_2N-C_6H_4-SO_3H + NaOH \longrightarrow H_2N-C_6H_4-SO_3Na + H_2O$$

$$H_2N-C_6H_4-SO_3Na \xrightarrow[0\sim5℃]{NaNO_2+HCl} [HO_3S-C_6H_4-\overset{+}{N}\equiv N]Cl^-$$

$$[HO_3S-C_6H_4-\overset{+}{N}\equiv N]Cl^- \xrightarrow[HAc]{C_6H_5N(CH_3)_2} [HO_3S-C_6H_4-\overset{+}{N}H=N-C_6H_4-N(CH_3)_2]Ac^-$$

$$[HO_3S-C_6H_4-\overset{+}{N}H=N-C_6H_4-N(CH_3)_2]Ac^- \xrightarrow{NaOH}$$

$$NaO_3S-C_6H_4-N=N-C_6H_4-N(CH_3)_2+NaAc+H_2O$$

【主要试剂及仪器】

试剂：对氨基苯磺酸、*N*,*N*-二甲基苯胺、亚硝酸钠、浓盐酸、5% NaOH 溶液、乙醇、乙醚、冰醋酸、饱和 NaCl 溶液。

仪器：烧杯、试管、量筒、温度计、减压抽滤装置、滤纸、淀粉-KI 试纸。

【物理常数及性质】

对氨基苯磺酸：白色或灰白色粉末，在空气中吸水后变为白色晶体，相对分子质量为 173.2，熔点为 280℃，300℃分解炭化，相对密度为 1.485(4～25℃)，微溶于冷水，溶于沸水，微溶于苯、乙醚、乙醇等有机溶剂，能溶于碳酸钠溶液。

N,*N*-二甲基苯胺：黄色油状液体，相对分子质量为 121.18，熔点为 2.5℃，沸点为 194℃，相对密度为 0.96(4～25℃)，不溶于冷水，能溶于乙醇、乙醚、氯仿等有机溶剂，有毒性。

甲基橙：橙红色磷状晶体或粉末，相对分子质量为 327.33，熔点为 300℃，相对密度为 0.987(4～25℃)，微溶于水，易溶于热水，不溶于乙醇、乙醚等有机溶剂。

【实验内容】

1. 重氮盐的制备

量取 2.1g 对氨基苯磺酸和 10mL 5%的 NaOH[1] 溶液于 100mL 烧杯中，微热下搅拌使之全部溶解，并冷却至室温。另加入 0.8g 亚硝酸钠与 8mL 水配成的溶液，然后将烧杯置于 0～5℃的冰盐浴中冷却。另取一烧杯，量取 3mL 浓盐酸和 10mL 冰水配制成冷的盐酸溶液。在搅拌作用下，将冷的盐酸溶液缓慢滴加到对氨基苯磺酸钠溶液中，并维持溶液温度为 0～5℃，很快就能观察到有白色细粒状沉淀（对氨基苯磺酸重氮盐）产生[2]，待盐酸溶液滴加完毕后，用淀粉-KI 试纸检测[3]，继续在反应温度下维持 15min，保证反应完全。

2. 偶合反应制备甲基橙

取一支洁净的试管，向试管中加入 1.3mL *N*,*N*-二甲基苯胺和 1mL 冰醋酸，混合均匀，将该混合液缓慢滴加到上述对氨基苯磺酸重氮盐的冷溶液中，边加边搅拌，滴加完毕，继续搅拌 10min，可观察到有红色沉淀产生。然后继续在搅拌作用下向溶液中滴加 15mL 5%的 NaOH 溶液，直到反应液变为橙色，此时反应液呈碱性，可观察到粗制的甲基橙细粒状沉淀析出。

将反应物混合液加热至沸腾，待粗制的甲基橙溶解后，冷却至室温，然后在冰浴中继续冷却，使甲基橙晶体全部析出，并减压过滤，收集晶体，用 20mL 饱和 NaCl 溶液分两次冲洗烧杯，并用该冲洗液洗涤产品。

3. 精制

要得到较纯的甲基橙，将滤纸连同滤饼转移至装有 75mL 热水（按每克甲基橙加入 20～25mL 水制成饱和溶液）的烧瓶中，搅拌作用下稍稍加热，滤饼全部溶解，取出滤纸，待溶液冷却至室温，然后在冰浴中继续冷却，使甲基橙晶体全部析出，减压过滤，依次用少量的冷水、乙醇、乙醚洗涤[4]产品。收集产品，干燥，称重（2.5g），计算产率（75%）。

4. 颜色变化

取少许甲基橙产品于水中，并滴加几滴稀盐酸，然后用 0.1mol/L 的 NaOH 溶液中和，并观察溶液颜色如何变化[5]。

甲基橙的红外光谱图见图 5-21。

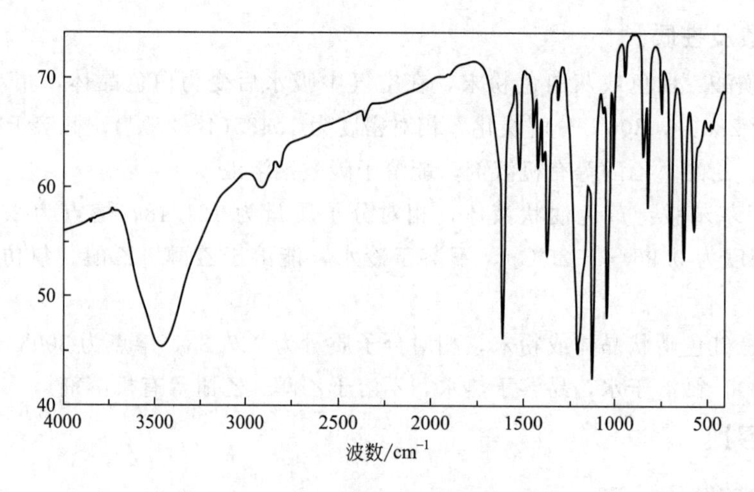

图 5-21　甲基橙的红外光谱图

【注释】

［1］对氨基苯磺酸是一种两性有机化合物，其酸性比碱性强，比较难与酸作用生成盐，但能与碱作用生成盐，因此对氨基苯磺酸不溶于酸。而重氮化反应需要在酸性溶液中进行，为了让反应能顺利进行，先用碱作用生成水溶性较大的对氨基苯磺酸钠。

［2］重氮盐在水中可以电离形成中性的内盐，在较低温度下难溶于水而形成细粒状的晶体析出。

［3］淀粉-KI 试纸可检测亚硝酸是否过量，若试纸不显蓝色，则需要补加亚硝酸钠溶液。若淀粉-KI 试纸显较深的蓝色，表明亚硝酸钠过量了，过量的亚硝酸钠可加入少量的尿素溶液分解。

［4］乙醇、乙醚洗涤能使产品更容易干燥。

［5］甲基橙在酸性、碱性溶液中可呈现不同的颜色，因此可以用作指示剂。

【思考题】

1. 重氮盐的制备实验中，为何要将温度控制在 0～5℃？

2. 什么叫偶合反应？偶合反应为何要在弱酸性介质中进行？

3. 制备重氮盐时为何要将对氨基苯磺酸变为钠盐？

实验三十 环己烯的制备

【预习提示】

1. 环己醇制备环己烯的反应。
2. 蒸馏和萃取操作。
3. 蒸馏和分馏装置。

【实验目的】

1. 学习浓磷酸催化环己醇制备环己烯的反应原理。
2. 掌握分馏与蒸馏的基础操作。
3. 掌握干燥剂干燥溶液的基本操作方法。

【实验原理】

烯烃是重要的有机化工原料，通常工业中通过石油的催化裂解而得，有时也用氧化铝对醇进行高温催化脱水制取。实验室常用浓硫酸或浓磷酸催化使醇脱水以制备对应的烯烃。

本实验采用浓磷酸作催化剂，使环己醇脱水生成环己烯。该反应为可逆反应，为了使反应平衡正向移动，本实验采用分馏的办法将反应产物环己烯不断蒸出，从而提高反应的转化率。

主反应：

$$\text{C}_6\text{H}_{11}\text{—OH} \xrightarrow[\triangle]{H_3PO_4} \text{C}_6\text{H}_{10} + H_2O$$

副反应：

$$\text{C}_6\text{H}_{11}\text{—OH} \xrightarrow[\triangle]{H_3PO_4} \text{C}_6\text{H}_{11}\text{—O—C}_6\text{H}_{11} + H_2O$$

【主要试剂及仪器】

试剂：环己醇、85％磷酸、氯化钠、5％碳酸钠溶液、无水氯化钙。

仪器：50mL 圆底烧瓶、分馏柱、直形冷凝管、蒸馏头、温度计、接收瓶、锥形瓶、温度计套管、铁架台、加热套、分液漏斗等。

【物理常数及性质】

环己烯：无色液体，化学式为 C_6H_{10}，相对分子质量为 82.15，有碱味，易潮解，溶液对石蕊呈碱性，对酚酞不呈碱性。相对密度为 0.8102(20℃)，熔点为－103.7℃，沸点为 82.98℃，折射率 $n_D^{20}=1.4465$，不溶于水，易溶于甲醇、乙醇、乙醚、丙酮、苯、四氯化碳等。

【实验内容】

1. 粗环己烯的制备

向干燥洁净的 50mL 圆底烧瓶中加入 12mL 环已醇和 6mL 85%的磷酸[1]，充分振摇使其混合均匀，再加入几粒沸石，按图 5-22 安装好装置[2]，并将接收瓶置于冰水浴中。

接通循环冷凝水，用加热套小火加热，使混合物沸腾，并控制分馏柱柱顶温度不超过 85℃[3]，以较慢的速度蒸出生成的环己烯和水（浑浊的液体），若无液滴蒸出，可加大加热火力。当蒸馏烧瓶中只剩下少量残液并有阵阵白雾出现时，反应完毕，停止加热。

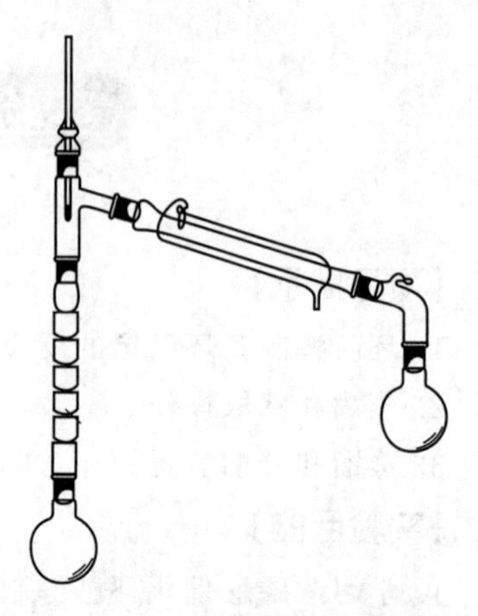

图 5-22　环己烯的制备装置

2. 环己烯的精制

向馏出液中加入约 1g 氯化钠[4]使其达到饱和，然后向馏出液中加入 3～5mL 5%的碳酸钠溶液，以中和溶液中微量的酸（也可用大约 1mL 20%的氢氧化钠溶液）。将此溶液转入洁净的分液漏斗中，振荡并静置分层，将下层的水溶液从分液漏斗下端放出，上层的油层（粗产品）从分液漏斗上口导入洁净干燥的锥形瓶中，然后向锥形瓶中加入 1～2g 无水氯化钙进行干燥[5]。

待粗产品清亮透明后，将干燥后的粗环己烯滤入干燥的 50mL 圆底烧瓶中，并加入几粒沸石，水浴加热进行蒸馏[6]，并收集 80～85℃的馏分。

本实验需 4～5h。

环己烯的红外光谱图和^{1}HNMR 谱图分别如图 5-23 和图 5-24 所示。

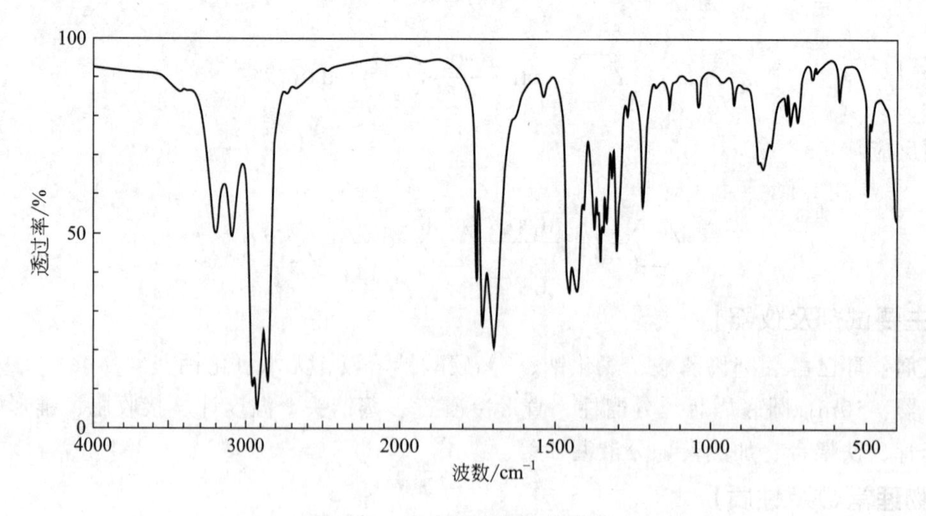

图 5-23　环己烯的红外光谱图

【注释】

[1] 本实验也可以用硫酸，但硫酸作催化剂时溶液易炭化形成炭渣，且容易生成二氧化硫有毒气体。

[2] 温度计水银球的上边缘和蒸馏头支管口的下边缘平齐。

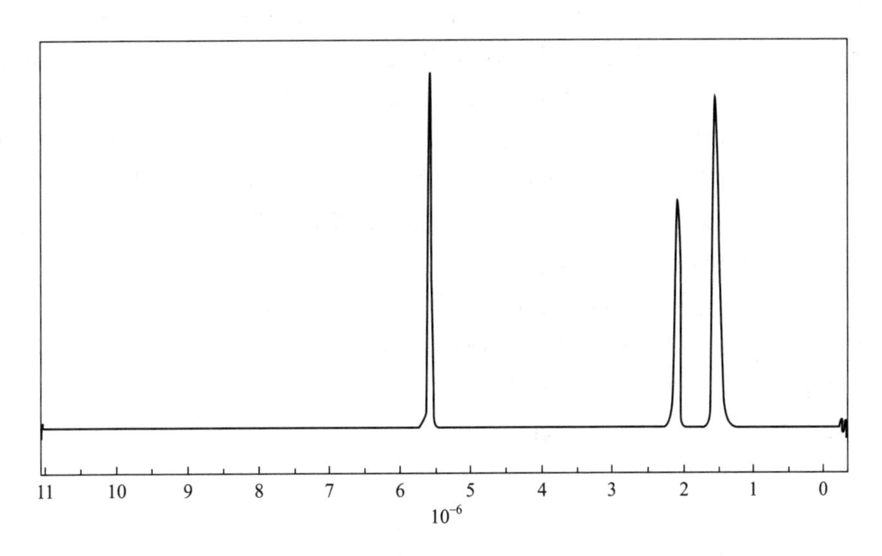

图 5-24　环己烯的[1]HNMR 谱图

[3] 将圆底烧瓶底部稍微向上移动，使蒸馏瓶受热均匀，控制柱顶温度，防止环己醇蒸出，从而影响产率。

[4] 加入氯化钠的目的是减少有机物环己烯在水中的溶解度。

[5] 氯化钙用量要适量，氯化钙太少，水不能除尽，太多，氯化钙会吸附产品使产率降低。氯化钙不仅能除水，它还能与醇生成配合物而除去少量的环己醇。

[6] 所有蒸馏装置都必须是干燥的。

【思考题】

1. 环己烯的制备过程中为何要控制分馏柱顶部的温度？
2. 向粗制的环己烯中加入氯化钠使其饱和的目的是什么？

实验三十一　安息香的辅酶合成

【预习提示】

1. 安息香缩合反应。
2. 缩合反应的原理。
3. 复习回流操作。

【实验目的】

1. 了解维生素 B_1 的催化原理。
2. 学习安息香缩合反应的原理和应用。
3. 进一步巩固回流、冷却、抽滤等基本操作。

【实验原理】

安息香（benzoin）又称苯偶姻，化学名称为二苯乙醇酮、2-羟基-2-苯基苯乙酮或 2-羟基-1,2-二苯基乙酮。安息香的化学式为 $C_{14}H_{12}O_2$，无色或白色或淡黄色棱柱体结晶，与浓酸作用生成联苯酰。安息香可用作药物和润湿剂的原料、医药中间体、生产聚酯的催化剂，也可用于染料生产及感光性树脂的光增感剂、光固化涂料等。

苯甲醛在 NaCN（或 KCN）的催化作用下，两分子苯甲醛间发生缩合反应生成 2-羟基-2-苯基苯乙酮，该反应称为安息香缩合。但剧毒的氰化物对人体伤害非常大，使用和管理都极为不便，操作困难。如改用具有生物活性的辅酶维生素 B_1 代替剧毒的氰化物催化安息香缩合反应，反应条件温和、无毒且产率高。

维生素 B_1 又称硫胺素，它是一种生物辅酶，作为生物化学反应的催化剂，酶的参与可以使反应更有效地进行。硫胺素主要对 α-酮酸脱羧和生成 α 羟基酮等酶促反应发挥辅酶作用。其结构如下：

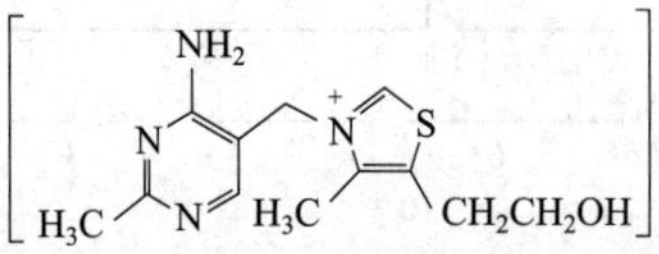

从化学分子结构来看，维生素 B_1 分子中最主要的部分是噻唑环。噻唑环上的氮原子和硫原子之间的碳原子上的氢具有明显的酸性。因此在碱的作用下，氢容易解离，从而产生碳负离子，原子产生的碳负离子与邻位氮上的正电荷形成稳定的两性离子（内鎓盐或叶立德）。

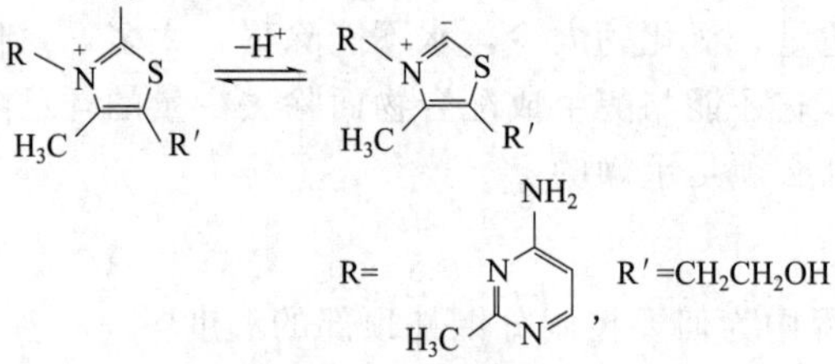

R′=CH_2CH_2OH

噻唑环上产生的碳负离子作为催化反应的中心，与苯甲醛的羰基发生亲核加成反应，生成烯醇加合物，噻唑环上的氮原子有调节电荷的作用。

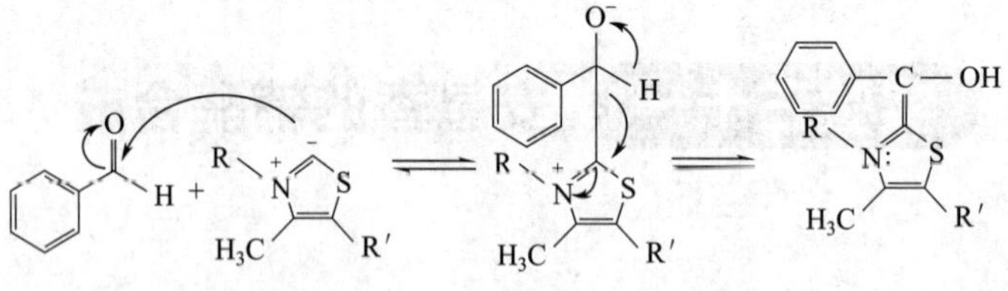

另一分子的苯甲醛再与生成的烯醇加合物发生亲核加成反应，生成一个新的辅酶加合物。

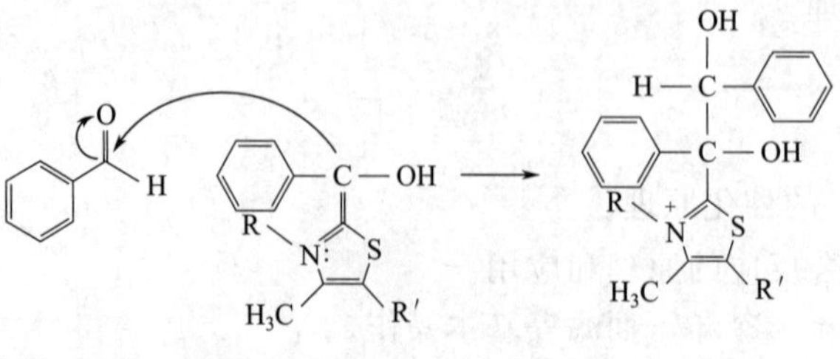

辅酶加合物离解为安息香，辅酶还原，完成催化反应。

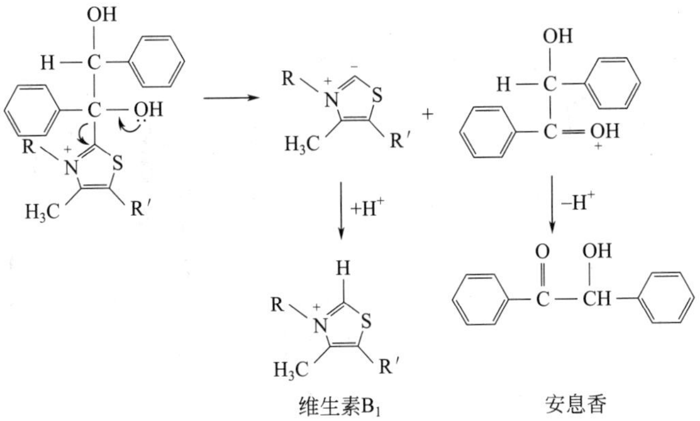

维生素B_1 安息香

【主要试剂及仪器】

试剂：苯甲醛、维生素 B_1、10% NaOH 溶液、95%乙醇。

仪器：50mL 圆底烧瓶、试管、冷凝管、减压抽滤装置、铁架台、水浴锅、表面皿等。

【物理常数及性质】

安息香：无色或白色或淡黄色结晶，相对分子质量为 212.24，熔点为 137℃，沸点为 344℃(102.4kPa)，相对密度为 1.31(20℃)，不溶于冷水，微溶于热水和乙醚，溶于乙醇。

维生素 B_1：白色晶体，相对分子质量为 300.81，熔点为 248℃，易溶于水，微溶于乙醇，不溶于醚和苯，味苦，有潮解性。

【实验内容】

1. 叶立德的制备

向 50mL 圆底烧瓶中加入 1.8g 维生素 B_1、4.5mL 蒸馏水和 15mL 95%的乙醇，混合均匀后放置于冰水浴中充分冷却。取一支洁净的试管，向试管中加入 5mL 10%的 NaOH 溶液，一并置于冰水浴中冷却[1] 10～15min。

将冷却后的 NaOH 溶液逐滴加到冷的维生素 B_1 的溶液中，边加边振摇，调节反应液 pH 值为 9～10，此时溶液呈黄色。

2. 安息香缩合

取 10mL 新蒸馏的苯甲醛[2]加入上述混合液中。撤去冰水浴，加入几粒沸石，装上回流冷凝装置，并将圆底烧瓶置于 60～75℃的水浴中，搅拌下反应 1.5h，此时反应液为橘黄色或橘红色均相溶液。

3. 安息香的纯化

反应完毕，停止加热，待反应物冷却至室温，溶液析出浅黄色的结晶，再将反应液置于冰水浴中继续冷却，使其结晶完全。若有油层，可重新加热至均相，再缓慢冷却、结晶[3]。

抽滤、收集粗产物，用少量冷水洗涤粗产品。如产物呈黄色，可用少量活性炭脱色，用 95%乙醇进行重结晶。产品为白色针状晶体，产品干燥后称重（约 3.5g)。

4. 测熔点

用微量法测产品熔点，并与文献值进行比较。

本实验需 4～5h。

安息香的红外光谱图和^{1}HNMR 谱图分别如图 5-25 和图 5-26 所示。

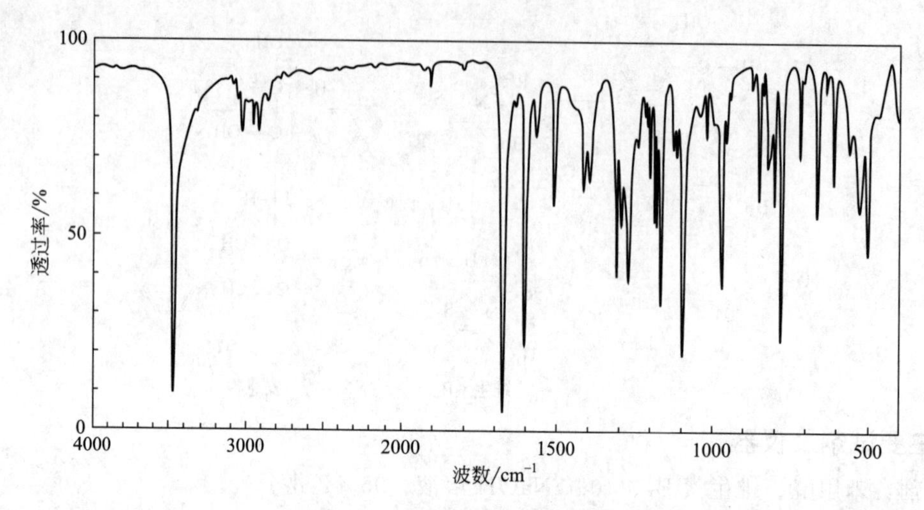

图 5-25 安息香的红外光谱图

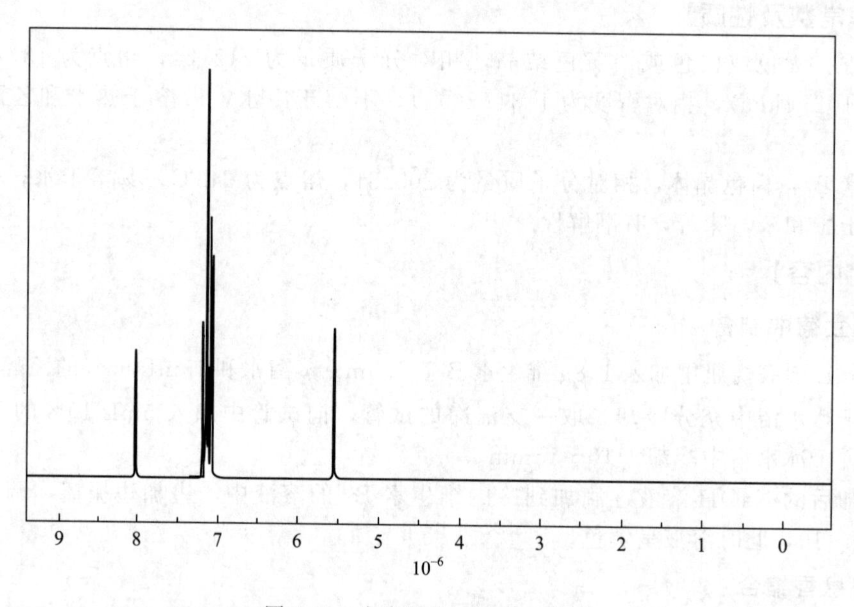

图 5-26 安息香的¹HNMR 谱图

【注释】

[1] 维生素 B_1 在酸性条件下比较稳定，但易吸水，在水溶液中易被空气氧化而失效，在氢氧化钠溶液中噻唑环易开环失效。因此，反应前维生素 B_1 和氢氧化钠溶液必须充分冷却。

[2] 苯甲醛中不能含有苯甲酸，使用前最好用 5%碳酸氢钠溶液洗涤，再减压蒸馏，避光保存。

[3] 必要时可用玻璃棒摩擦瓶壁或加入晶种，助其结晶。

【思考题】

1. 安息香缩合与羟醛缩合有什么不同?

2. 加入苯甲醛之前，为何要调节反应液 pH 值为 9～10?

实验三十二　香豆素-3-甲酸的制备

【预习提示】

1. 预习 Perkin 反应。
2. 香豆素的性质。
3. 重结晶、减压抽滤操作。

【实验目的】

1. 学习 Perkin 反应的原理。
2. 掌握芳香族内酯的制备方法。
3. 进一步巩固重结晶、洗涤、抽滤等基本操作。

【实验原理】

香豆素存在于许多天然植物中，因最早从香豆的种子中发现而得名，化学名称为 1,2-苯并吡喃酮，香豆素结构上为顺式 α-羟基肉桂酸（邻香豆酸）的内酯。香豆素具有香茅草的气味，工业上是一种重要的香料，常用来作定香剂。但是天然植物中香豆素含量却极少，因此香豆素通常都是通过人工合成的。

在 1868 年，Perkin 将邻羟基苯甲醛（水杨醛）、乙酸酐和乙酸钾一起共热制得香豆素，该反应称为 Perkin 反应。

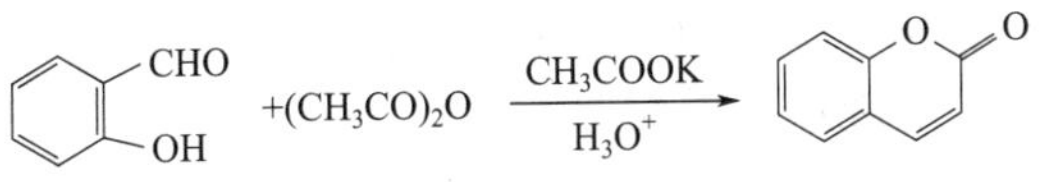

$$\text{(CHO, OH)} + (CH_3CO)_2O \xrightarrow[H_3O^+]{CH_3COOK} \text{(O, O)}$$

但 Perkin 反应的缺点是反应时间长、反应温度高、反应产率比较低。对 Perkin 反应进行改进，在以有机碱为催化剂的条件下，水杨酸和丙二酸酯可以在较低的温度下发生反应，生成香豆素的衍生物，该反应称为 Knoevenagel 反应。改进后的反应不仅反应温度低、反应时间短，而且产率也得到了保证。

本实验以六氢吡啶为催化剂，将水杨酸与丙二酸二乙酯缩合生成香豆素-3-甲酸乙酯，然后再用氢氧化钠碱溶液使香豆素-3-甲酸乙酯的酯基和内酯均水解，最后再经酸化，水解产物再次闭环形成内酯，而制得香豆素-3-甲酸。反应原理如下：

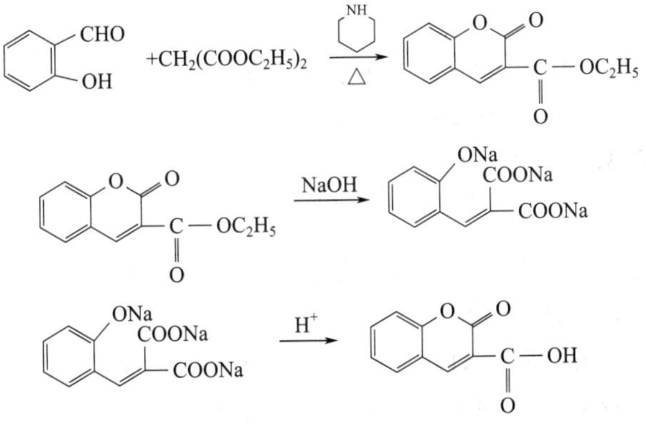

$$\text{(CHO, OH)} + CH_2(COOC_2H_5)_2 \xrightarrow[\triangle]{\text{NH}} \text{(O, O)}-\underset{\underset{O}{\|}}{C}-OC_2H_5$$

$$\text{(O, O)}-\underset{\underset{O}{\|}}{C}-OC_2H_5 \xrightarrow{NaOH} \text{(ONa, COONa, COONa)}$$

$$\text{(ONa, COONa, COONa)} \xrightarrow{H^+} \text{(O, O)}-\underset{\underset{O}{\|}}{C}-OH$$

【主要试剂及仪器】

试剂：水杨醛、丙二酸二乙酯、六氢吡啶、无水乙醇、冰醋酸、95%乙醇、氢氧化钠、浓盐酸、无水氧化钙。

仪器：50mL 圆底烧瓶、球形冷凝管、无水氯化钙干燥管、减压抽滤装置、锥形瓶、铁架台、水浴锅、100mL 烧杯、滴管、表面皿等。

【物理常数及性质】

丙二酸二乙酯：无色芳香液体，化学式为 $C_7H_{12}O_4$，相对分子质量为 160.17，熔点为 −48.9℃，沸点为 198.9℃，相对密度为 1.0551(4～20℃)，不溶于水，易溶于醇、醚和其他有机溶剂。

香豆素：白色晶体或结晶粉末，化学式为 $C_9H_6O_2$，相对分子质量为 146.15，具有黑香豆浓香气味及巧克力气味，熔点为 68～70℃，沸点为 297～299℃，不溶于冷水，溶于热水、乙醇、乙醚和氯仿。

【实验内容】

1. 香豆素-3-甲酸乙酯的制备

取一干燥的 50mL 圆底烧瓶，向圆底烧瓶中依次加入 1.8mL 水杨醛、3.0mL 丙二酸二乙酯、13mL 无水乙醇、0.2mL 六氢吡啶、1 滴冰醋酸和几粒沸石，装上球形冷凝管，并在球形冷凝管上端装上无水氯化钙干燥管。调节水浴锅的温度为 60～75℃[1]，接通冷凝水，搅拌下水浴加热并回流 2h[2]，停止加热。待反应混合液稍冷却后，将反应混合液转移至洁净的锥形瓶中，并加入 13mL 蒸馏水，将锥形瓶置于冰水浴中冷却，待结晶完全后抽滤，并用 1～2mL 50%的乙醇水溶液[3]（冰水浴冷却过的）洗涤晶体 2～3 次，可得到白色的香豆素-3-甲酸乙酯粗产物，将产品干燥后称重（约 2.5g），若香豆素-3-甲酸乙酯粗产物杂质含量较高，可用 25%的乙醇水溶液进行重结晶。

2. 香豆素-3-甲酸的制备

取 2g 上述自制的香豆素-3-甲酸乙酯加入 50mL 圆底烧瓶中，并依次加入 1.5g NaOH、10mL 95%的乙醇和 5mL 蒸馏水，混合均匀后加入几粒沸石，装上冷凝管，接通冷凝水，水浴加热使香豆素-3-甲酸乙酯水解，并持续加热回流 15min 使水解完全，停止加热，并将反应瓶置于温水浴中。

另取一洁净的烧杯，向烧杯中加入 5mL 浓盐酸和 25mL 水，混合均匀后，用滴管将上述温热的反应液滴入烧杯中，边滴边摇动烧杯，此时可观察到有白色结晶析出。待反应液滴完后，用冰水浴冷却烧杯，从而使结晶完全，抽滤，并用少量冰水洗涤产品 2～3 次，抽干后得粗产品，称重。

要得到纯的香豆素-3-甲酸，可用水对粗产品进行重结晶。

用微量法测定纯香豆素-3-甲酸的熔点，并与参考值进行比较分析。

香豆素-3-甲酸的红外光谱图如图 5-27 所示。

【注释】

[1] 反应温度不能太高，高温下乙醇容易挥发，另外，温度升高会引发副反应的发生，导致后续分离操作困难，且产率降低。

[2] 反应时间要控制好，反应时间太短，反应不完全，反应时间太长，副反应增多。

[3] 低温下可降低香豆素-3-甲酸乙酯在乙醇水溶液中的溶解度。

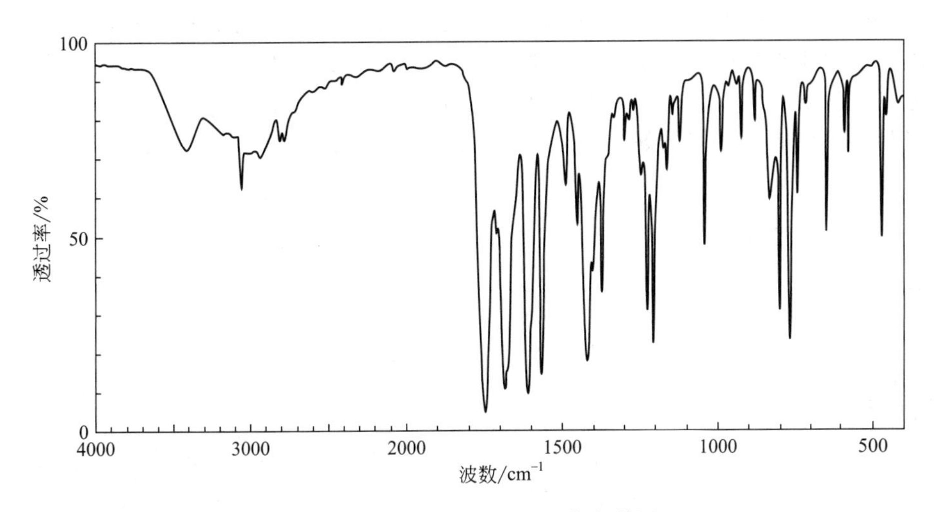

图 5-27　香豆素-3-甲酸的红外光谱图

【思考题】

1. 在制备香豆素-3-甲酸乙酯的实验中，加入冰醋酸的作用是什么？
2. 反应温度为何要控制在 75℃以下？

实验三十三　正丁醚的制备

【预习提示】

1. 预习分子间脱水反应。
2. 分水器的使用。
3. 萃取及蒸馏的基本操作。

【实验目的】

1. 掌握分子间脱水制醚的反应原理与实验方法。
2. 学习分水器的使用方法和回流操作技术。

【实验原理】

在醚类中，正丁醚是一种惰性溶剂，具有很强的溶解能力，能溶解许多天然及合成油脂、树脂、橡胶、有机酸酯、生物碱等。正丁醚还具有在储存时生成过氧化物少，毒性低、危险性小等优点，是安全性很高的有机溶剂。由于这些优良性能，正丁醚可在格氏试剂、橡胶、农药等的有机合成中用作反应溶剂。

在浓硫酸催化下，两分子的醇可进行分子间脱水反应，该方法可以用来制备单醚，即对称的醚。该反应是可逆反应，为了使反应获得较高的产率，一是使廉价的原料过量，二是在反应过程中不断蒸出产物。该反应不存在第一种情况，故采用边反应边蒸出生成的水。

用硫酸作催化剂，在不同的温度下，醇和硫酸作用生成的产物不同，低于 90℃，醇和硫酸作用主要生成硫酸氢酯；在较高的温度下（90～140℃），醇分子主要发生分子间脱水生成醚；而在更高的温度下（大于 140℃），醇分子会发生分子内脱水形成烯烃，温度越高越有利于成烯。因此必须严格控制温度，根据所需要的产物，选择适当的反应温度来控制反应，无论在何种条件下，副产物都是不可避免的。

本实验采用浓硫酸为催化剂，130～140℃正丁醇发生分子间脱水生成正丁醚。

主反应：

$$2CH_3CH_2CH_2CH_2OH \xrightleftharpoons[135℃]{H_2SO_4} CH_3CH_2CH_2CH_2OCH_2CH_2CH_2CH_3 + H_2O$$

副反应：

$$CH_3CH_2CH_2CH_2OH \xrightleftharpoons[>135℃]{H_2SO_4} CH_3CH_2CH{=}CH_2 + H_2O$$

【主要试剂及仪器】

试剂：正丁醇、浓硫酸、5%氢氧化钠溶液、饱和食盐水、饱和氯化钙溶液、无水氯化钙。

仪器：50mL 两口烧瓶、50mL 圆底烧瓶、球形冷凝管、直形冷凝管、分水器、蒸馏头、温度计、接收管、锥形瓶、铁架台、加热套等。

【物理常数及性质】

正丁醇：无色透明液体，化学式为 $C_4H_{10}O$，相对分子质量为 74.12，相对密度为 0.8109(4～20℃)，熔点为−88.9℃，沸点为 117.2℃，折射率 $n_D^{20}=1.3993$，微溶于水，易溶于乙醇、乙醚和氯仿等有机溶剂。

正丁醚：无色透明液体，化学式为 $C_8H_{18}O$，相对分子质量为 132.23，相对密度为 0.7725 (4～20℃)，具有类似于水果的气味，熔点为−97.9℃，沸点为 142.4℃，折射率 $n_D^{20}=1.3990$，不溶于水，易溶于乙醇、乙醚和氯仿等有机溶剂。

【实验内容】

1. 粗正丁醚的制备

向 50mL 两口烧瓶中加入 15mL 正丁醇、3mL 浓硫酸[1]及几粒沸石，混合均匀后，烧瓶的一口装上温度计，温度计的水银球必须插入液面以下，另一口则装上分水器，分水器的上端安装球形冷凝管，反应装置如图 5-28 所示。反应前先在分水器内加入 ($V-1.8$)mL 饱和食盐水[2]，接通冷凝水，然后用小火加热至反应液微沸。反应过程中产生的水经冷凝管冷凝后收集在分水器的下层，上层有机相高度超过分水器支管时，即可返回烧瓶。如果分水器中的水层高度超过分水器支管口则应分去部分水。反应约 1.5h 后，反应瓶中反应液温度[3]可达 134～136℃。看不见水珠穿行或水面不再上升，表明反应完毕，停止加热。若继续加热，则反应液变黑并有较多副产物烯烃生成。

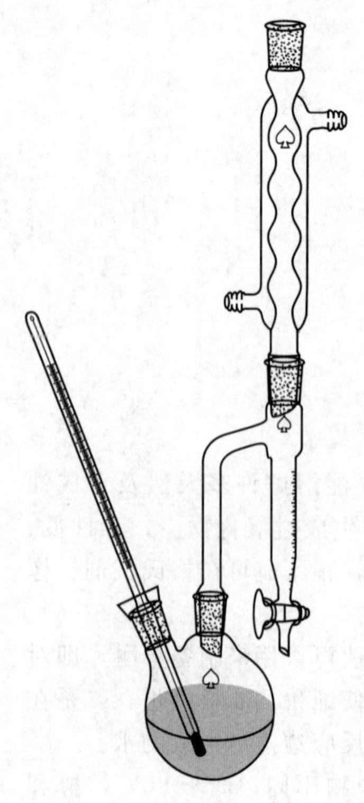
图 5-28 正丁醚的合成装置

2. 正丁醚的纯化

待反应液冷却至室温后，转入盛有 30mL 水的分液漏斗中，充分振摇，静置分层后分出下层的水层。上层的粗产物依次用 15mL 水、10mL 5%的氢氧化钠溶液[4]、10mL 水和 10mL 饱和氯化钙溶液洗涤，最后用无水氯化钙干燥。待干燥后的产物澄清后滤入 25mL 圆底烧瓶中，装好蒸馏装置进行蒸馏，收集

140～144℃的馏分，称重（约3.5g），计算产率。

3. 测折射率

用阿贝折射仪测定产品的折射率，并与文献值进行比较，分析产品的质量。

本实验需4h。

正丁醚的红外光谱图如图5-29所示。

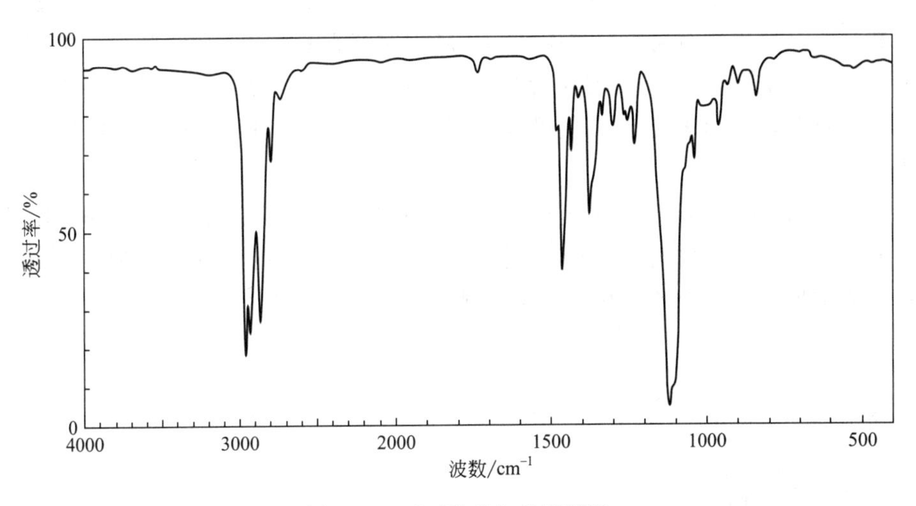

图5-29 正丁醚的红外光谱图

【注释】

[1] 加浓硫酸时必须振荡烧瓶，使其混合均匀。

[2] 分水器内加饱和食盐水至支管后放去1.8mL，即分水器内有（$V-1.8$）mL的饱和食盐水。饱和食盐水可降低正丁醇与正丁醚在水中的溶解度。

[3] 反应开始时，因为正丁醇和正丁醚与水能形成恒沸物，在恒沸物的存在下，温度不会马上达到135℃。但随着水的蒸出，温度逐渐升高。当温度达到135℃以上，应立即停止加热。

[4] 碱洗时，不宜剧烈振摇分液漏斗，否则容易乳化而难以分层。

【思考题】

1. 如何确定反应比较完全？
2. 反应物冷却后为何要倒入30mL的水中？
3. 精制时各步洗涤的目的是什么？

实验三十四 双酚A的制备

【预习提示】

1. 预习酚与酮的缩合反应。
2. 电动搅拌器和滴液漏斗的使用。

【实验目的】

1. 掌握酚与酮的缩合反应原理与制备方法。

2. 进一步巩固电动搅拌、滴加、重结晶等操作技术。

【实验原理】

双酚A(bisphenol A)的化学名称为2，2-双酚基丙烷，在工业中是一种用途非常广泛的化工原料。它是合成环氧树脂、聚碳酸酯树脂、聚芳香酯树脂、聚砜树脂、聚苯醚树脂等材料的原材料，也是塑料和油漆的抗氧剂、橡胶的抗老化剂、聚氯乙烯的热稳定剂。另外在塑料制品加工行业，添加双酚A不仅可以使塑料无色透明、耐用、轻巧，并且能提高塑料的抗冲击性能。

双酚A可由苯酚和丙酮在催化剂存在下发生缩合反应制得。根据催化剂的种类，其制备方法可分为硫酸法、氯化氢法及离子交换树脂法等。本实验以甲苯为分散剂、硫酸为催化剂、“591”为助催化剂，由苯酚和丙酮缩合制得双酚A。反应式为：

$$2\,C_6H_5\text{-}OH + CH_3COCH_3 \underset{\text{“591”}}{\overset{80\%H_2SO_4}{\rightleftharpoons}} HO\text{-}C_6H_4\text{-}C(CH_3)_2\text{-}C_6H_4\text{-}OH + H_2O$$

【主要试剂及仪器】

试剂：苯酚、丙酮、甲苯、80％硫酸、五水硫代硫酸钠、一氯醋酸、乙醇、30％氢氧化钠。

仪器：100mL三颈烧瓶、滴液漏斗、球形冷凝管、二口接管、电动搅拌器、量筒(10mL)、烧杯、抽滤瓶、布氏漏斗等。

【物理常数及性质】

苯酚：化学式为C_6H_5OH，相对分子质量为94.11，相对密度为1.071(4～20℃)，熔点为40.6℃，沸点为181.9℃，折射率$n_D^{20}=1.5418$，微溶于水，易溶于乙醇、乙醚和氯仿等有机溶剂。

丙酮：无色透明液体，化学式为C_3H_6O，相对分子质量为58.08，相对密度为0.789(4～20℃)，熔点为－94.9℃，沸点为56.12℃，折射率$n_D^{20}=1.3588$，与水混溶，易溶于乙醇、乙醚和氯仿等有机溶剂。

双酚A：白色针状晶体，化学式为$C_{15}H_{16}O_2$，相对分子质量为228.3，相对密度为1.195(4～20℃)，熔点为158℃，沸点为400.8℃，不溶于水，溶于丙酮。

【实验内容】

1. 助催化剂“591”的制备

在带搅拌器的三颈烧瓶中，依次加入80mL乙醇、23.6g一氯醋酸，在室温下搅拌溶解。溶解后再滴加35.5mL 30％的氢氧化钠溶液，将烧瓶中溶液的pH值调至为7。中和时溶液温度控制在60℃以下。

向盛有8.5mL水的烧杯中加入62g五水硫代硫酸钠，加热至60℃溶解。将硫代硫酸钠溶液加入上述三颈烧瓶中。继续搅拌，升温至75～80℃，会有白色固体生成。将混合液冷却、过滤[1]、干燥，得到白色固体产物，即助催化剂“591”。

2. 双酚 A 的制备

向装有滴液漏斗、电动搅拌器、温度计和球形冷凝管的 100mL 三颈烧瓶中，加入 10g 苯酚及 27mL 甲苯，按图 5-30 所示安装好反应装置。搅拌作用下缓慢滴加 10.5mL 80%的硫酸和 0.75g 助催化剂[2] “591”，并维持反应液温度在 28℃左右。待滴加完毕后通过滴液漏斗再向三颈烧瓶滴加 6mL 丙酮，并控制滴定速度，控制反应温度[3]不超过 35℃。滴加完毕后，保持反应温度为 35～40℃继续反应 1.5～2h。

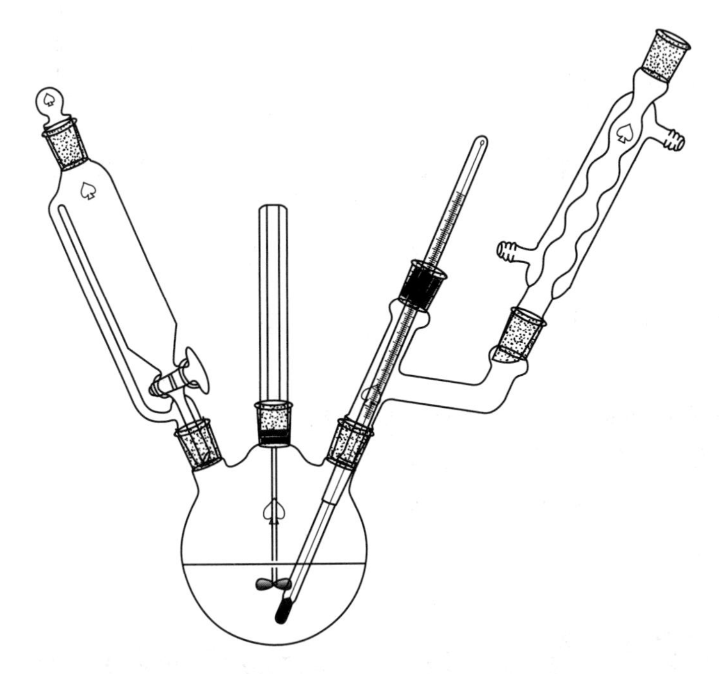

图 5-30 双酚 A 的电动搅拌滴加回流装置

在玻璃棒搅拌下将反应液倒入盛有 60mL 冷水的烧杯中，静置，发现有沉淀产生。待完全冷却后，抽滤，并用冷水洗涤[4]固体粗产物至不显酸性，即得粗产物。滤液中甲苯分离后倒入回收瓶中。

3. 双酚 A 的纯化

将上述粗产物干燥[5]后，加入 80mL 甲苯（按每克粗产物需加 9mL 左右甲苯），加热使之完全溶解。然后将溶液用冰水冷却结晶，待结晶完全后，再次抽滤，并用少量甲苯洗涤晶体 2～3 次，得到白色针状晶体。将晶体干燥后称重，计算产率。

4. 测熔点

用微量法测定产品的熔点，并与文献值进行比较，分析产品的质量。

双酚 A 的红外光谱图如图 5-31 所示。

【注释】

[1] 助催化剂“591”易溶于水，勿加水洗涤。

[2] 助催化剂可以用硫代硫酸钠和一氯醋酸代替。

[3] 控制反应温度是本实验的关键，反应温度过低，反应速率太慢，但反应温度过高，则会发生磺化等副反应，从而降低产率。

[4] 水洗的目的是洗去硫酸根离子和少量苯酚。

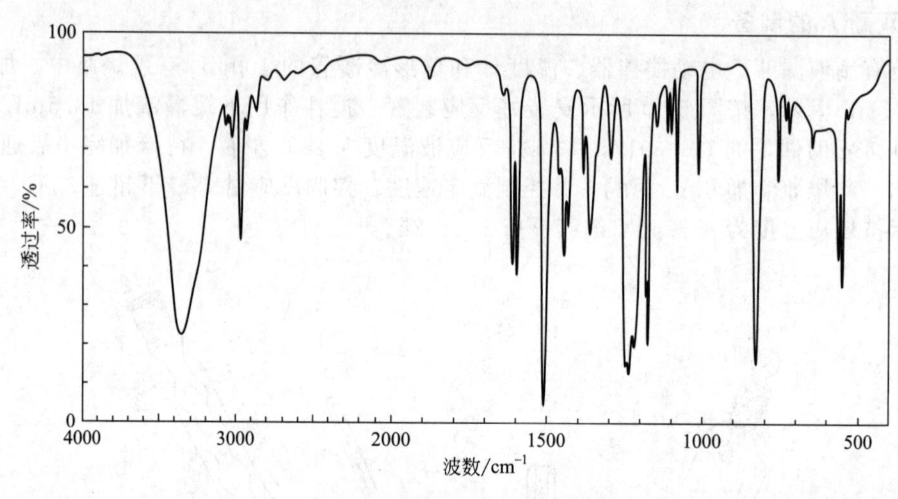

图 5-31 双酚 A 的红外光谱图

[5] 产品抽滤后应尽量用滤纸压干，干燥时温度不能过高，否则产品容易熔化、结块。

【思考题】

1. 制备双酚 A 的实验中为何要控制滴加硫酸的速度？
2. 为什么硫酸可以催化双酚 A 的合成？
3. 粗产品双酚 A 为何要用冷水洗涤至中性？

实验三十五 无水乙醇和绝对无水乙醇的制备

【预习提示】

1. 无水乙醇的性质和用途。
2. 什么叫无水操作？

【实验目的】

1. 了解用氧化钙制备无水乙醇的原理与实验操作。
2. 学习用金属镁制备绝对无水乙醇的原理与实验操作。
3. 掌握回流与蒸馏的基本操作。

【实验原理】

乙醇（ethanol）是工业中最常用的有机溶剂。普通工业酒精是含有 95.6% 乙醇和 4.4%水的恒沸混合物，用蒸馏的方法不能将乙醇中的水除去。但在有机合成中，反应速度及产率受溶剂纯度的影响很大，甚至有些反应必须在绝对无水的条件下进行；在产物的纯化过程中，某些产物容易与水生成水合物，这时也需要较纯的无水有机溶剂。

在实验室中，通常采用氧化钙法、分子筛法和阳离子交换树脂脱水法制备无水乙醇。本实验利用氧化钙的吸水性，通过加热、回流、蒸馏等操作制备纯度最高可达 99.5% 的无水乙醇。若要得到纯度更高的绝对无水乙醇，可用金属钠或金属镁进行处理，其原理如下：

$$2C_2H_5OH + Mg \longrightarrow (C_2H_5O_2)Mg + H_2\uparrow$$
$$(C_2H_5O)_2Mg + H_2O \longrightarrow 2C_2H_5OH + MgO$$

或

$$C_2H_5OH + Na \longrightarrow C_2H_5ONa + 0.5H_2\uparrow$$
$$C_2H_5ONa + H_2O \longrightarrow C_2H_5OH + NaOH$$

【主要试剂及仪器】

试剂：氧化钙、氢氧化钠、95%乙醇、无水氯化钙、镁、碘片。

仪器：100mL 圆底烧瓶、球形冷凝管、直形冷凝管、干燥管、蒸馏头、温度计、接引管、锥形瓶、铁架台、加热套、250mL 烧杯等。

【物理常数及性质】

镁：相对分子质量为 24.31，相对密度为 1.74（4～20℃），熔点为 649℃，沸点为 1098℃，不溶于水。

氧化钙：相对分子质量为 56.08，相对密度为 3.35（4～20℃），熔点为 2572℃，沸点为 2850℃，易溶于水。

乙醇：无色透明液体，化学式为 C_2H_5OH，相对分子质量为 46.07，相对密度为 0.7893（4～20℃），熔点为－114℃，沸点为 78.3℃，折射率 $n_D^{20}=1.3611$，与水混溶，易溶于乙醚和氯仿等有机溶剂。

【实验内容】

1. 99.5%无水乙醇的制备

（1）回流除水

在干燥洁净[1]的 100mL 圆底烧瓶中加入 40mL 95%的乙醇，再慢慢加入 16g 小块状的氧化钙[2]及 0.2g 氢氧化钠。装上回流冷凝装置，其上端接一装有无水氯化钙的干燥管[3]。然后水浴加热回流约 50min。

（2）蒸馏

待回流完毕，且回流液稍冷后，将回流冷凝装置改为常压蒸馏装置，用干燥且称量过的锥形瓶作接收器，其接引管支口接一无水氧化钙干燥管，在水浴上加热蒸馏，蒸馏至几乎无液滴流出。记录沸点，称量无水乙醇的质量，也可量其体积，计算回收率。

2. 绝对无水乙醇的制备

在 100mL 圆底烧瓶中加入 0.3g 干燥的镁条、5mL 99.5%的乙醇[4]，装上冷凝管，并在冷凝管上端接一无水氧化钙干燥管。在水浴上加热至微沸后，移去热源，立即加入几小粒碘片[5]（注意此时不要振摇），会发现碘粒周围立即发生反应，反应慢慢扩大，最后可达到相当剧烈的程度。待全部镁条反应完毕，再加入 50mL 99.5%乙醇和少量沸石，水浴加热回流 1h 后，撤去冷凝管，将装置改为蒸馏装置，用干燥且称量过的带有橡皮塞的蒸馏瓶作接收器，其支管接一无水氯化钙干燥管，再次水浴加热蒸馏，收集馏分，记录沸点。称量绝对无水乙醇的质量或量其体积，计算回收率。

3. 测折射率

用阿贝折射仪分别测无水乙醇和绝对无水乙醇的折射率，并与标准参考值对比，分析其质量。

乙醇的红外光谱图如图 5-32 所示。

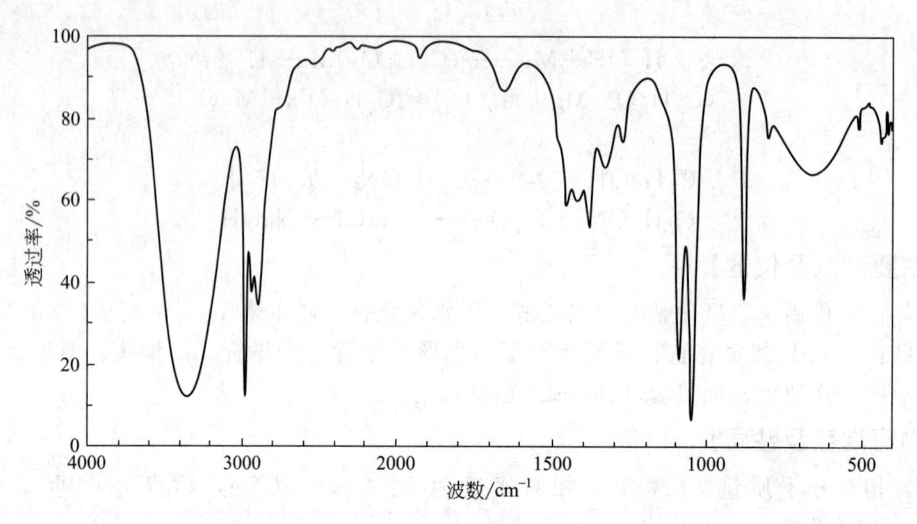

图 5-32 乙醇的红外光谱图

【注释】

[1] 本实验所需的所有仪器均需彻底干燥。

[2] 一般干燥剂干燥有机物质时，在蒸馏前都应该过滤除去，但 CaO 与水反应生成 $Ca(OH)_2$，加热也不会分解，因此可以留在蒸馏瓶中。

[3] 干燥管内先用少许脱脂棉垫着再填充无水氯化钙。

[4] 制备绝对乙醇所用的乙醇含量不能低于 99.5%，否则反应很困难。

[5] 若加碘后仍未反应，可多加几粒碘片，若还不反应，可适当加热促使反应发生。

【思考题】

1. 制备无水乙醇时，实验仪器有什么注意事项？

2. 制备无水乙醇时，为何加热回流和蒸馏时，冷凝管上端和接收器支管口都要接上氯化钙干燥管？

3. 制备无水乙醇时，为什么要加少量的氢氧化钠？

4. 怎样检测无水乙醇是否合格？

第六章 趣味综合性实验

实验三十六 手工皂的制备

【预习提示】

1. 预习酯的水解反应条件及影响因素。
2. 预习常见油脂的类型和应用。

【实验目的与要求】

1. 掌握肥皂和手工皂的制备原理和制备方法。
2. 了解肥皂的性质和鉴定方法。
3. 了解生活中化工产品的化学原理知识。

【实验原理】

肥皂是高级脂肪酸金属盐（钠、钾盐为主）的总称，包括软皂、硬皂、香皂和透明皂等。肥皂是最早使用的洗涤用品，对皮肤刺激性小，具有便于携带、使用方便、去污力强、泡沫适中和洗后容易去除等优点。所以尽管近年来各种新型的洗涤剂不断涌现，肥皂仍是一种深受用户欢迎的去污和沐浴用品。

以各种天然的动、植物油脂为原料，以碱皂化而制得肥皂，是目前仍在使用的生产肥皂的传统方法。

1. 实验原理

油脂在酸或碱的存在下，或在酶的作用下，易被水解成甘油与高级脂肪酸，不同的反应温度和处理方法将得到不同类型的肥皂和手工皂。

$$
\begin{array}{l}
CH_2-O-\overset{O}{\overset{\|}{C}}-R^1 \\
| \\
CH-O-\overset{O}{\overset{\|}{C}}-R^2 \\
| \\
CH_2-O-\overset{O}{\overset{\|}{C}}-R^3
\end{array}
+ 3NaOH \xrightarrow{\triangle}
\begin{array}{l}
CH_2-OH \\
| \\
CH-OH \\
| \\
CH_2-OH
\end{array}
+
\begin{array}{l}
R^1COONa \\
R^2COONa \\
R^3COONa
\end{array}
$$

不同种类的油脂，由于其组成有别，皂化时需要的碱量不同。碱的用量与各种油脂的皂化值（完全皂化 1g 油脂所需的氢氧化钾的毫克数）和酸值有关。制备肥皂常用油脂的皂化值见表 6-1。

表 6-1 制备肥皂常用油脂的皂化值

油脂	椰子油	橄榄油	棕榈油	蓖麻油	大豆油
皂化值/(mgKOH/g)	266	187	197	180	189

2. 原料性质

现将用于制肥皂的主要原料的性质和作用做简介。

① 油脂。油脂指植物油和动物脂肪，在制肥皂的过程中它提供长链脂肪酸。由于以 C_{12}～C_{18} 脂肪酸所构成的肥皂的洗涤效果最好，所以制肥皂的常用油脂是椰子油（C_{12} 为主）、棕榈油（C_{16}～C_{18} 为主）、猪油或牛油（C_{16}～C_{18} 为主）等。脂肪酸的不饱和度会对肥皂品质产生影响。不饱和度高的脂肪酸制成的肥皂，质软而难成块状，抗硬水性能也较差。所以通常要将部分油脂催化加氢，使之变为氢化油（或称硬化油），然后与其他油脂搭配使用。

② 碱。主要使用碱金属氢氧化物。由碱金属氢氧化物制成的肥皂具有良好的水溶性。由碱土金属氢氧化物制得的肥皂一般称为金属皂，其难溶于水，主要用作涂料的催干剂和乳化剂，不作洗涤剂用。

③ 其他。为了改善肥皂产品的外观和拓宽用途，可加入色素、香料、抑菌剂、消毒药物以及酒精、白糖等，以制成香皂、药皂或透明皂等产品。

3. 肥皂的制作方法

① 融化再制法（melt and pour，MP）。在手工皂的制作方法中最简单的就是“融化再制法”，它是将在市面上买的现成皂基经加热融化后注入喜欢的模具，经一段时间冷却干硬后即可脱模，一块随心所欲、独一无二的香皂即可完成。完成后为避免香皂与空气接触建议立刻用保鲜膜或皂用 PE 膜仔细包裹。因为不需要使用氢氧化钠，操作过程就像上烹饪课一样有趣，所以连小朋友都可在大人的监督下轻松完成。皂基皂的基本特点是颜色鲜艳、带透明效果、造型可爱、可添加各种香精和色素。

② 冷制法（cold process，CP）。冷制皂是利用油脂中三酸甘油酯成分与碱液进行皂化的。冷制法为最古老的制皂方法，自己制作冷制皂可以完全掌控制皂原料，也可为自己的需求订做一块手工皂，但因刚制作成的皂属强碱性，水分含量也较高，所以需经 3～4 星期的熟成期才可使用。从油脂配方到一块香皂在手里搓揉出柔细的泡沫，那种欣喜若狂的成就感是没做过手工皂的人所无法体会的。一般冷制皂在含油酸丰富的情况下都会具有拉丝效果。

③ 热制法（hot process，HP）。热制法就是利用加热加快皂化，优点是不用 3～4 星期的熟成期，缺点是成皂不如冷制法细致，高温制作容易使油脂的精华成分流失。

④ 再生制皂法。如果使用冷制法制皂后对成品不满意或想再制成想要的形状，这时可以把香皂切成小块或刨丝，再加入适量水再次加热，重新入模。

⑤ 液体皂法。液体皂主要是以氢氧化钾为皂化原料，与冷制皂不同的是冷制皂经由钠的结晶化而形成较硬的固体皂，而钾比钠更容易溶解，也较不易形成结晶，因此成皂所形成的液体看起来是清澈透明的。

4. 肥皂性质检验

当加入饱和食盐水后，由于高级脂肪酸钠不溶于盐水而被盐析；甘油和新制备的氢氧化铜可以生成深蓝色的甘油铜溶液。

【主要试剂及仪器】

试剂：橄榄油、椰子油、亚麻油、棕榈油、猪油、7.5mol/L 氢氧化钠溶液、氢氧化钠、5%硫酸铜溶液、10%氯化钙溶液、10%硫酸镁（或氯化镁）溶液、饱和食盐水、95%乙醇、沸石、色素。

仪器：移液管、烧杯、玻璃试管、恒温水浴锅、循环水真空泵、抽滤瓶、玻璃棒、电子天平、手工皂模具。

【实验内容】

1. 手工冷皂的制备

称量 0.8g(0.02mol) 氢氧化钠后转至 250mL 烧杯中，并加入 40mL 水，搅拌溶解，待冷却后放入水浴锅中热水浴加热至 45℃。注意氢氧化钠溶于水时放热，且氢氧化钠是强碱，要注意实验规范操作，以保证实验的安全。

称取 12.5g 椰子油、32g 棕榈油、18g 橄榄油，置于 250mL 烧杯中，放入水浴锅中热水浴加热至 45℃。

水浴保温和搅拌下将碱液慢慢加入油脂中，加完后继续搅拌至溶液变黏稠，直至反应混合物从玻璃棒上流下时形成线状并在玻璃棒上很快凝固。

反应完毕，将产物倾入模具中成型，注意上层的泡沫需要用玻璃棒平扫去除。

模具中混合液的皂化过程并未完全结束，需要在保温的环境中放置 1～2 天方可脱模。

由于皂化温度低，不会破坏油脂中对皮肤有益的成分，且保留了皂化产生的保湿成分甘油，所以自制手工冷皂比市场购买的肥皂的滋润性更好。

2. 透明皂的制备(皂基)

称取 80g 皂基于 100mL 烧杯中，80℃水浴至熔融。

按需加入几滴调制好的色素，搅拌均匀后倒入模具，冷却后脱模。

可以制备多层不同颜色的透明皂，需要分次调色和转移到模具中，待第一层基本固化后再加入第二层。后面的加入方法一样，整体冷却后脱模。

3. 肥皂热制法

称取 6.5g 亚麻油、6.5g 棕榈油、12g 猪油，置入 250mL 锥形瓶中，再加入 95%乙醇 5mL、7.5mol/L 氢氧化钠溶液 7.5mL、投入几粒沸石，振荡后放入水浴锅中热水浴加热至 95～100℃。在水浴锅中 95～100℃ 反应约 60min，过程中注意观察油水两相的变化情况，并每 10min 左右用长玻璃棒缓慢搅拌，使已经生成的部分肥皂作为乳化剂促进油水两相的混合。反应后期如果观察到有大量不溶固体浮在混合液面上，可以适当补加 5～15mL 95%乙醇，即得花生油的皂化液。

将一半体积的皂化液趁热倒入模具中，冷却至室温可制备含有甘油的半透明保湿皂。

将另一半体积的皂化液进行盐析实验。将皂化液趁热倒入一盛有 150mL 饱和食盐水的烧杯中，边加边搅拌（以形成皂片，方便包裹的甘油溶于水），直至有一层肥皂浮于溶液表面。冷却，减压过滤，滤渣即为肥皂，滤液留下待用（用于 4. 肥皂性质检测中甘油的检测）。

4. 肥皂性质检测

取少量所制肥皂置于烧杯中，加入 15mL 去离子水，于沸水浴中稍稍加热，并不断搅拌，使其溶解为均匀透明的肥皂溶液。

取两支试管，各加入 1mL 肥皂溶液，再分别加入 5～10 滴 10%氯化钙溶液和 10%硫酸镁（或氯化镁）溶液。观察有何现象产生？为什么？

取一支试管，加入 2mL 去离子水和 1～2 滴花生油，充分振荡，观察乳浊液的形成。另取一支试管，加入 2mL 肥皂溶液和 1～2 滴棕榈油，充分振荡，观察有何现象产生。将两支试管静置数分钟后，比较二者稳定程度有何不同？为什么？

取两支干净的试管，一支加入 1mL 上述盐析实验所得的滤液，另一支加入 1mL 去离子水做空白实验。然后，在两支试管中各加入 1 滴 7.5mol/L 氢氧化钠溶液及 3 滴 5%硫酸铜溶液。试比较二者颜色有何区别？为什么？

【注意事项】

1. 实验中花生油也可用大豆油、棉籽油、橄榄油、猪油或牛油代替。不同原料制得的产品的硬度不同。

2. 手工冷皂脱模时戴上一次性手套，此时肥皂的碱性比较高。之后将其在无光照、通风干燥的地方存放 4 周，每周可用试纸检测碱性，至为弱碱性即可得到优质的手工冷皂。

3. 手工冷皂没有加入防腐剂，保存时间不要超过一年。

【数据记录与处理】

原料称量数据记录：____________

产品性状：____________

【思考题】

1. 制备肥皂的油脂，如果选用的是不饱和度高的脂肪酸，它对产品会有何影响？

2. 在用作洗涤用品的肥皂的制备过程中，可否用碱土金属氢氧化物代替碱金属氢氧化物？为什么？

3. 在肥皂热制法中，氢氧化钠起什么作用？乙醇又起什么作用？

4. 为什么肥皂能稳定油/水型乳浊液？

实验三十七 固体酒精的制备

【预习提示】

1. 预习硬脂酸的性质。

2. 预习常见凝胶的类型和制备方法。

【实验目的与要求】

1. 了解固体酒精的制备原理。

2. 掌握固体酒精的制备方法。

【实验原理】

1. 主要性质和用途

酒精的学名是乙醇，易燃，燃烧时无烟无味，安全卫生。酒精是液体，较易挥发，携带不便，所以作燃料使用并不普遍。针对以上缺点，将其做成固状酒精，降低了挥发性且易于包装和携带，使用更加安全。固体酒精特别适用于某些特别用途，例如用作火锅燃料和室外野炊的热源，是酒家、旅游者、地质人员、部队人员及其他野外作业者的必备品。

2. 合成原理

利用硬脂酸和氢氧化钠在酒精中形成溶胶，冷却后形成凝胶。

$$C_{17}H_{35}COOH + NaOH \xrightarrow{\triangle} C_{17}H_{35}COONa + H_2O$$

利用硬脂酸钠受热时熔化，冷却后又重新固化的性质，将液态酒精与硬脂酸钠搅拌共热，充分混合，冷却后硬脂酸钠将酒精包含其中，成为固状产品。若在配方中加入虫胶、石蜡等物料作为黏结剂，可以得到质地更加坚硬的固体酒精。所用的添加剂均为可燃的有机化合物，不仅不影响酒精的燃烧性能，而且酒精可以燃烧得更为持久并释放更多的热能。

【主要试剂及仪器】

试剂：硬脂酸、切片石蜡、95%酒精、NaOH、蒸馏水。

酒精（工业用酒精，≥95%）为无色透明、易燃易爆的液体，沸点为78.4℃，在本实验中作为主燃料。

硬脂酸又名十八烷酸，为柔软的白色片状固体，熔点为69～71℃。工业品的硬脂酸中含有软脂酸（十六烷酸），但不影响使用。硬脂酸不溶于水而溶于热乙醇。

石蜡是固体烃的混合物，由石油的含蜡馏分加工提取得到。石蜡一般为块状的固体，熔点为50～60℃，可燃。在本实验中石蜡是固化剂并且可以燃烧，但加入量不能太多，否则难以完全燃烧，产生烟和不愉快的气味。

仪器：机械搅拌装置、磁力搅拌装置、恒温水浴锅、烧杯。

【实验内容】

1. 配方

表6-2和表6-3分别为组分A和组分B的配方表。

表6-2 组分A的配方表

原料＼配方	①	②	③
硬脂酸/g	2	2	2
石蜡/g	0.5	0.3	0.3
酒精/mL	60	50	50

表6-3 组分B的配方表

原料＼配方	①	②	③
NaOH/g	0.8	1	0.8
酒精/mL	5	—	10
蒸馏水/mL	5	10	—

2. 固体酒精的制备

按配方量将组分A加入250mL烧杯中，在恒温水浴锅上加热至70℃，充分搅拌至全部溶解。

按配方量将组分B加入50mL烧杯中，磁力搅拌加热至70℃，充分搅拌至全部溶解。

将组分B迅速加入组分A中搅匀，倒入模具，冷却成型。

在搅拌过程中可以加入几滴色素，赋予产品颜色。

3. 脱模

将冷却定型的产品轻轻从模具中取出，即获得实验产品固体酒精。

4. 检测

检测产品的形状完整度、颜色分布情况、软硬程度，并取少量产品于蒸发皿中做燃烧试验，观察火焰的情况和灼烧是否有残留。

5. 保存

由于乙醇易于挥发，为了不降低产品的燃烧热效率，在检验完产品的外观、颜色分布、硬度等指标后，应及时用分装袋封装保存脱模后的产品。

【注意事项】

1. 由于乙醇属于易燃有机物且用量大，在实验过程中注意避免使用明火。
2. 氢氧化钠的取用过程注意防止接触皮肤，称量过程注意防止过度吸湿，溶解过程注意防止溶液放热产生烫伤。

【数据记录与处理】

产品的外观和形状：____________________

燃烧试验结果：____________________

【思考题】

1. 实验中硬脂酸和氢氧化钠的作用是什么？
2. 如果产品脱模困难，可能的原因有哪些？

实验三十八 果胶的提取

【预习提示】

1. 预习果胶的性质和应用。
2. 预习果胶的提取方法。

【实验目的与要求】

1. 学习从柑橘皮中提取果胶的方法。
2. 了解果胶质的有关知识。
3. 掌握果胶的提纯方法及操作。

【实验原理】

果胶是一类多糖的总称，其广泛存在于植物的细胞壁和细胞内层，为内部细胞的支撑物质，尤其以果蔬中含量为多。不同的果蔬含果胶的量不同，山楂约为6.6%，柑橘为0.7%～1.5%，南瓜含量较高，为7%～17%。在果蔬中，尤其是在未成熟的水果和果皮中，果胶含量较高。

果胶主要以不溶于水的原果胶存在于植物中，当用酸从植物中提取果胶时，原果胶被酸水解形成果胶，再进行脱色、沉淀（果胶不溶于乙醇，在提取液中加入乙醇至提取液的体积分数为50%时，可使果胶沉淀下来而与其他杂质分离）、干燥即得商品果胶。

从柑橘皮中提取的果胶是高酯化度的果胶，粗品为略带黄色的白色粉状物，1∶20溶于水中，形成黏稠的无味溶液，溶液带负电。

果胶广泛用于食品工业，是一种耐酸的胶凝剂和完全无害的天然食品添加剂，适量的果胶能使冰激凌、果酱和果汁凝胶化，显著提高食品质量，增加食品口感，使食品具有水果风味。它还是优良的增稠剂、稳定剂、悬浮剂，用于制药业，对高血压、便秘等慢性病有一定的疗效，并可降低血糖、血脂，减少胆固醇，解除铅毒；用于化妆品生产，可增强皮肤的抵抗力，防止紫外线及其他辐射。

【主要试剂及仪器】

试剂：柑橘皮（新鲜）、95%乙醇、无水乙醇、0.2mol/L盐酸溶液、6mol/L氨水、活性炭。

仪器：恒温水浴装置、布氏漏斗、抽滤瓶、玻璃棒、尼龙布、表面皿、精密pH试纸、烧杯、电子天平、小刀、真空泵。

【实验内容】

1. 原料预处理

称取新鲜柑橘皮20g（干品为8g），用清水洗净后，放入250mL烧杯中，加120mL水，加热至90℃保温5～10min，使酶失活。用水冲洗后切成3～5mm大小的颗粒，用50℃左右的热水漂洗，直至水为无色、果皮无异味。每次漂洗都要用尼龙布把果皮挤干，再进行下一次漂洗。

2. 酸法提取

将处理过的果皮粒放入烧杯中，加入0.2mol/L的盐酸溶液，以浸没果皮为度，调节溶液的pH值在2.0～2.5之间。加热至90℃，在恒温水浴装置中保温40min，保温期间要不断地搅动，趁热用垫有尼龙布（100目）的布氏漏斗抽滤，收集滤液。

3. 脱色

在滤液中加入0.5%～1%的活性炭，加热至80℃，脱色20min，趁热抽滤（如柑橘皮漂洗干净，滤液清澈，则可不脱色）。

4. 乙醇沉淀果胶

滤液冷却后，用6mol/L氨水调节pH值为3～4，在不断搅拌下缓缓地加入95%乙醇，加入乙醇的量为原滤液体积的1.5倍（使其中乙醇的质量分数达50%～60%）。95%乙醇加入过程中即可看到絮状果胶物质析出，静置20min后，用尼龙布（100目）过滤制得湿果胶。

5. 果胶干燥

将湿果胶转移于100mL烧杯中，加入30mL无水乙醇洗涤湿果胶，再用尼龙布过滤、挤压。将脱水的果胶放入表面皿中摊开，在60～70℃下烘干。将烘干的果胶磨碎过筛，制得干果胶。

【注意事项】

1. 脱色中如抽滤困难可加入2%～4%的硅藻土作助滤剂。
2. 湿果胶可用无水乙醇洗涤2次。

3. 可用分馏法回收滤液中的酒精。

【数据记录与处理】

1. 新鲜柑橘皮质量：________________

2. 干果胶质量：________________

3. 产率：________________

【思考题】

1. 从橘皮中提取果胶时，为什么要加热使酶失活？

2. 沉淀果胶除用乙醇外，还可用什么试剂？

实验三十九 蛋黄卵磷脂的提取

【预习提示】

1. 预习卵磷脂的定义、性质和用途。

2. 预习卵磷脂的提取方法和旋转蒸发仪的使用方法。

【实验目的与要求】

1. 掌握蛋黄卵磷脂的提取方法。

2. 进一步练习和掌握旋转蒸发仪的使用方法。

【实验原理】

1. 卵磷脂的主要性质和用途

自Gobley在1846～1847年从蛋黄和脑中发现含磷的脂类物质，并于1850年将其命名为卵磷脂（lecithin）以来，科学家们陆续从许多动植物中分离、确认了许多磷脂物质。1925年Leven将磷脂酰胆碱从其他磷脂中分离出来。目前广义的“卵磷脂”是将卵磷脂视作各种磷脂的同义词，或定义为“丙酮不溶物（即各种磷脂）含量在60%以上的一种极性和非极性脂类的混合物，其中包括磷脂酰胆碱（PC）、磷脂酰乙醇胺（PE）、磷脂酰肌醇（PI）、磷脂酰丝氨酸（PS）等磷脂和甘油三酯的混合脂类”。市售的“卵磷脂”即广义的卵磷脂。

从蛋黄中可提取磷脂，每个鸡蛋的质量为40～60g，其中蛋壳占11%，蛋清占58%，蛋黄占31%。蛋黄由水分（50%）、蛋白质（16%）、脂类（32%）组成，其中脂类以脂蛋白形式存在。在脂类中磷脂占30%，中性脂肪占65%，胆固醇占4%。蛋黄卵磷脂具有磷脂酰胆碱含量高的特点，而作为药品和保健品的卵磷脂中的主要有效生理物质就是磷脂酰胆碱。

卵磷脂具有良好的乳化特性，可以用作静脉注射脂肪乳的乳化剂、胆固醇结石的防治药物，也被用在人工血浆、β-内酰胺类抗生素、抗腹泻吸收剂和维生素上，临床上用于治疗动脉粥样硬化、脂肪肝、神经衰弱及营养不良，还广泛用于色拉油、奶油巧克力、冰激凌、饮料加工中。目前，在美国和国内的保健品市场上，卵磷脂产品的消费已占到了前两三位。

2. 提取原理和方法

目前，卵磷脂的提取方法主要有有机溶剂萃取法（有的采用单一溶剂，有的采用二元混合溶剂）和超临界 CO_2 萃取法，且通常认为后者较理想，但其原料需用蛋黄粉，而蛋黄粉的制备常用喷雾干燥法，使卵磷脂处于50℃以上的高温环境中，生物活性降低。此外，采用超临界 CO_2 萃取法仅能从蛋黄粉中提取出中性脂肪，仍需乙醇作夹带剂才能提取出卵磷脂。

在使用溶剂提取卵磷脂时，必须注意蛋黄是一种相当稳定的乳状液，其中乳化剂是磷脂和蛋白质结合的脂蛋白复合物，要将磷脂完全提取出来，所用溶剂必须能破坏这种脂蛋白复合物，并且对脂质有良好的溶解能力。极性溶剂甲醇、乙醇、丙醇对脂质的溶解能力较差，非极性溶剂己烷、乙醚、氯仿等难以破坏脂蛋白复合物，极性溶剂与非极性溶剂混合使用可以很好地满足提取要求。

提取过程中增加溶剂的用量、加强搅拌、减小颗粒度、提高温度都有利于提高产率。但是，卵磷脂中含有不饱和脂肪酸，易被氧化，从而使产品的颜色变深。为防止氧化，在提取及浓缩时温度最好不要超过45℃，同时最好通氮气加以保护。

3. 产品定性检验方法

磷脂酰胆碱与浓碱液共热会产生腥臭的三甲胺气体，可以作为定性检验方法。薄层色谱分析可以区分卵磷脂的不同组分，但同样不能定量。国外采用硅胶双向薄层层析对卵磷脂进行定性检验，不过过程复杂且成功率不高。高效液相色谱法分析速度快、分离效率高、检出极限低，是国内外蛋黄卵磷脂生产厂家使用较多的方法。

【主要试剂及仪器】

试剂：氯仿、乙醇、乙醚、10%氯化钠溶液、无水硫酸钠、丙酮。

仪器：三颈烧瓶、烧杯、碘量瓶、分液漏斗、蒸发皿、单口烧瓶、电动搅拌器、球形冷凝管、旋转蒸发仪。

【实验内容】

1. 混料和提取

取新鲜鸡蛋一个，完整地取出蛋黄，置于100mL三颈烧瓶中，如图6-1搭建实验装置。在三颈烧瓶中加入20mL混合溶剂（氯仿：乙醇=1：3）后，在上口装上搅拌器，在侧口分别装上回流冷凝管和温度计。控制三颈烧瓶内温度为35～40℃，搅拌30min。

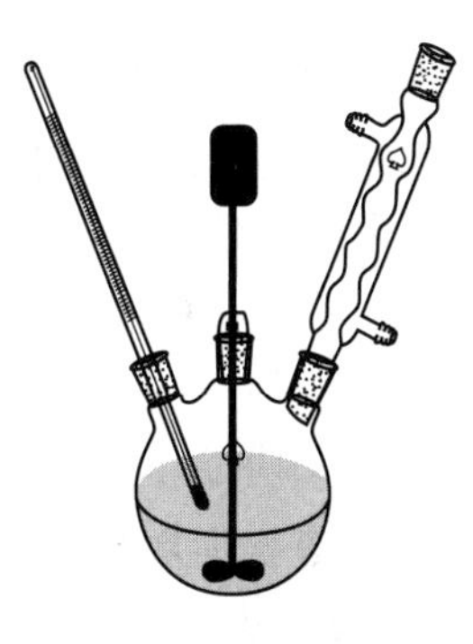

图6-1　卵磷脂提取反应装置

2. 产品初步纯化

将上述获得的混合物进行抽滤，滤饼在步骤1同样条件下再提取一次，再次抽滤，两次抽滤获得的滤液转入分液漏斗中。以5mL氯仿清洗抽滤瓶，清洗液一并加入分液漏斗中。

加入40mL10%氯化钠溶液进行洗涤，充分振摇静置分层后，分出氯仿层至干净干燥的碘量瓶中，加入适量的无水硫酸钠进行干燥（约30min）。

3. 产品精制

将干燥后的氯仿层加入蒸馏烧瓶，用旋转蒸发仪进行减压蒸馏。

馏分中加入10mL丙酮搅拌，冰水冷却后倾去丙酮层以分离沉淀物。

沉淀物用尽可能少的乙醚溶解，转入100mL烧杯，并用1mL乙醚清洗烧瓶后也转入烧杯，在搅拌下缓缓加入10mL丙酮，冰水冷却后倾去丙酮层。

装有沉淀物的烧杯在真空干燥箱中常温干燥。残留溶剂挥发后得到白色或浅黄色蜡状卵磷脂产品，称重。

【注意事项】

1. 真空泵使用过程中需要先恢复常压再关闭电源，防止倒吸而污染试剂。

2. 乙醚和丙酮易挥发，操作需要迅速。

【数据记录与处理】

产品外观：____________

产品质量：____________

【思考题】

1. 单一溶剂在蛋黄卵磷脂提取中的缺陷是什么？

2. 为了提高产率，本实验中减压蒸馏步骤中的溶液能否蒸干？

实验四十 乙酸异戊酯（香蕉水）的合成

【预习提示】

1. 预习酯化反应的原理、条件及影响因素。

2. 预习乙酸异戊酯的理化性质和提纯方法。

【实验目的与要求】

1. 熟悉酯化反应原理，掌握乙酸异戊酯的制备方法。

2. 掌握带分水器的回流装置的安装与操作。

3. 熟悉液体有机物的干燥，掌握分液漏斗的使用方法，学会利用萃取洗涤和蒸馏的方法纯化液体有机物的操作技术。

【实验原理】

1. 主要性质和用途

乙酸异戊酯，别名香蕉水，英文名为isoamyl acetate，CAS号为123-92-2，化学式$C_7H_{14}O_2$，相对分子质量为130.19，相对密度为0.876，沸点为142℃，闪点为25℃，无色透明液体，有类似于香蕉、梨的气味。乙酸异戊酯溶于乙醇、戊醇、乙酸乙酯、乙醚、苯，难溶于水，不溶于甘油，易燃，毒性较小，对眼睛和气管黏膜有刺激性。

乙酸异戊酯主要用于配制梨和香蕉型香精，也常用于配制酒和烟叶用香精，还可用于配制苹果、菠萝、可可、樱桃、葡萄、草莓、桃、奶油、椰子型香精。

2. 合成原理

实验室通常采用冰醋酸和异戊醇在浓硫酸催化下的酯化反应合成乙酸异戊酯，反应方程式如下：

$$CH_3COOH + HOCH_2CH_2CH(CH_3)_2 \underset{\triangle}{\overset{浓\ H_2SO_4}{\rightleftharpoons}} CH_3COOCH_2CH_2CH(CH_3)_2 + H_2O$$

酯化反应是可逆的，本实验加入过量冰醋酸，并除去反应中生成的水，使反应不断向右进行，从而提高酯的产率。生成的乙酸异戊酯中混有过量的冰醋酸、未完全转化的异戊醇、起催化作用的硫酸及副产物醚类，经过洗涤、干燥和蒸馏予以除去。

【主要试剂及仪器】

试剂：异戊醇、冰醋酸、浓硫酸、沸石、饱和氯化钠溶液、10%碳酸钠溶液、无水硫酸镁。

仪器：恒温油浴锅、三颈烧瓶、分水器、分液漏斗、移液管、量筒、碘量瓶、简单蒸馏装置、电子天平。

【实验内容】

1. 合成

向干燥的三颈烧瓶中加入 21.7mL 异戊醇和 25mL 冰醋酸，慢慢加入 1.5mL 浓硫酸和几粒沸石，混匀。安装带分水器的回流装置（图 6-2），三颈烧瓶的中口安装分水器，分水器中事先充水至支管口处，然后放出 3.2mL 水。三颈烧瓶的一侧口安装温度计（温度计应浸入液面以下），另一侧口用磨口塞塞住。检查装置气密性后，用电热套（或甘油浴）缓缓加热，当温度升至约 108℃时，三颈烧瓶中的液体开始沸腾。继续升温，控制回流速度，使蒸气浸润面不超过冷凝管下端的第一个球，当分水器充满水、反应温度达到 130℃时，反应基本完成，大约需要 1.5h。停止加热，使反应体系冷却到 10℃左右。

2. 洗涤

将冷却的反应混合物倒入 250mL 分液漏斗中，在分液漏斗中加入 50mL 饱和氯化钠溶液，振荡分液漏斗洗液，旋转分液漏斗加速分层，静置分层后将水层从下口放出。

再向分液漏斗中加入 50mL 10%碳酸钠溶液洗涤乙酸异戊酯，静置分层，放掉水层。

3. 干燥

上层的乙酸异戊酯从上口倒出，转移到碘量瓶中，加入适量的无水硫酸镁干燥 30min。

4. 蒸馏

搭建简单蒸馏装置（图 6-3），将干燥好的粗酯小心滤入干燥的蒸馏烧瓶中，加入 1～2 粒沸石，加热蒸馏。用干燥的量筒收集 140～143℃的馏分，量取体积并计算产率。

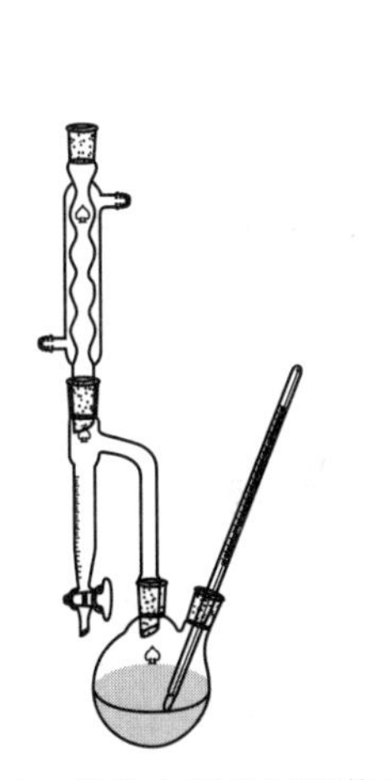

图 6-2　带分水器的回流装置

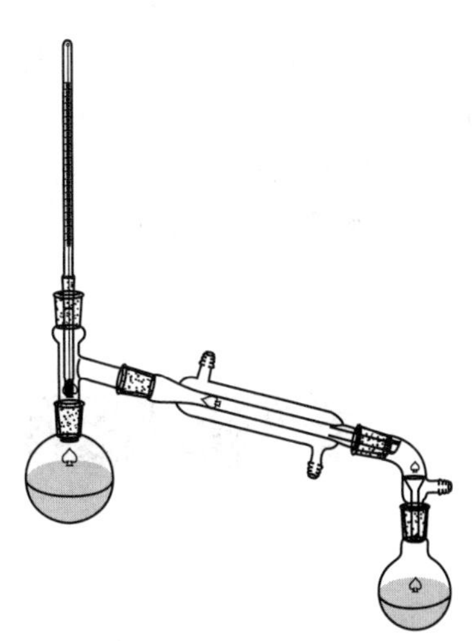

图 6-3　简单蒸馏装置

乙酸异戊酯的红外光谱图（CCl_4 法）如图 6-4 所示。

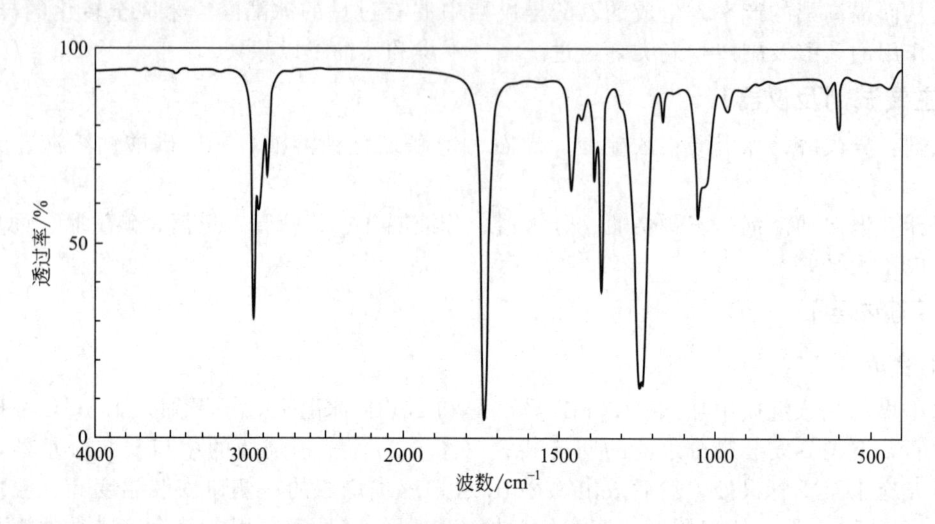

图 6-4 乙酸异戊酯的红外光谱图

【注意事项】

1. 合成反应中的反应烧瓶要干燥，避免有水而影响产率。
2. 加入浓硫酸要慢，少量多次加入，加入后要摇动烧瓶，防止过热和有机反应物炭化。
3. 静置分层前可以旋转分液漏斗，使油、水分层加速。
4. 碳酸钠溶液洗涤过程中会产生大量气体，注意要进行多次排气。

【数据记录与处理】

原料称量数据记录：____________________

产品质量：____________________

产率计算：

【思考题】

1. 除浓硫酸外，还有什么化合物可作为酯化的催化剂？
2. 第一步洗液分液时，为什么要加入饱和食盐水？
3. 加入碳酸钠是为了除去哪些副产物？
4. 酯化时可能有哪些副反应？写出主要的副反应。
5. 最后的纯化中蒸馏的作用是什么？为什么蒸馏前要用无水硫酸镁干燥？

实验四十一 雪花膏的制备

【预习提示】

1. 预习油包水和水包油的乳化条件及影响因素。
2. 预习化妆品膏体的理化性质评价方法。

【实验目的与要求】

1. 了解雪花膏的制备原理及各组分的作用。

2. 掌握雪花膏的配制方法。

【实验原理】

1. 主要性质和用途

雪花膏，白色膏状乳液，是一种非油腻性护肤用品，敷在皮肤上，水分蒸发后留下一层脂蜡和保湿剂所组成的膜，使皮肤与外界干燥空气隔离，节制皮肤表面水分过量挥发，是常用的护肤化妆品。典型的雪花膏的乳化形式为水包油型（O/W）。水相主要含水以及甘油、碱等水溶性物质，而油相主要含高级醇、高级脂肪酸等油脂类。另外，添加一些助剂，如防腐剂、香精等，以改善其性能。雪花膏的pH值一般为5～7，与皮肤表面的pH值相近。雪花膏的理化指标要求包括膏体耐热稳定性、耐寒稳定性、微酸性（pH＝4.0～7.0）；感官要求包括色泽、香气和膏体结构（细腻，擦在皮肤上应润滑、无面条状、无刺激）。

2. 合成原理

油水两相在高温和高速搅拌作用下，水相中的碱和油相中的高级脂肪酸反应生成盐，并形成稳定的乳化体系。形成水包油型（O/W）稳定乳化体系，水相含量高于油相，依据在两相共混的过程中加料方式的不同分为两种方式：油相加入水相直接制备成水包油型（O/W）乳化体系；水相加入油相先形成油包水型（W/O）乳化体系，进一步水相加入量增加发生相反转，形成水包油型（O/W）乳化体系。

【主要试剂及仪器】

试剂：硬脂酸、单硬脂酸甘油酯、甘油、十六醇、十八醇、三乙醇胺、吐温-80、氢氧化钾饱和溶液、香精、尼泊金乙酯、柠檬酸等。

仪器：恒温水浴锅、电动搅拌装置、烧杯。

【实验内容】

1. 配方

依据需要制备的总质量，按照表6-4计算各种原料的所需质量。

表6-4 组分配方表

油相		水相	
成分	质量分数/%	成分	质量分数/%
单硬脂酸甘油酯	2.5	三乙醇胺	1.0
硬脂酸	7.0	甘油	10.0
十六醇	2.0	吐温-80	1.0
十八醇	3.0	氢氧化钾饱和溶液	0.5
精制羊毛脂	3.0	香精	适量
尼泊金乙酯	0.05	蒸馏水	70

注：配方表中蒸馏水用量为70%左右，考虑到实验过程中水分的蒸发损失，可适当多加5%左右的蒸馏水。

2. 配制

将油相（尼泊金乙酯除外）按比例加入100mL烧杯中，加热到90～100℃，在60℃以上趁热用0.25%～2%活性炭脱色过滤（若无杂色可不必脱色）。油相物料熔化后搅拌均匀。

将水相（香精除外）按比例加入另一只100mL烧杯中，加热到90℃，搅拌均匀。

油相和水相各保温20min灭菌。

在搅拌下将水相缓慢地加入油相中，继续搅拌（建议采用电动高速均质机搅拌），进行皂化和乳化反应，20min后降温观察。

当温度降至50～60℃时按比例加入防腐剂尼泊金乙酯、香精，迅速搅拌均匀，注意要防止搅拌过程中引入气泡。降温至40～45℃即停止搅拌，静置冷却至室温，调节膏体的pH值为5～7（用柠檬酸中和）。

在加入防腐剂和香精的同时，也可同时加入少量皮肤营养保健性物质，如维生素E、超氧化物歧化酶（SOD）、视黄醇等。

3. 检测

测定pH值：称1.0g样品，加10mL无二氧化碳的蒸馏水，加热至40℃搅匀，冷却至室温，用精密pH试纸测试。

涂搽适量产品于手背皮肤，观察产品是否润滑、无面条状、无刺激。

【注意事项】

1. 使用三乙醇胺时注意不要粘到皮肤。其他原料无毒，产品对人体皮肤无副作用。雪花膏制备对水质要求较高，需要选用去离子水或者蒸馏水。

2. 注意在将水相缓慢地加入油相的步骤中，油水两相混合的时候不要将加料顺序弄反了，一旦开始混料，搅拌过程需要连续均匀。

3. 随着温度降低，膏体的黏度逐渐增大，要防止搅拌带入气泡，这些气泡不易逸出膏体，会影响外观和装样存放。搅拌器应尽量在膏体中间位置，黏度增大逐渐降低搅拌速度，温度低于40～45℃即停止搅拌。

【数据记录与处理】

原料称量数据记录：________________

产品性状：________________

【思考题】

1. 雪花膏对人体皮肤有何作用？

2. 通过查资料回答雪花膏的主要成分硬脂酸、单硬脂酸甘油酯、甘油、十六醇、十八醇、三乙醇胺、氢氧化钾、吐温-80、尼泊金乙酯分别起什么作用？

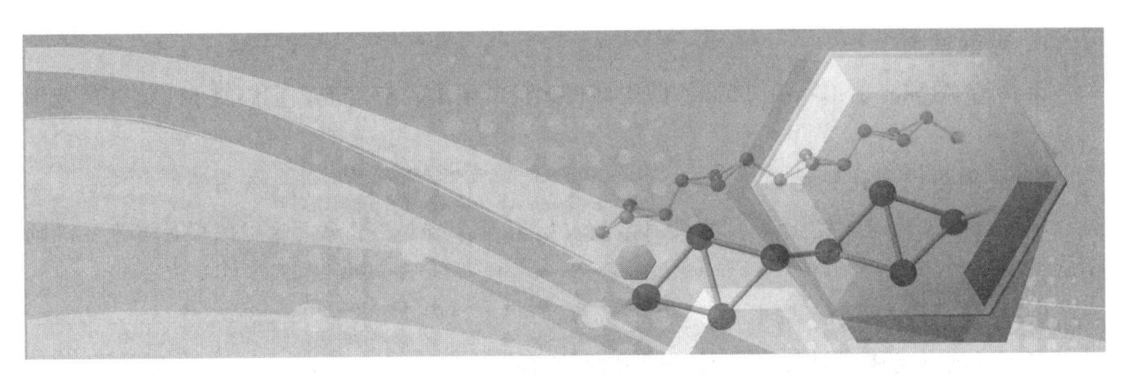

附　录

附录一　常用试剂的配制

1. 饱和亚硫酸氢钠溶液

先配制 5mol/L 亚硫酸氢钠溶液，然后向每 100mL 亚硫酸氢钠溶液（5mol/L）中加入 25mL 不含醛的无水乙醇，配成饱和亚硫酸氢钠溶液。配成的溶液如有少量的亚硫酸氢钠结晶，必须滤去结晶，保留上清液。注意亚硫酸氢钠溶液不稳定，容易氧化和分解，因此，不能保存很久，以现配现用为宜。

2. 饱和溴水

溶解 30g 溴化钾于 200mL 水中，加入 20g 溴，振荡均匀即成。

3. 碘-碘化钾溶液

将 1g 研细的碘粉和 2g 碘化钾溶于 100mL 水中，加热搅拌均匀，即得红色澄清的碘-碘化钾溶液。

4. 2,4-二硝基苯肼

方法一：称取 2,4-二硝基苯肼 3g，溶解于 15mL 浓硫酸中，另向 70mL 95%乙醇中加入 20mL 蒸馏水，然后将硫酸苯肼加入稀乙醇溶液中，边加边搅拌，形成橙红色溶液（若有沉淀需过滤）。

方法二：称取 2,4-二硝基苯肼 1.2g，溶解于 50mL 30%高氯酸中，摇匀后贮存于棕色试剂瓶中，以防变质。

方法一配制的 2,4-二硝基苯肼的浓度大，反应时沉淀更易于观察。方法二配制的试剂在水中溶解度大，便于检验水中的醛，并且较稳定，长期贮存不易变质。

5. 1%淀粉溶液

取 1g 可溶性淀粉和少许水于研钵中研成糊状，并加入 5mL 0.1%的 $HgCl_2$（防腐用），然后将上述混合液加入 100mL 水中并煮沸数分钟，放冷即可。

6. 酚酞试剂

将 0.1g 酚酞溶于 100mL 95%乙醇中即得无色的酚酞乙醇溶液，室温时 pH 值变色范围为 8.2～10.0。

7. 亚硝酰铁氰化钠溶液

称取亚硝酰铁氰化钠 1g，加水使其溶解并定容至 20mL，于棕色瓶中保存，溶液变绿则不能使用。

8. 斐林（Fehling）试剂

斐林试剂有斐林试剂 A 和斐林试剂 B 两种溶液。

斐林试剂 A：将 3.5g 五水合硫酸铜溶于 100mL 蒸馏水中即得淡蓝色的斐林试剂 A(若有晶体析出则过滤取上层清液)；

斐林试剂 B：将 17g 五水合酒石酸钠钾溶于 20mL 热蒸馏水中，再加入 20mL 20%氢氧化钠溶液，稀释至 100mL 即得无色透明的斐林试剂 B。

斐林试剂 A 和斐林试剂 B 两种溶液要分别单独储存，使用时才取等量试剂 A 和试剂 B 混合，混合后形成深蓝色的络合物溶液。现配现用。

9. 希夫（Schiff）试剂

方法一：先配制 100mL 饱和二氧化硫溶液，然后取 0.2g 品红盐酸盐溶于冷却的饱和二氧化硫溶液中，放置数小时，直至溶液呈无色或淡黄色，最后用蒸馏水稀释至 200mL。存于玻璃瓶中，塞紧瓶口，以免二氧化硫逸出。

方法二：取 0.5g 品红盐酸盐溶解于 100mL 热水中，冷却后通入二氧化硫气体至饱和，使粉红色消失，然后加入 0.5g 活性炭，振荡，过滤，最后用蒸馏水稀释至 500mL。

方法三：取 0.2g 品红盐酸盐溶解于 100mL 热水中，放置冷却后，加入 2g 亚硫酸氢钠和 2mL 浓盐酸，最后用蒸馏水稀释至 200mL。

Schiff 试剂应于暗冷处密封贮存，Schiff 试剂见光或受热易分解，暴露于空气中会使二氧化硫逸出，使溶液呈桃红色，此时可通入少许二氧化硫，使颜色消失后再使用。

10. 蛋白质溶液

取 50mL 新鲜鸡蛋清，并加入蒸馏水至 100mL，搅拌使其溶解。若溶液浑浊，可加入 5%氢氧化钠溶液至溶液刚清亮。

11. 刚果红试纸

取 0.2g 刚果红溶解于 100mL 蒸馏水中，搅拌均匀配制成溶液。将滤纸放于刚果红溶液中浸透后，取出晾干，裁成长 70～80mm、宽 10～20mm 的纸条，此时试纸呈鲜红色。

刚果红常用作酸性物质的指示剂，pH 值变色范围为 3～5。刚果红与弱酸作用显蓝黑色，与强酸作用显稳定的蓝色，遇碱则又变红。

12. 卢卡斯（Lucas）试剂

取 34g 无水氯化锌溶于 23mL 浓盐酸中，并于冷水浴中冷却，以防氯化氢逸出，放冷后，存于玻璃瓶中，密闭存放。此溶液一般是临用时配制。

13. 氯化亚铜氨溶液

方法一：将 3.5g 硫酸铜晶体、1g 氯化钠晶体、1g 无水亚硫酸氢钠或亚硫酸钠溶于 20mL 热蒸馏水中，边加入 0.5g 氢氧化钠，边用玻璃棒快速搅拌，倾析法可得白色的氯化亚铜沉淀，再用蒸馏水洗涤。加入浓氨水使之溶解（必要时温热），氯化亚铜与浓氨水发生如下反应：

$$CuCl + 2NH_3 \cdot H_2O \rightleftharpoons Cu(NH_3)_2Cl + 2H_2O$$

亚铜盐极其容易被空气中的氧气氧化成二价铜，试剂会呈蓝色而掩盖炔化亚铜的红色。为了防止亚铜离子氧化以及便于观察实验现象，在上述反应制备的氯化亚铜氨溶液中加入一定量的石蜡（也可用环己烷、煤油、苯、甲苯或二甲苯替代石蜡）封闭液面防止空气进一步氧化。

方法二：称取氯化铵 250g 溶于 750mL 热水中，冷却后加氯化亚铜 200g，摇荡溶解。加入紫铜丝适量，静置呈透明后使用。使用时每两体积的 25％氨水中加入一体积的氯化亚铜溶液，混合均匀，用石蜡封闭液面。

14. 班氏（Benedict）试剂

取 40g 柠檬酸钠及 23g 无水碳酸钠溶于 100mL 的热水中。另配制含 2g 结晶硫酸铜的 20mL 硫酸铜溶液，并在不断搅拌下，将硫酸铜溶液缓慢地加入上述柠檬酸钠和碳酸钠溶液中。可得到十分清澈的混合溶液，即班氏试剂。否则，需过滤。

15. 托伦（Tollens）试剂

方法一：取 1mL 10％的硝酸银溶液于洁净的试管中，向试管中滴加氨水，边滴边摇动试管，开始出现褐色沉淀，再继续滴加氨水至沉淀刚好消失，得到澄清的银氨溶液，即托伦试剂。

方法二：取 1mL 5％的硝酸银溶液于洁净的试管中，加入 2 滴 5％的氢氧化钠溶液，然后向试管中滴加 5％的稀氨水，边加边摇，直至沉淀刚好消失。

方法一配制的托伦试剂比方法二配制的托伦试剂的碱性弱，在糖类实验中，方法一配制的试剂比较合适。

16. 间苯二酚盐酸试剂

取 0.1g 间苯二酚溶于 100mL 浓盐酸中，再用水稀释至 200mL。

17. α-萘酚酒精试剂（Molisch Reagent）

称取 10g α-萘酚溶于 95％的乙醇，再用 95％乙醇定容至 100mL，实验前配制。

附录二 常用酸碱溶液含量与相对密度

1. 硝酸

HNO_3 质量分数 /％	相对密度 d_{20}^{20}	100mL 水溶液中含 HNO_3/g	HNO_3 质量分数 /％	相对密度 d_{20}^{20}	100mL 水溶液中含 HNO_3/g
1	1.0036	1.004	10	1.0543	10.54
2	1.0091	2.018	15	1.0842	16.26
3	1.0146	3.044	20	1.1150	22.30
4	1.0201	4.080	25	1.1469	28.67
5	1.0256	5.128	30	1.1800	35.40

续表

HNO_3 质量分数/%	相对密度 d_{20}^{20}	100mL 水溶液中含 HNO_3/g	HNO_3 质量分数/%	相对密度 d_{20}^{20}	100mL 水溶液中含 HNO_3/g
35	1.2140	42.49	90	1.4826	133.4
40	1.2463	49.85	91	1.4850	135.1
45	1.2783	57.52	92	1.4873	136.8
50	1.3100	65.50	93	1.4892	138.5
55	1.3393	73.66	94	1.4912	140.2
60	1.3667	82.00	95	1.4932	141.9
65	1.3931	90.43	96	1.4952	143.5
70	1.4134	98.94	97	1.4974	145.2
75	1.4337	107.5	98	1.5008	147.1
80	1.4521	116.2	99	1.5056	149.1
85	1.4686	124.8	100	1.5129	151.3

2. 硫酸

H_2SO_4 质量分数/%	相对密度 d_{20}^{20}	100mL 水溶液中含 H_2SO_4/g	H_2SO_4 质量分数/%	相对密度 d_{20}^{20}	100mL 水溶液中含 H_2SO_4/g
1	1.0051	1.005	65	1.5333	101.0
2	1.0118	2.024	70	1.6105	112.7
3	1.0184	3.055	75	1.6692	125.2
4	1.0250	4.100	80	1.7272	138.2
5	1.0317	5.159	85	1.7786	151.2
10	1.0661	10.66	90	1.8144	163.3
15	1.1020	16.53	91	1.8195	165.6
20	1.1394	22.79	92	1.8240	167.8
25	1.1783	29.46	93	1.8279	170.2
30	1.2185	36.56	94	1.8312	172.1
35	1.2599	44.10	95	1.8337	174.2
40	1.3028	52.11	96	1.8355	176.2
45	1.3476	60.64	97	1.8364	178.1
50	1.3951	69.76	98	1.8361	179.9
55	1.4453	79.49	99	1.8342	181.6
60	1.4983	89.90	100	1.8305	183.1

3. 盐酸

HCl质量分数/%	相对密度 d_{20}^{20}	100mL水溶液中含HCl/g	HCl质量分数/%	相对密度 d_{20}^{20}	100mL水溶液中含HCl/g
1	1.0032	1.003	22	1.1083	24.38
2	1.0082	2.006	24	1.1087	26.85
4	1.0181	4.007	26	1.1290	29.35
6	1.0279	6.167	28	1.1392	31.90
8	1.0376	8.301	30	1.1492	34.48
10	1.0474	10.47	32	1.1593	37.10
12	1.0574	12.69	34	1.1691	39.75
14	1.0675	14.95	36	1.1789	42.44
16	1.0776	17.24	38	1.1885	45.16
18	1.0878	19.58	40	1.1980	47.92
20	1.0980	21.96			

4. 醋酸

CH_3COOH质量分数/%	相对密度 d_{20}^{20}	100mL水溶液中含CH_3COOH/g	CH_3COOH质量分数/%	相对密度 d_{20}^{20}	100mL水溶液中含CH_3COOH/g
1	0.9996	0.9996	65	1.0666	69.33
2	1.0012	2.002	70	1.0685	74.80
3	1.0025	3.008	75	1.0696	80.22
4	1.0040	4.016	80	1.0700	85.60
5	1.0055	5.028	85	1.0689	90.86
10	1.0125	10.13	90	1.0661	95.95
15	1.0195	15.29	91	1.0652	96.93
20	1.0263	20.53	92	1.0643	97.92
25	1.0326	25.82	93	1.0632	98.88
30	1.0384	31.15	94	1.0619	99.82
35	1.0438	36.53	95	1.0605	100.7
40	1.0488	41.95	96	1.0588	101.6
45	1.0534	47.40	97	1.0570	102.5
50	1.0575	52.88	98	1.0549	103.4
55	1.0611	58.36	99	1.0524	104.2
60	1.0642	63.85	100	1.0498	105.0

5. 氢氧化钠

NaOH 质量分数/%	相对密度 d_{20}^{20}	100mL 水溶液中含 NaOH/g	NaOH 质量分数/%	相对密度 d_{20}^{20}	100mL 水溶液中含 NaOH/g
1	1.0095	1.010	26	1.2848	33.40
2	1.0207	2.041	28	1.3064	36.58
4	1.0428	4.171	30	1.3279	39.84
6	1.0648	6.389	32	1.3490	43.17
8	1.0869	8.695	34	1.3696	46.57
10	1.1089	11.09	36	1.3900	50.04
12	1.1309	13.57	38	1.4101	53.58
14	1.1530	16.14	40	1.4300	57.20
16	1.1751	18.80	42	1.4494	60.87
18	1.1972	21.55	44	1.4685	64.61
20	1.2191	24.38	46	1.4872	68.42
22	1.2411	27.30	48	1.5065	72.31
24	1.2629	30.31	50	1.5253	76.27

6. 氢氧化钾

KOH 质量分数/%	相对密度 d_{20}^{20}	100mL 水溶液中含 KOH/g	KOH 质量分数/%	相对密度 d_{20}^{20}	100mL 水溶液中含 KOH/g
1	1.0083	1.008	28	1.2695	35.55
2	1.0175	2.035	30	1.2905	38.72
4	1.0359	4.144	32	1.3117	41.97
6	1.0544	6.326	34	1.3331	45.33
8	1.0730	8.584	36	1.3549	48.78
10	1.0918	10.92	38	1.3765	52.32
12	1.1108	13.33	40	1.3991	55.96
14	1.1299	15.82	42	1.4215	59.70
16	1.1493	19.70	44	1.4443	63.55
18	1.1688	21.04	46	1.4672	67.50
20	1.1884	23.77	48	1.4907	71.55
22	1.2083	26.58	50	1.5143	75.72
24	1.2285	29.48	52	1.5382	79.99
26	1.2489	32.47			

7. 氨水

NH_3 质量分数/%	相对密度 d_{20}^{20}	100mL 水溶液中含 NH_3/g	NH_3 质量分数/%	相对密度 d_{20}^{20}	100mL 水溶液中含 NH_3/g
1	0.9939	9.94	16	0.9362	149.8
2	0.9895	19.79	18	0.9295	167.3
4	0.9811	39.24	20	0.9229	184.6
6	0.9730	58.38	22	0.9164	201.6
8	0.9651	77.21	24	0.9101	218.4
10	0.9575	95.75	26	0.9040	235.0
12	0.9501	114.0	28	0.8980	251.4
14	0.9430	132.0	30	0.8920	267.6

8. 碳酸钠

Na_2CO_3 质量分数/%	相对密度 d_{20}^{20}	100mL 水溶液中含 Na_2CO_3/g	Na_2CO_3 质量分数/%	相对密度 d_{20}^{20}	100mL 水溶液中含 Na_2CO_3/g
1	1.0086	1.009	12	1.1244	13.49
2	1.0190	2.038	14	1.1463	16.05
4	1.0398	4.159	16	1.1682	18.50
6	1.0606	6.368	18	1.1905	21.33
8	1.0816	8.653	20	1.2132	24.26
10	1.1029	11.03			

附录三 水的饱和蒸气压

温度/℃	蒸气压/mmHg	温度/℃	蒸气压/mmHg	温度/℃	蒸气压/mmHg	温度/℃	蒸气压/mmHg
1	4.926	11	9.844	21	18.65	31	33.70
2	5.294	12	10.52	22	19.83	32	35.66
3	5.685	13	11.23	23	21.07	33	37.73
4	6.101	14	11.99	24	22.38	34	39.90
5	6.543	15	12.79	25	23.76	35	42.18
6	7.013	16	13.63	26	25.21	36	44.56
7	7.513	17	14.53	27	26.74	37	47.07
8	8.045	18	15.48	28	28.35	38	49.69
9	8.609	19	16.48	29	30.04	39	52.44
10	9.209	20	17.54	30	31.82	40	55.32

续表

温度/℃	蒸气压/mmHg	温度/℃	蒸气压/mmHg	温度/℃	蒸气压/mmHg	温度/℃	蒸气压/mmHg
41	58.34	56	123.8	71	243.9	86	450.9
42	61.50	57	129.8	72	254.6	87	468.7
43	64.80	58	136.1	73	265.7	88	487.1
44	68.26	59	142.6	74	277.2	89	506.1
45	71.88	60	149.4	75	289.1	90	525.8
46	75.65	61	156.4	76	301.4	91	546.1
47	79.60	62	163.8	77	314.1	92	567.0
48	83.71	63	171.4	78	327.3	93	588.6
49	88.02	64	179.3	79	341.1	94	610.9
50	92.51	65	187.5	80	355.1	95	633.9
51	97.20	66	196.1	81	369.7	96	657.6
52	102.1	67	205.0	82	384.9	97	682.1
53	107.2	68	214.2	83	400.6	98	707.3
54	112.5	69	223.7	84	416.8	99	733.2
55	118.0	70	233.7	85	433.6	100	760.0

注：1mmHg＝1.33322×10^2Pa。

附录四 有机化合物的鉴别

鉴别是根据化合物的不同性质来确定其含有什么官能团、是哪种化合物。一组化合物可以用于鉴别，必须具备一定的条件：

① 化学反应过程中有颜色变化。

② 化学反应过程中伴随着明显的温度变化（放热或吸热）。

③ 反应有气体产生。

④ 反应有沉淀生成或反应过程中出现沉淀溶解、产物分层等。

各类化合物的鉴别方法如下。

1. 烯烃、二烯烃、炔烃

① 溴的四氯化碳溶液，红色褪去。

② 酸性高锰酸钾溶液，紫色褪去。

2. 含有炔氢的炔烃

① 硝酸银的氨溶液，生成炔化银白色沉淀。

② 氯化亚铜的氨溶液，生成炔化亚铜红色沉淀。

3. 小环烃

三元、四元脂环烃可使溴的四氯化碳溶液褪色。

4. 卤代烃

硝酸银的醇溶液，生成卤化银沉淀；不同结构的卤代烃生成沉淀的速度不同，叔卤代烃和烯丙式卤代烃最快，仲卤代烃次之，伯卤代烃需加热才出现沉淀。

5. 醇

① 与金属钠反应放出氢气。

② 用卢卡斯试剂鉴别伯、仲、叔醇（鉴别6个碳原子以下的醇），叔醇立刻变浑浊，仲醇放置后变浑浊，伯醇放置后也无变化。

6. 酚或烯醇类化合物

① 遇三氯化铁溶液产生颜色（苯酚产生紫色）。

② 苯酚与溴水反应生成三溴苯酚白色沉淀。

7. 羰基化合物

① 鉴别所有的醛、酮：2,4-二硝基苯肼，产生黄色或橙红色沉淀。

② 区别醛与酮用托伦试剂，醛能生成银镜，而酮不能。

③ 区别芳香醛与脂肪醛或酮与脂肪醛，用斐林试剂，脂肪醛生成砖红色沉淀，而酮和芳香醛不能。

④ 鉴别甲基酮、乙醛和特殊结构的醇，用碘的氢氧化钠溶液，生成黄色的碘仿沉淀。

8. 甲酸

用托伦试剂，甲酸能生成银镜，而其他酸不能。

9. 胺

区别伯胺、仲胺、叔胺有两种方法

① 用苯磺酰氯或对甲苯磺酰氯，在NaOH溶液中反应，伯胺生成的产物溶于NaOH；仲胺生成的产物不溶于NaOH溶液；叔胺不发生反应。

② 用$NaNO_2$＋HCl，对于脂肪胺，伯胺放出氮气，仲胺生成黄色油状物，叔胺不反应；对于芳香胺，伯胺生成重氮盐，仲胺生成黄色油状物，叔胺生成绿色固体。

10. 糖

① 单糖都能与托伦试剂和斐林试剂作用，生成银镜或砖红色沉淀。

② 葡萄糖与果糖：用溴水可区别葡萄糖与果糖，葡萄糖能使溴水褪色，而果糖不能。

③ 麦芽糖与蔗糖：用托伦试剂或斐林试剂，麦芽糖可生成银镜或砖红色沉淀，而蔗糖不能。

附录五 有机化学实验常用加热浴种类

序号	名称	加热载体	极限温度/℃
1	水浴	水	98.0
2	油浴	棉籽油	210.0
		甘油	220.0

续表

序号	名称	加热载体	极限温度/℃
2	油浴	石蜡油	220.0
		58～62号汽缸油	250.0
		甲基硅油	250.0
		苯基硅油	300.0
3	硫酸浴	硫酸	250.0
4	空气浴	空气	300.0
5	石蜡浴	熔点为30～60℃的石蜡	300.0
6	沙浴	沙	400.0
7	金属浴	铜或铅	500.0
		锡	600.0
		铝青铜(90% Cu、10% Al合金)	700.0

注：1. 在使用金属浴时，要预先涂上一层石墨在器皿底部，用以防止熔融金属黏附在器皿上尤其是在使用玻璃器皿时；要切记在金属凝固前将其移出金属浴。

2. 初次使用的棉籽油，要保证最高温度不超过180℃，在多次使用以后温度才可升高到210℃。

附录六 有机化学实验常用冷却剂种类

一种盐、酸或碱和水或冰组成的冷却剂

序号	盐	盐加入量/g	温度降低 Δt/℃	每100g冰含盐量/g	冰盐点/℃
1	$CaCl_2$	250.0	23.0	42.2	−55.0
2	$CaCl_2\cdot 6H_2O$	—	—	41.0	−9.0
3	$CaCl_2\cdot 6H_2O$	—	—	82.0	−21.5
4	$CaCl_2\cdot 6H_2O$	—	—	100.0	−29.0
5	$CaCl_2\cdot 6H_2O$	—	—	125.0	−40.3
6	$CaCl_2\cdot 6H_2O$	—	—	150.0	−49.0
7	$CaCl_2\cdot 6H_2O$	—	—	500.0	−54.0
8	$CaCl_2\cdot 6H_2O$	—	—	143.0	−55.0
9	$FeCl_2$	—	—	49.7	−55.0
10	$MgCl_2$	—	—	27.5	−33.6
11	NaCl	36.0	2.5	30.4	−21.2
12	$(NH_4)_2SO_4$	75.0	6.0	62.0	−19.0
13	$NaNO_3$	75.0	18.5	59.0	−18.5
14	NH_4NO_3	100.0	27.0	50.0	−17.0
15	NH_4Cl	30.0	18.0	25.0	−15.0
16	KCl	30.0	13.0	30.0	−11.0

续表

序号	盐	盐加入量/g	温度降低 Δt/℃	每 100g 冰含盐量/g	冰盐点/℃
17	$Na_2S_2O_3$	70.0	18.7	42.8	−11.0
18	$MgSO_4$	85.0	8.0	23.4	−3.9
19	KNO_3	16.0	10.0	13.0	−2.9
20	Na_2CO_3	40.0	9.0	6.3	−2.1
21	K_2SO_4	12.0	3.0	6.5	−1.6
22	CH_3COONa	51.1	15.4	—	—
23	KSCN	150.0	34.5	—	—
24	NH_4Cl	133.0	31.2	29.7	−15.8
25	$(NH_4)_2CO_3$	30.0	12.0	—	—
26	$Na_2SO_4 \cdot 10H_2O$	20.0	7.0	—	—
27	NH_4SCN	133.0	31.0	—	—
28	$Pb(NO_3)_2$	—	—	54.3	−2.7
29	$ZnSO_4$	—	—	37.4	−6.6
30	$ZnCl_2$	—	—	108.3	−62.0
31	K_2CO_3	—	—	65.3	−36.5
32	$BaCl_2$	—	—	40.8	−7.8
33	$MnSO_4$	—	—	90.5	−10.5
34	浓 H_2SO_4	—	—	25.0	−20.0
35	66% H_2SO_4	—	—	100.0	−37.0
36	稀 HNO_3	—	—	100.0	−40.0
37	HCl	—	—	33.0	−86.0
38	NaOH	—	—	23.5	−28.0
39	KOH	—	—	47.1	−65.0

注：在 15℃时，于 100g 水中溶解指定质量的盐，温度可以下降 Δt(℃)，从而实现冷却的目的。

两种盐和水组成的冷却剂

序号	盐混合物质量配比	温度降低 Δt/℃
1	NH_4Cl(100.0g)+KNO_3(100.0g)	40.0
2	NH_4NO_3(54.0g)+NH_4SCN(83.0g)	39.6
3	NH_4NO_3(13.0g)+KSCN(146.0g)	39.2
4	NH_4SCN(84.0g)+$NaNO_3$(60.0g)	36.0
5	NH_4NO_3(100.0g)+Na_2CO_3(100.0g)	35.0
6	NH_4Cl(33.0g)+KNO_3(33.0g)	27.0
7	NH_4Cl(31.2g)+KNO_3(31.2g)	27.0
8	NH_4SCN(82.0g)+KNO_3(15.0g)	20.4
9	NH_4NO_3(72.0g)+$NaNO_3$(60.0g)	17.0
10	NH_4Cl(29.0g)+KNO_3(18.0g)	10.6
11	NH_4Cl(22.0g)+$NaNO_3$(51.0g)	9.8

附录七 常用气体吸收剂

序号	气体名称	吸收剂名称	吸收剂浓度
1	CO_2、SO_2、H_2S、PH_3	氢氧化钾(KOH)	颗粒状固体或30%～35%水溶液
		二水合乙酸镉[$Cd(CH_3COO)_2 \cdot 2H_2O$]	80g二水合乙酸镉溶于100ml水中,加入几滴冰乙酸
2	Cl_2 和酸性气体	KOH	30%～35%氢氧化钾水溶液
3	Cl_2	碘化钾(KI)	1mol/L KI 溶液
		亚硫酸钠(Na_2SO_3)	1mol/L Na_2SO_3 溶液
4	HCl	KOH	1mol/L KOH 溶液
		硝酸银($AgNO_3$)	1mol/L $AgNO_3$ 溶液
5	H_2SO_4、SO_3	玻璃棉	—
6	HCN	KOH	250g KOH 溶于 800mL 水中
7	H_2S	硫酸铜($CuSO_4$)	1% $CuSO_4$ 溶液
		乙酸镉[$Cd(CH_3COO)_2$]	1% $Cd(CH_3COO)_2$ 溶液
8	NH_3	酸性溶液	0.1mol/L 盐酸溶液
9	AsH_3	二水合乙酸镉[$Cd(CH_3COO)_2 \cdot 2H_2O$]	80g二水合乙酸镉溶于100ml水中,加入几滴冰乙酸
10	NO	高锰酸钾($KMnO_4$)	0.1mol/L $KMnO_4$ 溶液
11	不饱和烃	发烟硫酸(H_2SO_4)	含20%～25% SO_3,的 H_2SO_4
		溴溶液	5%～10% KBr 溶液用 Br_2 饱和
12	O_2	黄磷(P)	—
13	N_2	钡、钙、锗、镁等金属	使用80～100目的细粉

附录八 常用干燥剂和干燥适用条件

常用干燥剂

序号	名称	化学式	吸水能力	干燥速度	酸碱性	再生方式
1	硫酸钙	$CaSO_4$	小	快	中性	在163℃(脱水温度)下脱水再生
2	氧化钡	BaO	—	慢	碱性	不能再生
3	五氧化二磷	P_2O_5	大	快	酸性	不能再生
4	氯化钙(熔融过的)	$CaCl_2$	大	快	含碱性杂质	200℃下烘干再生

续表

序号	名称	化学式	吸水能力	干燥速度	酸碱性	再生方式
5	高氯酸镁	$Mg(ClO_4)_2$	大	快	中性	烘干再生(251℃分解)
6	三水合高氯酸镁	$Mg(ClO_4)_2 \cdot 3H_2O$	—	快	中性	烘干再生(251℃分解)
7	氢氧化钾(熔融过的)	KOH	大	较快	碱性	不能再生
8	活性氧化铝	Al_2O_3	大	快	中性	在110～300℃下烘干再生
9	浓硫酸	H_2SO_4	大	快	酸性	蒸发浓缩再生
10	硅胶	SiO_2	大	快	酸性	120℃下烘干再生
11	氢氧化钠(熔融过的)	NaOH	大	较快	碱性	不能再生
12	氧化钙	CaO	—	慢	碱性	不能再生
13	硫酸铜	$CuSO_4$	大	—	微酸性	150℃下烘干再生
14	硫酸镁	$MgSO_4$	大	较快	中性,有的呈微酸性	200℃下烘干再生
15	硫酸钠	Na_2SO_4	大	慢	中性	烘干再生
16	碳酸钾	K_2CO_3	中	较慢	碱性	100℃下烘干再生
17	金属钠	Na	—	—	—	不能再生
18	分子筛	结晶的铝硅酸盐	大	较快	酸性	烘干,温度随型号而异

注：使用高氯酸盐时务必小心，碳、硫、磷及一切有机物都不能与之接触，否则会发生猛烈爆炸，造成危险。

干燥适用条件

序号	名称	适用物质	不适用物质	备注
1	BaO、CaO	中性和碱性气体、胺类、醇类、醚类	醛类、酮类、酸性物质	特别适用于干燥气体,与水作用生成 $Ba(OH)_2$、$Ca(OH)_2$
2	$CaSO_4$	普遍适用	—	常先用 Na_2SO_4 作预干燥剂
3	NaOH、KOH	氨、胺类、醚类、烃类(干燥器)、肼类、碱类	醛类、酮类、酸性物质	容易潮解,因此一般用于预干燥
4	K_2CO_3	胺类、醇类、丙酮、一般的生物碱类、酯类、腈类、肼类、卤素衍生物	酸类、酚类及其他酸性物质	容易潮解
5	$CaCl_2$	烷烃类、链烯烃类、醚类、酯类、卤代烃类、腈类、丙酮、醛类、硝基化合物类、中性气体、氯化氢、CO_2	醇类、氨、胺类、酸类、某些醛、酮类与酯类	一种价格便宜的干燥剂,可与许多含氮、含氧的化合物生成溶剂化物、络合物或发生反应;一般含有CaO等碱性杂质
6	P_2O_5	大多数中性和酸性气体、乙炔、二硫化碳、烃类、各种卤代烃、酸溶液、酸与酸酐、腈类	碱性物质、醇类、酮类、醚类、易发生聚合的物质、氯化氢、氟化氢、氨	使用其干燥气体时必须与载体或填料(石棉绒、玻璃棉、浮石等)混合;一般先用其他干燥剂预干燥;本品易潮解,与水作用生成偏磷酸、磷酸等
7	浓 H_2SO_4	大多数中性与酸性气体(干燥器、洗气瓶)、各种饱和烃、卤代烃、芳烃	不饱和的有机化合物、醇类、酮类、酚类、碱性物质、硫化氢、碘化氢、氨	不适宜升温干燥和真空干燥

续表

序号	名称	适用物质	不适用物质	备注
8	金属 Na	醚类、饱和烃类、叔胺类、芳烃类	氯代烃类(会发生爆炸危险)、醇类、伯胺、仲胺类及其他易和金属钠起作用的物质	一般先用其他干燥剂预干燥；与水作用生成 NaOH 与 H_2
9	$Mg(ClO_4)_2$	含有氨的气体(干燥器)	易氧化的有机物质	大多用于分析目的，适用于各种分析工作，能溶于多种溶剂中；处理不当会发生爆炸
10	Na_2SO_4、$MgSO_4$	普遍适用，特别适用于酯类、酮类及一些敏感物质溶液	—	一种价格便宜的干燥剂；Na_2SO_4 常作预干燥剂
11	硅胶	置于干燥器中使用	氟化氢	加热干燥后可重复使用
12	分子筛	温度在100℃以下的大多数流动气体；有机溶剂(干燥器)	不饱和烃	一般先用其他干燥剂预干燥；特别适用于低分压的干燥
13	CaH_2	烃类、醚类、酯类、C_4 及 C_4 以上的醇类	醛类、含有活泼羰基的化合物	作用比 $LiAlH_4$ 漫，但效率相近，且较安全，是最好的脱水剂之一，与水作用生成 $Ca(OH)_2$ 与 H_2
14	$LiAlH_4$	烃类、芳基卤化物、醚类	含有酸性 H、卤素、羰基及硝基等的化合物	使用时要小心。过剩的 $LiAlH_4$ 可以慢慢加乙酸乙酯将其破坏；与水作用生成 LiOH、$Al(OH)_3$ 与 H_2

附录九 常见共沸混合物

常见有机溶剂间的共沸混合物

共沸混合物	组分的沸点/℃	共沸物的组成(质量比)	共沸物的沸点/℃
乙醇-乙酸乙酯	78.3,77.1	30∶70	72.0
乙醇-苯	78.3,80.4	32∶68	68.2
乙醇-氯仿	78.3,61.2	7∶93	59.4
乙醇-四氯化碳	78.3,77.0	16∶84	64.9
乙酸乙酯-四氯化碳	77.1,77.0	43∶57	75.0
甲醇-四氯化碳	64.7,77.0	21∶79	55.7
甲醇-苯	64.7,80.4	39∶61	48.3
氯仿-丙酮	61.2,56.4	80∶20	64.7
甲苯-乙酸	110.5,118.5	72∶28	105.4
乙醇-苯-水	78.3,80.4,100	19∶74∶7	64.9

一些溶剂与水形成的二元共沸物

溶剂	沸点/℃	共沸点/℃	含水量/%	溶剂	沸点/℃	共沸点/℃	含水量/%
氯仿	61.2	56.1	2.5	甲苯	110.5	85.0	20
四氯化碳	77.0	66.0	4.0	正丙醇	97.2	87.7	28.8
苯	80.4	69.2	8.8	异丁醇	108.4	89.9	88.2
丙烯腈	78.0	70.0	13.0	二甲苯	137～140.5	92.0	37.5
二氯乙烷	83.7	72.0	19.5	正丁醇	117.7	92.2	37.5
乙腈	82.0	76.0	16.0	吡啶	115.5	94.0	42
乙醇	78.3	78.1	4.4	异戊醇	131.0	95.1	49.6
乙酸乙酯	77.1	70.4	8.0	正戊醇	138.3	95.4	44.7
异丙醇	82.4	80.4	12.1	氯乙醇	129.0	97.8	59.0
乙醚	35	34	1.0	二硫化碳	46	44	2.0
甲酸	101	107	26				

注：1. 甲酸是最强的直链脂肪酸，甲酸蒸气存在缔合现象，在二聚体和单体之间存在可逆平衡，甲酸汽化潜热随温度升高而增加。甲酸与水形成的二元体系，有低共冰点和高共沸点的特性，故两者共沸点高于水和甲酸各自的沸点。

2. 表中二甲苯为邻二甲苯、间二甲苯与对二甲苯的混合物，常压下邻二甲苯、间二甲苯与对二甲苯的沸点分别为144.4℃、139.1℃和138.4℃，故标注二甲苯沸点在137～140.5℃之间。

附录十 有机化学实验室常见试剂中毒应急处理方法

1. 二硫化碳中毒的应急处理方法

吞食时，给中毒者洗胃或用催吐剂催吐。使中毒者躺下并加保暖，保持通风良好。

2. 有机磷中毒的应急处理方法

确保中毒者呼吸道畅通，并进行人工呼吸。若吞食时，用催吐剂催吐，或用自来水洗胃等方法将其除去。沾在皮肤、头发或指甲等地方的有机磷，要彻底将其洗去。

3. 三硝基甲苯中毒的应急处理方法

沾到皮肤时，用肥皂和水尽量将其彻底洗去。若吞食时，可进行洗胃或用催吐剂催吐，将其大部分排除之后，再服泻药。

4. 苯胺中毒的应急处理方法

如果苯胺沾到皮肤时，用肥皂和水将其洗擦除净。若吞食时，用催吐剂、洗胃及服泻药等方法将其除去。

5. 氯代烃中毒的应急处理方法

将中毒者转移至远离药品处，并使其躺下保暖。若吞食时，用自来水充分洗胃，然后饮服于200mL水中溶解30g硫酸钠制成的溶液。不要喝咖啡之类的兴奋剂。吸入氯仿时，将中毒者的头降低，使其伸出舌头，以确保呼吸道畅通。

6. 草酸中毒的应急处理方法

立刻饮服下列溶液，使其生成草酸钙沉淀：①在200mL水中溶解30g丁酸钙或其他钙盐制成的溶液；②大量牛奶，可服用牛奶打溶的蛋白作镇痛剂。

7. 乙醛、丙酮中毒的应急处理方法

用洗胃或服催吐剂等方法除去吞食的药品，随后服下泻药。呼吸困难时要进行输氧。丙酮不会引起严重中毒。

8. 强酸(致命剂量 1mL)中毒的应急处理办法

吞服时立刻饮服 200mL 氧化镁悬浮液，或者氢氧化铝凝胶、牛奶及水等，迅速把毒物稀释。然后再饮服 10 多个打溶的蛋作缓和剂。因碳酸钠或碳酸氢钠与酸中和会产生二氧化碳气体，故不宜使用。

进入眼睛时撑开眼睑，用水洗涤 15min。

沾着皮肤时用大量水冲洗 15min。如果立刻进行中和，因会产生中和热，而有进一步扩大伤害的危险。因此，经充分水洗后再用碳酸氢钠之类的稀碱液或肥皂液进行洗涤。但是当沾着草酸时，若用碳酸氢钠中和，因为会由碱而产生很强的刺激物，故不宜使用。也可以用镁盐和钙盐中和。

9. 甲醛中毒的应急处理方法

吞食时，立刻饮服大量牛奶，接着用洗胃或催吐等方法，使吞食的甲醛排出体外，然后服下泻药。有可能的话，可服用 1%的碳酸铵水溶液。

参考文献

[1] 王铮．有机化学实验．2版．北京：清华大学出版社，2015.
[2] 门秀琴，田晓燕．有机化学实验．北京：化学工业出版社，2018.
[3] 刘峥，丁国华，杨世军．有机化学实验绿色化教程．北京：冶金工业出版社，2010.
[4] 崔玉．有机化学实验．北京：科学出版社，2009.
[5] 龙盛京．有机化学实验教程．北京：高等教育出版社，2007.
[6] 范望喜，黄中梅，李杏元．有机化学实验．4版．武汉：华中师范大学出版社，2018.
[7] 郭艳玲．有机化学实验．天津：天津大学出版社，2018.
[8] 孙尔康，张剑荣，曹健，等．有机化学实验．3版．南京：南京大学出版社，2018.
[9] 陈琳，孙福强．有机化学实验．2版．北京：科学出版社，2017.
[10] 王玉良，陈华．有机化学实验．2版．北京：化学工业出版社，2014.
[11] 付岩．有机化学实验．3版．北京：清华大学出版社，2018.
[12] 马祥梅，兰艳素，刘青．有机化学实验．北京：化学工业出版社，2020.
[13] 初文毅，孙志忠，侯艳君．基础有机化学实验．北京：北京大学出版社，黑龙江大学出版社，2016.
[14] 田大听，李耀华．有机化学实验教程．武汉：华中师范大学出版社，2014.
[15] 熊万明，聂旭亮．有机化学实验．北京：北京理工大学出版社，2020.
[16] 黄艳仙，黄敏．有机化学实验．北京：科学出版社，2016.
[17] 胡昱，吕小兰，戴延凤．有机化学实验．北京：化学工业出版社，2012.
[18] 姚刚，王红梅．有机化学实验．2版．北京：化学工业出版社，2018.